“十四五”时期国家重点出版物出版专项规划项目

面向2035：中国生猪产业高质量发展关键技术系列丛书

总主编　张传师

楼房养猪

○主　编　林长光
○顾　问　孙德林

中国农业大学出版社
·北京·

内 容 简 介

本书较为全面地阐述了楼房猪场的场址选择、规划布局和设计，楼房猪场的猪只流转（猪流）、人员进出（人流）、物资运送（物流）、饲料提升输送饲喂（饲料流）、粪尿收集流转（粪尿流）等饲养工艺模式；楼房猪场及楼房猪舍的外部、内部生物安全体系建设；楼房猪舍的环境控制体系，包括通风降温、供暖、空气过滤系统、废气的收集处理以及猪舍光照管理等。同时介绍了楼房养猪的智能化配套技术，楼房猪舍的布局设计、建筑设计、结构设计以及整个楼房猪场建设流程、建设过程管理直至交付使用的系统管理技术，并展示了楼房猪场的部分案例。本书可供教学、科研、养殖企业及楼房猪场建设人员参考。

图书在版编目(CIP)数据

楼房养猪 / 林长光主编. --北京：中国农业大学出版社，2022.10
（面向 2035：中国生猪产业高质量发展关键技术系列丛书）
ISBN 978-7-5655-2856-9

Ⅰ.①楼…　Ⅱ.①林…　Ⅲ.①养猪学　Ⅳ.①S828

中国版本图书馆 CIP 数据核字(2022)第 156221 号

书　　名　楼房养猪
作　　者　林长光　主编

执行总策划　董夫才　王笃利　　　责任编辑　赵　艳
策 划 编 辑　赵　艳　　　封面设计　郑　川
出 版 发 行　中国农业大学出版社
社　　址　北京市海淀区圆明园西路 2 号　　　邮政编码　100193
电　　话　发行部 010-62733489，1190　　　读者服务部 010-62732336
　　　　　编辑部 010-62732617，2618　　　出　版　部 010-62733440
网　　址　http://www.caupress.cn　　　**E-mail** cbsszs@cau.edu.cn
经　　销　新华书店
印　　刷　北京鑫丰华彩印有限公司
版　　次　2023 年 2 月第 1 版　　2023 年 2 月第 1 次印刷
规　　格　170 mm×240 mm　　16 开本　　15.5 印张　　295 千字　　彩插 3
定　　价　59.00 元

丛书编委会

编写人员

主　　编　林长光　福建省农业科学院畜牧兽医研究所
　　　　　　　　　福建光华百斯特生态农牧发展有限公司

副 主 编　刘亚轩　福建光华百斯特生态农牧发展有限公司

参　　编　（按姓氏笔画排序）

王　雷　北京中畜可为农业科技有限公司
王瑞年　福州微猪信息科技有限公司
朱连德　北京中科基因技术股份有限公司
刘卫孟　青岛高烽电机有限公司
刘红霞　青岛绿源金地工业设备有限公司
刘志伟　武汉市动物疫病预防控制中心
许光勇　北京中育种猪有限责任公司
杨　凡　必达(天津)家畜饲养设备有限公司
吴　韬　四川省机械研究设计院(集团)有限公司
张梦杰　福建光华百斯特生态农牧发展有限公司
单　虎　青岛农业大学
孟庆利　北京中育种猪有限责任公司
高远飞　广西扬翔股份有限公司
郭长明　福建光华百斯特生态农牧发展有限公司
温志斌　衡阳新好农牧有限公司
额尔登　青岛得八兄弟机械有限公司
魏建帮　福建光华百斯特生态农牧发展有限公司

总　序

党的十九届五中全会提出，到2035年基本实现社会主义现代化远景目标。到本世纪中叶，把我国建成富强民主文明和谐美丽的社会主义现代化强国。要实现现代化，农业发展是关键。农业当中，畜牧业产值占比30%以上，而养猪产业在畜牧业中占比最大，是关系国计民生和食物安全的重要产业。

改革开放40多年来，养猪产业取得了举世瞩目的成就。但是，我们也应清醒地看到，目前中国养猪业面临的环保、效率、疫病等问题与挑战仍十分严峻，与现实需求和国家整体战略发展目标相比还存在着很大的差距。特别是近几年受非洲猪瘟及新冠肺炎疫情的影响，我国生猪产业更是遭受了严重的损失。

近年来，我国政府对养猪业的健康稳定发展高度重视。2019年年底，农业农村部印发《加快生猪生产恢复发展三年行动方案》，提出三年恢复生猪产能目标；受2020年新冠肺炎疫情的影响，生猪产业出现脆弱、生产能力下降等问题，为此，2020年国务院办公厅又提出关于促进畜牧业高质量发展的意见。

2014年5月习近平总书记在河南考察时讲到：一个地方、一个企业，要突破发展瓶颈、解决深层次矛盾和问题，根本出路在于创新，关键要靠科技力量。要加快构建以企业为主体、市场为导向、产学研相结合的技术创新体系，加强创新人才队伍建设，搭建创新服务平台，推动科技和经济紧密结合，努力实现优势领域、共性技术、关键技术的重大突破。

生猪产业要实现高质量发展，科学技术要先行。我国养猪业的高质量发展面临的诸多挑战中，技术的更新以及规范化、标准化是关键的影响因素，一方面是新技术的应用和普及不够，另一方面是一些关键技术使用不够规范和不够到位，从而影响了生猪生产效率和效益的提高。同样的技术，投入同样的人力、资源，不同的企业产出却相差很大。

企业的创新发展离不开人才。职业院校是培养实用技术人才的基地，是培养中国工匠的摇篮。中国生猪产业职业教育产学研联盟由全国80多所职业院校以及多家知名养猪企业和科研院所组成，是全国以猪产业为核心的首个职业教育“产、学、研”联盟，致力于协同推进养猪行业高技能型人才的培养。

为了提升高职院校学生的实践能力和技术技能，同时促进先进养猪技术的推广和规范化，中国生猪产业职业教育产学研联盟与中国种猪信息网&《猪业科学》超级编辑部一起，走访了解了全国众多养猪企业，在总结一些知名企业规范化先进技术流程的基础上，围绕养猪产业链，筛选了影响养猪企业生产效率和效益的12种关键技术，邀请知名科学家、职业院校教师和大型养猪企业技术骨干，以产学研相结合的方式，编写成《面向2035：中国生猪产业高质量发展关键技术系列丛书》。该系列丛书主要内容涵盖母猪营养调控、母猪批次管理、轮回杂交与种猪培育、猪冷冻精液、猪人工授精、猪场生物安全、楼房养猪、智能养猪与智慧猪场、猪主要传染病防控、非洲猪瘟解析与防控、减抗与替抗、猪用疫苗研发生产和使用等12个方面的关键技术。该系列丛书已入选《“十四五”时期国家重点图书、音像、电子出版物出版专项规划》。

本系列图书编写有3个特点：第一，关键技术规范流程来自知名企业先进的实际操作过程，同时配有视频资源，视频资源来自这些企业的一线实际现场，真正实现产教融合、校企合作，零距离，真现场。这里，特别感谢这些知名企业和企业负责人为振兴民族养猪业的无私奉献和博大胸怀。第二，体现校企合作，产、教结合。每分册都是由来自企业的技术专家与职业院校教师共同研讨编写。第三，编写团队体现“产、学、研”结合。本系列图书的每分册邀请一位年轻有为、实践能力强的本领域权威专家学者作为顾问，其目的是从学科和技术发展进步的角度把控图书内容体系、结构，以及实用技术的落地效应，并审定图书大纲。这些专家深厚的学科研究积淀和丰富的实践经验，为本系列图书的科学性、先进性、严谨性以及适用性提供了有利保证。

这是一次养猪行业“产、学、研”结合，纸质图书与视频资源“线上线下”融合的新尝试。希望通过本系列图书通俗易懂的语言和配套的视频资源，将养猪企业先进的关键技术、规范化标准化的流程，以及养猪生产实际所需基本知识和技能，讲清楚、说明白，为行业的从业者以及职业院校的同学，提供一套看得懂、学得会、用得好，有技术、有方法、有理论、有价值的好教材，助力猪业的高质量发展和猪业高素质技能型人才的培养，助力乡村振兴，为全面建设社会主义现代化国家、实现中华民族伟大复兴的中国梦提供有力的人才和技能支撑。

孙德林　张传师

2022年1月

前　言

建设楼房猪舍的主要原因是受土地资源的限制，为了在有限的地块上多饲养一些猪只，不得不向空中发展。早期的楼房猪舍只是将平层的猪舍简单机械地向上叠加起来，其通风、粪便处理、饲喂方式与平层猪舍几乎没有差别，因此给养殖过程带来了一系列的问题，也导致楼房养猪在养殖用地供给矛盾不是特别突出的近半个世纪里并没有得到发展。

随着养猪业向规模化、标准化、设施化、集约化、智能化方向转型发展，在国家土地政策的号召下，在土地供给矛盾突出的福建开始较大规模地建设楼房猪舍，发展楼房养猪。2010 年福建光华百斯特生态农牧发展有限公司总结了福建养猪业同仁探索楼房养猪的经验，在此基础上，创建了国内首个规模化楼房养殖小区，经过 10 年多的运营，获得了一些实实在在的经验和心得。

楼房猪舍有许多优点：首先土地利用率可以提高 10 倍以上；其次生产高度集约化，提高了管理效率；再次便于实现设施化、自动化生产，智能化管理，对生物安全和环保的设计起点及要求更高。但也有一些预想不到的问题：如饲料、消耗品的转运工作量大，转运效率低，难度大；猪群周转困难，楼层间交叉的生物安全隐患难以避免，粪污收集流转问题多；楼房猪舍缺乏设计建设标准、无法办理合法手续等。

2019 年后，在非洲猪瘟疫情后全面恢复生产的浪潮中，楼房猪场呈爆发式发展。截至 2021 年年底，我国有 3/4 的省份有不同规模的楼房猪舍。笔者及团队成员走访过 2019—2021 年间在建的许多楼房猪场，包括牧原南阳 210 万头项目、湖北中维 26 层楼房项目、海南罗牛山项目以及福建大部分楼房猪场项目，深刻体会到楼房养猪虽然历经 10 多年的发展，因为一直在争议和探索中，未形成规范的系统理论和体系。在爆发式发展时期，几乎仍是凭借投资者的各自理解，结合纯粹建筑行业设计人员的思路构成的楼房猪舍设计体系。包括上述提到的问题在内，楼房猪舍的一些问题未必得到了有效解决，楼房猪舍设计建设出现“百花齐放”的局面，既有创造、创新、惊喜，又有遗憾、缺陷甚至隐患。

在本系列丛书总策划孙德林教授的邀请下，笔者携同全国对楼房养猪热心的养猪专家学者、建筑设计人员以及环境控制、智能化等相关行业的专家、工程师共同编写第一本楼房养猪模式的著作——《楼房养猪》。希望将楼房养猪这种中国养猪人原创，并不断创新、发展且得到大面积推广应用的养猪模式，进行系统地总结、介绍，以推动楼房养猪可持续健康发展，为中国养猪业高质量发展以及中国从养猪大国向养猪强国转型发展贡献力量。

本书较为全面地阐述了楼房猪场的场址选择、规划布局和设计，楼房猪场的猪只流转（猪流）、人员进出（人流）、物资运送（物流）、饲料提升输送饲喂（饲料流）、粪尿收集流转（粪尿流）等饲养工艺模式；楼房猪场及楼房猪舍的外部、内部生物安全体系建设；楼房猪舍的环境控制体系，包括通风降温、供暖、空气过滤系统、废气的收集处理以及猪舍光照管理等。同时介绍了楼房养猪的智能化配套技术，楼房猪舍的布局设计、建筑设计、结构设计以及整个楼房猪场建设流程、建设过程管理直至交付使用的系统管理技术，并展示了楼房猪场的部分案例。

本书共 7 章，具体编写分工如下：第 1 章由高远飞、林长光编写；第 2 章由林长光、刘亚轩编写；第 3 章由林长光、额尔登、刘红霞编写；第 4 章由朱连德、刘志伟、郭长明、许光勇、温志斌、张梦杰编写；第 5 章由林长光、刘卫孟、杨凡编写；第 6 章由林长光、王瑞年、王雷、单虎编写；第 7 章由林长光、吴韬、孟庆利、魏建帮编写。

本书在编写过程中得到了国家生猪产业技术体系多位岗位科学家的支持、帮助和悉心指导。华南农业大学张桂红教授审阅了“楼房养猪生物安全体系建设”一章；重庆市畜牧科学院王金勇研究员审阅梳理了“楼房养猪的智能化配套技术”一章；中国农业科学院北京畜牧兽医研究所王立贤研究员审阅了“批次化生产技术及相关参数”等内容（详见第 2 章 2.5.1）。这些都为本书的科学性、专业性和实用性提供了有力的保证。

福建光华百斯特生态农牧发展有限公司张洁、福建省农业科学院畜牧兽医研究所陈秋勇、福州微猪信息科技有限公司张佳、北京中育种猪有限责任公司周海深、必达（天津）家畜饲养设备有限公司张炜、青岛高烽电机有限公司李志龙和庞进友、长沙瑞和数码科技有限公司邓学锋、东方雨虹建设工程有限公司曹洪征、深圳市鸿远微思电子有限公司甘利红等参与了本书的编写工作，特此一并致谢。本书的编写和出版得到了财政部和农业农村部国家现代农业产业技术体系资助（CARS-35-PIG）。

由于本书涉及养猪、建筑规划设计、建设施工等各个学科和专业，系统复杂、领域广泛，加之笔者水平有限，时间仓促，难免有错误之处，恳请读者批评指正。

主　编

2022 年 5 月

目 录

第1章

楼房养猪的发展

【本章提要】楼房养猪最早出现于20世纪70年代初，虽有零星案例，但始终没有得到发展普及。2010年前后随着国家推动生猪标准化规模场建设以及养殖用地日趋紧张的客观背景下，在福建等土地资源匮乏的沿海地区，以光华百斯特为代表的龙头企业，率先兴起了规模化楼房养猪，但在相当长的时期仍处于探索和争议中。在非洲猪瘟疫情过后中国养猪业全面恢复生产的过程中，楼房养猪得到了爆发式的发展。目前全球最大的单体楼房猪场为牧原实业集团有限公司内乡综合体项目，共由21栋6层楼房组成，年出栏210万头。全球最高的楼房，楼高26层，单栋年出栏量为60万头。楼房猪场不断有创新的模式出现，从单一的楼房养猪演变为大型的“料、养、宰、商一体化”或称为“肉食一体化”模式。楼房养猪最大的优点为节省土地资源，同时高度集约化，更加有利于实现机械化、自动化生产，以及智能化管理，在生物安全和环保设计上起点更高，有利于疫病防控和环境保护。楼房养猪作为新型的养猪模式，已然成为未来规模化养猪的重要组成部分。

1.1 楼房养猪的历史

中国养猪历史悠久，但千百年来都以家家户户散养猪为主。20世纪60年代中国养猪业在大集体生产中开始出现规模化，70年代中期曾推广具有自由采食、自由饮水、自动清粪半机械化集约化养猪。1977年9月，中央领导在北京红星实验猪场题词：“总结经验把机械化养猪养鸡事业发展起来满足人民需要”，这个猪场就是按照中央“要尽快地搞机械化，发展机械化养猪、养鸡，做到蛋肉自给”的政策建设起来的。1979年投产的辽宁省马三家养猪场是我国自己设计的、规模最大的内销型工厂化猪场，设计能力为年出栏商品猪3万头。随后1981年深圳光明华侨畜牧场、广三保养猪有限公司等从美国引进了具有国际先进水平的现代化养猪技术和设备。养猪的机械化、规模化程度开始越来越明显。

20 世纪 70 年代末，在那个普通人都住不起楼房的时代，哈尔滨市香坊农场建造了一栋 2 层楼房用来养猪，一度引起不小的争议，虽然这个项目后来也因技术水平以及思想观念意识等暂停，但应算是开创了国内“楼房养猪”的先河。随后，黑龙江友谊农场红兴隆农垦分局也使用了楼房式猪舍，虽然体现出较好的效果，但是大多数情况下的“楼房猪场”仅仅是叠加起来的普通猪场而已，并没有考虑到其他生物安全、养殖管理等相关因素。所以并没有进行具体的、相应的设计。

肇东市四方粮库种猪场是四方粮库下属一个独立核算单位，它建在粮库院内，占地面积小，为满足养猪业的发展，只有向空间发展楼房立体养猪，才能解决猪舍不足的难题。1995 年该场自行设计一栋养猪楼房，全楼长 100 m，宽 8 m，高 4 层，共3 200 m^2，饲养了 300 头母猪和 3 076 头肉猪。通过 2 年多养猪实践，楼房养猪饲养效果较好，这模式便于集中管理、提高饲养定额。

20 世纪 90 年代初，浙江隧昌兴飞养殖公司聘请浙江省农业科学院进行设计，建成了一幢 4 层 18 m 高的全框架式水泥楼房猪舍；90 年代中期由熊远著院士牵头的国家家畜工程技术中心，研发新型工厂化养猪工艺流程和配套设施装备，推出了 4 种楼房养猪新建筑样式和“金钢”牌系列工厂化养猪工程设备，形成组合式猪舍、楼层养猪舍等新工艺技术，并生产应用。在经济较为发达的福建省，因为养猪用地紧张，像晋江紫滨农牧、晋江联兴农牧、晋江新灵农牧、福建光华百斯特等养猪企业也都早就尝试了楼房养殖新模式。

1990 年第 3 期《养猪》杂志发表了湖北省南漳县饲料公司张福海的一篇短文，介绍了南漳县粮食局猪场有 2 栋楼房式猪舍，楼层为 3 层，每层高 2.3 m，猪舍坐北朝南，室内设计与南方普通半开放式猪舍相同，只是在北墙安装落地式拉窗，南端矮墙上开一 30 cm×30 cm 的落地小口，粪便送入此口，经水泥制成的通道到达地面，每个猪舍安装自动食槽和鸭嘴饮水器，楼房一端有坡度较缓的楼梯以利于猪只上下，另设一电动升降葫芦来运送饲料。实践发现，这种楼房式猪舍与普通猪舍相比，有以下优点：①占地面积少，节省土地；②与南方普通半开放式猪舍相比，饲养同等数量的猪只，建房投资并不增加；③饲养环境较理想，夏天阳光照射面积减少，加之楼高通风条件好，凉爽，冬天由于猪只集中，共同产热变得温暖；④便于管理、防疫，这种猪舍集约化程度较高便于分工协作，同时远离地面也减少了与病原微生物的一些接触机会。

1998 年，黑龙江省友谊农场红兴隆农垦分局的何葆祥、庄庆士、曹福池就早期的技术经验及当时的情况，联合发表了《关于楼房养猪的探讨》一文，之后开始涌现出越来越多探讨“楼房养猪”的文章。

在国外,早在1969年,民主德国的萨克森-安哈尔特省马斯多夫附近,建设了目前世界已知最早的楼房猪场“Schweinehochhaus”,该猪场总共6层,高约25 m并育有500头母猪用于繁殖。由于楼房性质的特殊性,在当时被民主德国和苏联领导人视为享有盛誉的建筑。同一时期,随着欧洲发达国家的养猪场开始集约化、现代化,在荷兰、英国等地也相继出现了2层的养猪场。

而在后来的发展过程当中,“Schweinehochhaus”猪场被动物福利保护人士曝光其在卫生条件和管理方面有着严重缺陷,2013年动物保护组织开始抵制这个猪场,2018年爆发了由600名动物保护人士举行的游行活动,要求关闭该猪场。德国动物保护局的在线请愿书也签署了28万多次,同样要求关闭该建筑。该请愿书于同年10月被萨克森农业部批准,自此该猪场被彻底废弃。2021年9月,德国动物福利办公室再次检查了这里,空无一人,只留下了沉默、衰败和蜘蛛网。

欧洲国家单场的养殖规模基本上均不大,美国、加拿大等北美国家猪场的规模虽大但猪场的配套土地面积也很大,基本上没有推广楼房养猪的动因,楼房养猪并没有在欧美等国外主要养猪国家和地区应用和发展。因此楼房养猪目前几乎是中国独有的大规模推广应用和仍在不断创新发展的养猪模式。

1.2 规模化楼房养猪的兴起

2008年,国家启动生猪标准化规模猪场建设,福建省在全国率先开始开展养猪场标准化升级改造工作,对一些小规模、不规范的猪场进行整治,鼓励有一定规模的猪场开展升级改造,扩大生产规模,实现标准化、规模化生产。由于福建以生态建省,植被覆盖率名列全国首位,林业资源保护和生态保护极其严格,能用于建设猪场的土地资源极其稀缺。为此,以福建光华百斯特集团、南平市福源畜牧发展有限公司为代表的一批企业兴起建设规模化楼房猪场,较有代表性的项目为光华百斯特集团建设规模化楼房猪场项目。该项目2010年开始规划设计,2012年建成投产,共建设4栋保育育肥猪舍,每栋长103 m、宽15.2 m,2栋7层,2栋8层,共计30层,总建筑面积46 968 m^2,可一次存栏保育猪25 000头,育肥猪36 000头。项目总占地面积仅21.3亩(1亩≈666.7 m^2),用地面积是同规模平层养殖模式的10%,这也是建设规模化楼房猪场最为重大的目标和意义。

楼房猪舍内部采用双列式中间走廊布局,2/3漏缝加1/3实心楼板的猪栏结构,每层为一个单元。采用联合通风湿帘降温系统,每层猪舍的中间进风、两端出风,夏季执行负压通风,冬季通过侧墙小窗进风;采用热水地面供暖系统,热水来自沼气和燃煤混用的锅炉,配套温度自动控制和应急自动报警系统。粪尿收集方式为V形刮粪系统，每层设置集粪斗，用400 mm的特制PVC管作为主下粪管，楼层间不交叉。猪上下楼流动采用外墙货梯（建筑施工使用的货梯）、室内货梯以及楼房间连廊和赶猪坡道相结合的方式。病死猪专门设置了病死猪转运货梯；人员流动设专门的人员电梯。

饲料的提升输送采用绞龙提升＋楼层间中转模式＋塞盘链式料线。在每栋楼房猪舍的围墙内地面靠近猪舍的一侧放置料塔，1、2层直接用塞盘链式料线输送饲喂，2层以上采用楼层间中转提升模式，即在2楼、5楼、顶楼楼层对角位置设置中转料塔，饲料通过绞龙接力中转输送到中转料塔，再由中转料塔分配供应本层及下面的楼层。楼层内用塞链料线输送饲喂。

该4栋楼房猪舍构成的楼房猪舍群，光华百斯特命名为“公寓式养殖园区”（图1-1），是国内第一个集中成规模的楼房猪舍养殖小区，且几乎集成楼房猪舍人流、猪流、粪尿流、物流、饲料提升输送、环境控制以及生物安全体系等生产系统当时较为先进的理念、技术和装备，是规模化楼房养猪的主要示范点及作为考察学习的样板，在楼房养猪模式发展的历程中具有里程碑的意义。较早成规模的楼房猪场还有福建南平福源畜牧、南平科诚公司（图1-2）、福建华峰猪业（图1-3）、浙江义乌华统等。

图1-1　光华百斯特公寓式养殖园区

图1-2　福建南平科诚楼房养殖小区

图1-3　福建华峰楼房养殖小区

1.3 规模化楼房养猪的爆发式发展

2019 年 12 月 17 日，自然资源部和农业农村部发出《关于设施农业用地管理有关问题的通知》，明确“养殖设施允许建设多层建筑”后，楼房猪场在中国呈现爆发式发展。牧原、温氏、新希望、首农、正邦、德康、金新农、立华股份、罗牛山、光华百斯特、天兆猪业、京基智农、中新开维等企业均陆续打造了一系列楼房养猪项目。其中牧原实业集团有限公司 2020 年 5 月在青岛即墨第一分场的楼房养猪项目就正式投产，截至 2021 年 6 月，牧原已在四川成都、河南南阳和山东青岛都布局了楼房养猪项目；2020 年，新希望集团在四川广安市建设了第一个立体养殖项目，目前已在江苏、浙江等地布局楼房养猪项目；首农食品集团为了推动加大养殖以及生产力度，分别在北京、黑龙江等地区投入 9 亿多人民币建设楼房猪场，并采用农牧结合的立体循环模式。例如，首农房山楼房养猪项目产生的有机肥及沼液，将为周边 15 个村总计 5 000 多亩蔬菜、粮食、林果业种植田地提供安全的有机肥料，形成种养结合的循环生态农业。

截至 2021 年年底，我国有 3/4 的省份有不同规模的楼房猪舍。最高的楼房猪舍为 2 栋 26 层的繁育一体场，年出栏 120 万头育肥猪；单体最大的楼房猪场为年出栏 210 万头猪场，占地 2 700 亩，修建了 21 栋楼房猪舍，每栋 6 层，每栋出栏 10 万头；楼房猪舍布局最广、占地最多且投资最多的企业在全国共布局 78 个点，建楼房猪舍 150 栋，设计能繁母猪 38.10 万头，肥猪 369.40 万头；楼房猪舍产能最大的企业在全国共布局 30 个点，建楼房猪舍 97 栋，设计能繁母猪 35.00 万头，育肥猪 549.84 万头。

从上述数据可以看出，楼房养猪已经成为不可忽视的行业趋势，从部分企业的试水，到楼房养猪项目如雨后春笋般涌现，也在证明着新一代养猪模式的到来。在行业的积极探索和不断实践中，楼房养猪的新模式将成为未来规模化养猪的选择之一。

1.4 引起广泛关注的楼房猪场

1.4.1 扬翔亚计山楼房猪场

2016 年广西扬翔股份有限公司的亚计山楼房猪场（图 1-4）建设了由 2 栋 7 层、2 栋 9 层的楼房构成的楼房猪场群，于 2017 年投产。在 2018 年 8 月中国养猪业遭遇非洲猪瘟疫情以后，该楼房猪场一直安全生产、生产水平表现良好。2019 年和 2020 年央视两次报道其稳定生产的新闻。

图 1-4　扬翔集群式楼房猪场

该楼房猪场群设计的关注点如下。

(1)生物安全是这个楼房猪场在设计建设之初就重点考虑的问题。通过闭锁繁育、空气过滤、全周期全进全出、结构化生物安全体系建设,实现全方位、立体式的高强度猪场生物安全,还基于楼房猪场的防控经验总结出适用于传统猪场的防控非洲猪瘟模式——“铁桶模式”。

(2)每层楼房就是一个独立的集约化养殖猪场,每层间具有独立性与封闭性,可避免人员、物资、猪只在高楼内各层间的交叉流动,每层猪舍形成独立封闭的生物防控系统,有效阻断层与层之间疾病传播,避免老鼠、蚊蝇、鸟类等进入带来的疾病传播风险。

(3)楼房顶层废气处理室,通过臭气集中处理达标排放、污水零排放以及有机肥自动化处理等技术创新,实现洁净无臭养殖,即使在距离猪场生产区约 100 m 远的观景台上也无臭味、无噪声。

(4)这 4 栋楼房共计可饲养约 3 万头母猪及配套的 GGP/GP 保育后备场,但用地面积仅为传统平层猪场的 1/10。

(5)高度的机械化、自动化和智能化,通过未来猪场(FPF)智能管理平台系统及设备,打破人工管理“瓶颈”,解放更多的劳动力,人猪配比大幅减少,在线协同管理,让养猪更高效。2020 年 9 月,这里被评为“畜牧业数字化智能化转型样板场”,为养猪业向数字化、智能化转型升级和高质量发展提供了参考样板。

2019 年 5 月 12 日,农业农村部科技发展中心组织有关专家对扬翔“集群式楼房智能化猪场研发与应用”成果进行了评价。参会专家一致认为:“集群式楼房智能化猪场研发与应用”成果针对当前我国养殖用地紧缺、养殖生物防控任务艰巨、智能化和绿色养殖需求迫切等问题，有着显著改善效果；对国内外养猪新技术、新工艺、新装备进行集成与创新，在楼房养殖的规划设计、通风系统、精准饲喂与智能化管理等具有自主知识产权与原始创新；在猪场生物安全系统建设、病死猪无害化处理、粪污处理与生物肥研制等方面集成创新成效显著，首创了未来猪场(FPF)智能引擎系统，为推动生猪大数据的应用打下了坚实基础，极具推广应用前景。

1.4.2　牧原内乡 210 万楼房猪场

2020 年牧原实业集团有限公司在河南内乡建设的楼房养猪综合体项目，占地 2 700 亩，建设 21 栋楼房猪舍。每栋 6 层，每栋出栏量 10 万头/年，每栋即为一个年出栏 10 万头的全封闭自繁自养的生产线(独立猪场)，21 栋总出栏量 210 万头/年，是目前全球最大的楼房猪场，也是全球最大的单个猪场(图 1-5)。

该项目集成了目前国内外几乎最前沿新理念、新技术、新装备，包括 5G 全覆盖智能化精准通风、精准饲喂、智能化巡检、智能盘点、智能估重、智能体温检测等系列人工智能技术，尤其是饲料的生产、输送和精准饲喂一体化管理系统，实现了根据不同生产阶段猪只每天的营养需求适时生产加工、适时输送、适时饲喂的精准饲喂。该项目每 2 栋组成一套环境智能控制系统，在 2 栋猪舍中间构建废气收集井，在顶部进行集中排风除臭。该项目整体是极具创新和个性的楼房猪场。

根据牧原实业集团有限公司测算，如果楼房养猪的环境控制、生产成绩等达到理想状态，成本会比现在的成本低，甚至有希望降得更低。若该肉食产业综合体试验成功，也就意味着，中国只需要 300～350 个类似的养殖单体就可以提供 6 亿～7 亿头的生猪。

图 1-5　牧原楼房猪场

1.4.3 与水泥厂“混搭联办”的楼房猪场

湖北中新开维现代牧业公司依托世纪新峰雷山水泥有限公司跨界进入养猪业，总投资40亿元，规划用地面积约260亩，养猪设施用地约60亩，中央生产大楼规划建筑面积40万 m^2/栋，采用26层立体钢筋混凝土高架结构，共建设2栋，形成一个年出栏120万头生猪的现代化、生态化、智能化生猪养殖基地(图1-6)，年产值达40亿元，位居湖北省前列，成为全国楼层最高的楼房养猪项目。

图1-6 湖北中新开维现代牧业楼房猪场

(引自：中新开维公开的宣传材料)

该项目是水泥产业与生猪产业极具想象力和创新性的结合，实现了环保处理与生物安全、养殖粪污与水泥生产所需热源有机互补与循环利用，是一种别出心裁的探索。其优势如下。

(1)年出栏120万t肉猪，将产生16万t左右沼渣(干物质)，脱水后送到水泥窑烧掉，实现猪场沼渣的零排放，烧后灰烬成为水泥熟料的一部分，一举两得。

(2)水泥窑余热发电后的蒸汽在猪场利用，对厌氧发酵池的沼液进行加热，利用低压蒸汽对冲洗猪舍的水进行加热，在冬、春季节对哺乳仔猪、保育小猪进行保温，冬季时对全场猪舍的宏观加温等。

(3)养猪场的沼气又为水泥窑提供部分热能，替代一部分煤炭，减少煤炭的使用量，降低水泥厂的生产成本。

(4)猪场达标后的中水作为水泥厂冷却及混凝土搅拌站生产循环用水，为猪场中水的消纳找到了一个稳定的渠道，同时，也为水泥厂和混凝土搅拌站节约了一笔可观的用水费用开支。

多重优势的叠加，多项技术的融合，把水泥工业与养猪行业结合在一起，实现工业和畜牧业发展过程中的互为利用、互为补充、优劣互补，这是双赢的一种全新思路。

1.5　楼房猪场的创新模式

随着楼房猪场项目建设的风起云涌，各个企业也在不断优化楼房猪场的建设模式，大显神通，寻求更大的突破。

农业农村部办公厅《关于抓好生猪生产发展稳定市场供给的通知》，确定要构建“育繁养宰销一体化”发展新格局，统筹规划生猪养殖布局和屠宰加工产能布局，实现区域内生猪出栏规模和屠宰产能基本匹配。

牧原集团、扬翔集团在楼房猪场的基础上，对饲料、养猪（育、繁、养）、屠宰、产品商业化运作进行通盘设计，整合到同一个地点的一个集成化的项目中，扬翔公司命名为“料、养、宰、商一体化”项目，牧原集团称之为“肉食一体化”项目，这本质上就是“育繁养宰销一体化”的具体实现形式，如图 1-7 所示。

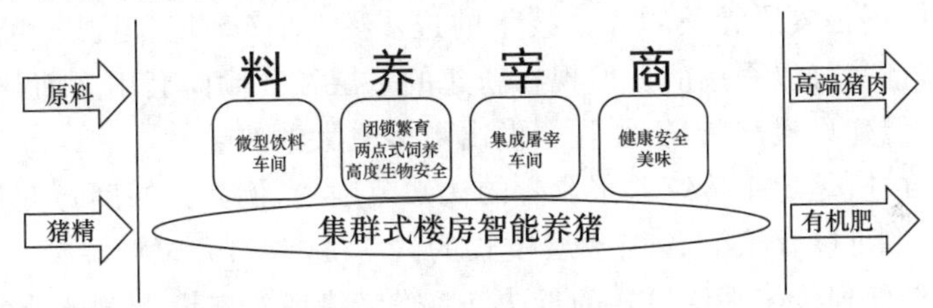

图 1-7　料、养、宰、商一体化造肉工厂模式

在这样的模式之下，拉进厂（场）区围墙内的是玉米、豆粕等原材料，拉出厂（场）区围墙外的是白条肉或者分割肉甚至是熟食，从而把单纯的养猪场变成猪肉生产工厂，即造肉工厂。在一个区域内完成从饲料原料到猪肉的转化全过程，推动猪肉生产和销售“一体化、智能化、品牌化”，逐步减少和取消活猪中间流通环节，推行猪肉冷链运输、就近销售，减少疾病传播和发生风险，建立全程质量跟踪和追溯体系，保障猪肉食品安全；缩短产销链条，降低运输和交易成本，促进猪肉价格的相对稳定，让中国养猪业尽快进入平衡、平稳发展的成熟期。

1.6　楼房养猪模式的特点和优势

当前国内普遍使用的大平层猪场，主要是采用美式猪场的原理和设计，通过分区布局、物理通风、机械化设备解决生猪大规模群养的问题。楼房养猪是向空中发展，与传统平层猪场相比，有以下一些特点和优势。

1.6.1　节省土地资源

我国是一个人口大国，人均土地较少，土地资源稀缺。传统的猪舍栋数多、占地面积大，在有限的土地范围内养猪规模会受到极大的限制。以年出栏 10 000 头商品猪场为例（600 头基本母猪群），传统猪场往往需要大约 70 亩用地才能达到目标；而通过楼房养猪，仅需 10 亩土地，一栋建筑面积为 6 000 m^2 的 8 层的猪舍（每层 1 500 m^2）就可以完成出栏目标。楼层空间和每层面积的增加使土地利用率得到了极大的提升。这在土地资源稀缺的环境下，为众多养猪企业解决了土地问题和效率问题，同时有利于养殖规模不断扩大。

1.6.2 高度集约化

所谓的集约化，就是集合要素优势，节约生产成本，提高单位效益。基础是集合相关要素的优势，追求的效果是节约生产成本，最终目标是提高产出的效益。

从用了几十年的传统大平层模式变为向空间发展的楼房模式，这中间肯定涉及许多变化：一类是平层变成多层要考虑的，如气、水、料、猪、粪等的传输方式；另一类是与平层还是楼层无关的养猪技术的进步，如洁净环境、恒温环境等，无论平层还是楼层，都是可以采用的。但现在新建的平层往往倾向套用之前的图纸，改善的环节较少，但建设楼房猪场，往往会做出更多更大的改善。

有一些改进，是超乎传统养猪业者的认知范围的，例如大幅度降低猪场的通风量，有技术方案可以降低到传统平层模式的约 1/4，再如大幅度降低用水量，有技术方案可以降低到传统平层模式的近 1/2。楼房猪场的建设者对此非常重视且愿意去研究并采用，所以楼房猪场的集约化程度更高。

1.6.3 更加追求生物安全和生产顺畅

楼房猪场的生物安全问题，是诸多反对楼房猪场的人士最为诟病的。其实养猪人普遍都能意识到这个问题，之所以还敢造楼房来养猪，毫无疑问他们的方案对生物安全有较高的把握。例如各种传播途径在设计时就考虑了“切断”的措施，对各种交叉污染的可能性也有针对性的设计，再如为了解决每年频繁地引种进楼房的风险采用闭锁繁育模式，进而在楼房猪场内部配套了育种楼层，等等，肯定是大幅度提高了楼房猪场的生物安全程度。

楼房猪场为了保证日常运营中生物安全可靠度，也为了提高运营效率，普遍会采用较严格的批次化生产模式，这样生产经营就会比较顺畅。采用批次化生产模式之后，带来了管理的简化、用工的节省、出栏批量的稳定等好处。相对而言，传统猪场虽然也有采用批次化生产的，但往往调理顺了没多久，就又会乱套，不像楼房养猪有那么大的压力，而这压力并不是坏事。

1.6.4 更有利于实现自动化、智能化

猪场高度集约化生产后，需要尽可能地采用新技术、新装备。为了保证猪场的

运行更加平稳,就需要减少人为失误,所以从多个方面来看,楼房猪场都有追求设备更加自动化、管理更加智能化的倾向。与普通平层猪场相比,楼房猪场更加有利于采用自动化、智能化装备。

谈及自动化和智能化,企业总有两个担心:一是造价高,二是对人才要求高,现有猪场员工无法适应智能化的东西。其实不用担心,科技进步有个过程,是渐变不是突变,就像原本跑马车的马路上现在跑的都是汽车一样,不用怕汽车造价高,也不用怕缺司机。

基于当前可商用的物联网技术、人工智能技术和大数据技术,已经能够做到生产过程高度的自动化,对母猪的管理从传统的群体化转型为个体化精准管理,省人、省时、省费用、高效。

1.6.5 对环境保护的设计格外用心

现在社会对环保的要求很严格,而楼房猪场中的猪群又集中,粪污和臭气不得不处理好,楼房模式所带来的环保技术升级,节水饲养技术、减排技术、除臭技术、无害化处理技术等都有新的方案和应用。楼房式养殖模式利用楼层的高度,可以在一定程度上减少粪污处理的面积占用,快速、统一地收集粪污,更利于集中性处理,粪污的再利用更高效,有利于废气的收集和除臭处理,减少环境污染,为猪群的生活提供了优良的生活环境,同时大大地降低了病毒污染的风险。

1.6.6 其他优势

楼房的设计寿命都比普通平层要长,使用年限久,固定资产折旧分摊成本也不会提高。

楼房猪场本身就是对传统养猪模式的创新,所以运用一些颠覆常规认知的技术和方案是必然的。据公开资料显示,新希望正在研发面向未来的“5S”(科学、安全、智能、节能、聚落化)立体楼房养猪模式。使用轨道测温机器人实时监测及时预警异常体温猪只;自动分群系统,根据猪只体重分群管理精准饲喂;还有智能保温设备、铲屎机器人、人物车智能追踪和消洗体系等,实现“一猪一防控、一猪一环境、一猪一饲喂、一猪一档案”。

1.7 楼房养猪的“缺陷”与思考

1.7.1 传染病的防控

楼房猪场最大的问题,莫过于生物安全问题,也就是人们普遍关注的“万一发病传染怎么办”，他们认为：楼房猪场发生重大传染病时容易互相感染；舍内有害气体浓度容易加大，增加猪呼吸道疾病发病率；过多使用化学消毒剂将会严重影响粪污处理；其建筑结构复杂、饲养密度大，疾病控制比较困难。

在进行楼房猪场设计的时候，这一部分的设计要作为重中之重来考虑的。楼房猪场考虑到重大传染病的互相感染，所以虽然猪舍是大楼，但如果楼内做了严格的小单元隔离，传统的互相感染场景较难在楼房猪场中出现。

并且，还要采用适应楼房养猪的生产模式，如楼内闭锁繁育，自繁自养后备母猪，不从外部引种，也可大大减少外源疫病的风险。

正因为楼房比平层更怕发生生物安全事故，所以要求设计得更安全，不仅要避免群死群伤，而且要创造更舒适的环境把猪养得更好，打针灌药更少，猪的生长发育更顺，生产效率更高，造肉成本更低，这是一种良性循环，高投入带来高回报。

1.7.2 环保处理

楼房猪场第二个让人担心的问题，就是环保处理，一是猪多粪污量大，二是臭气熏天。粪污量大恰好更适合工业化处理，而臭气除臭的技术不复杂，方法也很多，所以不是想象中的难题。楼房猪场的通风模式比常规的大平层可以做很大的改进，可以采用小通风量模式，通风量可以不到传统模式的 1/3，通风量的减少加上楼房纵向气道的布局，使得收集废气臭气更方便，也就更容易进行处理。

1.7.3 土建成本高

养殖者担心的第三个问题是楼房养猪的土建成本偏高，一次性投入大。在大面积成片的土地越来越难获得的情况下，用小片土地造就大量产能，相比之下，适当增加的投资成本是可以接受的，同时因为楼房猪舍的使用寿命较长，其每年分摊的折旧成本应不会大幅度增加。还有人说楼房猪场对配套的现代机械设备要求更高，要运用较多智能化技术和配套设备，总体投资大——这不是楼房猪场的问题，不论楼房还是平层，养猪设备都会越来越现代化、智能化。

至于说楼房养猪设计不合理、设计缺标准、相关设备审批无标准、技术管理不到位……这都是发展中可以去解决的小障碍，不足以让楼房猪场停下来不发展。

有问题是好事，所有的问题都有解决方案，解决一个问题，楼房猪场就又进步了一小步。

1.8 垂直农业的发展前景

“垂直农业”这一概念最早由美国哥伦比亚大学教授迪克逊·德斯帕米尔提

出。德斯帕米尔希望在由玻璃和钢筋组成的光线充足的建筑物里能够出产人们所需的食物。例如:在1楼喂养罗非鱼,在12楼种植西红柿……在建筑物内,所有的水都被循环利用;植物不使用堆肥;产生的甲烷等气体被收集起来变成热量;牲畜的排泄物成为能源的来源等。“垂直农业”是一种获取食物、处理废弃物的新途径。

农业专家认为,垂直农场“就是我们所知道的可持续农业的未来”:完全由可再生风能提供动力,并且对附近河流的环境破坏为零,在未来数十年中很可能被证明是农业的典范。

2017年,博埃里建筑设计事务所与上海光明地产共同研发,首次将“垂直森林概念”与“农场概念”结合在一起,打造一座城市垂直农场。2019年9月,他们公布了光明城市垂直农场方案,建筑面积110 968 m^2,其自身的雨水收集系统与耗水量低的装置以及高效植物灌溉系统会为整栋建筑节约80%的传统系统用水量。建筑中采用“垂直森林+垂直农场”的方式,可使上海每年减少4 000 t的二氧化碳年排放量。这是植物、食品生产和美学的结合,这个全新概念的综合体不仅包括绿色建筑,还意味着农业和都市的平衡。

楼房猪场,就是垂直农业的一种实践。当前所看到的还是纯粹养猪的简易版本,随着科技的进步,楼房猪场必将有更丰富的内涵、有更广阔的前景。

思考题

1.传统的(20世纪)楼房猪场与近几年发展出来的新式楼房猪场在结构和功能上有何异同?

2.规模化楼房养猪的兴起的原因是什么?

3.什么时候规模化楼房养猪呈爆发式发展?

4.楼房养猪的优点和缺陷有哪些?

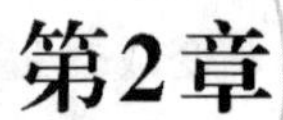

第2章 楼房猪场的规划布局和设计

【本章提要】猪场能否长远持续发展，取决于猪场的选址，能否安全生产并产生好的效益取决于规划布局，能产生多少效益取决于猪舍的工艺设计和布局。本章首先介绍楼房猪场的选址要求和综合评估办法；其次介绍楼房猪场如何根据所选地址的地形地势、气候、交通等自然条件以及养殖规模、工艺流程等进行整体科学合理的规划布局，使之符合生物安全前提下的标准化、规范化要求；再次介绍楼房猪场生产工艺布局模式及其优缺点；最后详细介绍楼房猪舍的设计，包括工艺参数、工艺布局、设计方法以及不同的工艺模式、工艺布局和建筑成本的关系，并通过具体的案例说明不同生产工艺模式的设计方法，为楼房养猪的生产者和专业人员提供指导。

2.1 楼房猪场的场址选择

猪场的选址、规划与布局关系到猪场能否长期生存、安全生产、可持续发展；是能否充分发挥猪只的生产性能、创造良好经济效益的最关键因素，是规模猪场建设的第一步；对猪场的生产、管理、生物安全、环境控制、粪污处理、产品销售等影响巨大，它一经确定就不可更改，因此在猪场选址与布局时必须持谨慎的、科学的态度，选址前一定要充分评估相关政策和生物安全风险。

楼房猪场的选址和单层传统的猪场选址一样，要从符合法律法规和产业政策、符合防疫和生物安全条件、符合环保要求、理想的地形地势、良好的地质条件、尽量充足的面积、充足的水源和良好的水质、稳定的电力资源、符合生物安全的便利交通等进行全面考虑。重点要考察地质条件，尽可能有利于建设多层或高层楼房猪舍的基础条件，以减少猪舍的基础投资。

2.1.1　符合产业政策

猪场地址应位于法律、法规明确规定的禁养区以外，符合国土空间发展规划和当地政府的畜牧业发展规划；要远离生活饮用水水源保护区、风景名胜区、自然保护区的核心区及缓冲区；城市和城镇居民区，包括文教科研区、医疗区、商业区、工业区、游览区等人口集中地区；避开自然灾害（滑坡、泥石流等）多发区。

2.1.2　符合生物安全条件

楼房猪场选址要将防疫作为首要考虑因素，特别是2018年非洲猪瘟疫情发生以后，猪场的生物安全突显其重要性，因此选址时防疫条件最低标准应符合我国《动物防疫法》和《动物防疫条件审查办法》要求。实际选址时，标准应更高一些，应要求距离生活饮用水源地、动物饲养场、养殖小区和城镇居民区、文化教育科研等人口集中区域及公路、铁路等主要交通干线1 000 m以上；距离大型化工厂、矿区、皮革加工厂、畜牧养殖场、动物隔离场所、无害化处理场所、动物屠宰加工场所、动物和动物产品集贸市场、动物诊疗场所3 000 m以上。理想场址应该是周边5 000 m内、进出场地的交通干路周边1 000 m内，无可能引起交叉感染的养殖、屠宰等具有防疫风险的场所。

应同时考虑有条件实现进场的主干道（净道）和出场主干道（污道）不重复、不迂回、不交叉，有利于生物安全。

2.1.3　符合环保要求

在楼房猪场选址时，既要考虑楼房猪场对周边村镇、河流、农田、大气等的影响，还要考虑当地环境的承载能力和自身的环保处理能力及今后周边的发展可能会对猪场造成的影响；要符合《农产品安全质量　无公害猪肉产地环境要求》的规定；符合当地政府的环保要求。

猪场选址应充分考虑猪粪和污水的处理工艺，满足处理工艺所需的空间、面积和位置。最好场地周围有与规划发展的规模相配套的农田、果园，林木等，实现粪污大部或全部就地消耗。或者有条件将猪粪和污水、沼液在一定的范围内通过运输或管道系统到达可被利用的种植园区，实现资源化利用，实现生态养殖。

楼房猪场粪污处理还有一种全新的模式，就是粪污经预处理达到一定的指标要求后，接入城市、乡镇或附近工业区的污水处理厂，后续处理以付费方式交予污水处理厂处理。有此条件的猪场，在选址时应予以综合考虑。

2.1.4 理想的地形地势

地形指场地的形状、大小、位置和地貌的情况，地势指所建场地的高低起伏状况。传统的单层猪舍要求地形整齐开阔，地势较高、干燥、平坦或有缓坡，背风向阳，通风良好，有利于场区污水、雨水的排放，使场区内湿度相对较低，提高猪舍环境调控的效果，有利于猪只健康。楼房猪场由于建设多层或高层的猪舍，其建筑占地面积相对较小，因此，对地形的要求可以相对弱化一些，但同样应避免建设在低洼、潮湿积水的地方。切忌把大型猪场建到山窝里，以免因污浊空气的累积，导致场区的区域小气候常年处于空气质量恶劣的状态。

2.1.5 良好的地质条件

楼房猪场的选址对地质条件的要求比较高，应作为主要的考察对象。应选择土层状态好、地基承载力高、抗震有利的地段，减少基础投资，节省建设成本，有利于猪舍结构的稳定和安全。对地质条件的考察应由专业的地质勘查机构提供科学的依据。另外，也有必要对土壤是否可能存在对人、猪健康构成危害的污染源或恶性传染病病原等情况进行一定的调查。

2.1.6 尽量充足的面积

楼房猪舍最大的优点就是节约用地、提高土地利用率，但非洲猪瘟疫情发生以后，强化有效的生物安全措施，因此猪场选址面积应尽可能大一些，为防疫安全提供更充裕的空间，同时也有利于各功能区的布局和增大每栋楼房猪舍之间的距离。

猪场占地面积最基本的依据是猪场的建设规模、发展规划、养殖模式、粪污处理模式以及配套设施等综合因素。

2.1.7 充足的水源和良好的水质

猪场用水必须符合 4 个条件：全年均衡且充足的水量，符合饮用水卫生标准的水质，取用方便，便于净化和消毒处理。一般情况下水源有 3 种：居民饮用的自来水、猪场自行建设的深水水井、地表水（包括河水、水库的水等）。必须强调的是，如果采用机井水，必须有 100 m 以上的深度，确保所采的水是地下水，如果使用地表水必须建设相配套的过滤、净化、消毒处理设施，确保水质达到饮用要求。

猪场的用水量包括生活用水、养殖用水和消防用水。生活用水量是每位职工平均每日所消耗的水量，每人每日一般可按 150～250 L 计算。养猪场应根据饲养规模和总需水量配置水源供水设施（猪群耗水量可参考表 2-1）。猪场饮用水质量应达到 NY 5027—2008 标准的要求。供水压力符合 GB/T 17824.1 规定。

表 2-1 每头猪平均日耗水量参数表 L

猪群类别	总耗水量	其中饮用水量
空怀及妊娠母猪	25.0	18.0
哺乳母猪(带仔猪)	40.0	22.0
培育仔猪	6.0	2.0
育成猪	8.0	4.0
育肥猪	10.0	7.0
后备猪	15.0	8.0
种公猪	40.0	22.0

注:总耗水量包括猪饮用水量、猪舍清洗用水量,炎热地区和干燥地区总耗水量参数可增加 25%～30%。

猪场所需供水量可根据下式计算:

$$Q=\frac{\sum_{t=1}^{m}(n_iq_i)+Q_{其他}}{24\times 1\,000}$$

式中,Q 为猪场所需最大供水量(L);m 为猪群类别数目;n_i 为第 i 类别猪群存栏数(头);q_i 为第 i 类别猪群每头猪的日耗水量[L/(d・头)];$Q_{其他}$ 为猪场所有其他用途的日用水量之和[(L/d),包括工作人员用水、消防用水等]。在计算猪场所需供水量时,应把猪场今后的发展考虑在内。

2.1.8 稳定的电力资源

楼房猪场是高度集约的规模养殖,其集约化、设施化、自动化、智能化程度高。因此,电力稳定充足的保障极其重要。

在确保符合防疫条件和生物安全要求的前提下,尽可能选择距主电源较近的地方,以减少电力投资和输变电费用。猪场的用电量测算应充分考虑猪舍环境控制系统、饲料自动输送饲喂系统、电梯与货梯等物资输送和流转系统、除臭系统、污水处理系统、病死猪处理等所有系统的用电需求,并预留一定的余量,以确保供电稳定和安全。楼房猪场应配套与电力总需求相同功率的发电系统,确保限电、停电或故障时,自身发电可以保障猪场的正常生产,即楼房猪场必须有双电源系统,以保障正常的生产用电。

猪场的电力负荷等级为民用建筑供电等级二级,电力负荷计算采用系数法,需用系数为 0.40～0.75,功率因数为 0.75～0.90。

2.1.9 符合生物安全的便利交通

楼房猪场应明确规划进场干道(净道)和出场干道(污道),净道主运饲料等投入品，污道用于销售猪只和运输粪污等废弃物，必须做到“一进一出”，以避免交叉感染。在符合生物安全的条件下，尽可能选择交通便利的场地。

2.1.10 综合评估

综合评估时按表2-2中所列生物安全等因素，并进行赋值评估，所列各因素可能无法同时达到理想条件。综合评分90～100分，可以选择建设母猪场；80～90分，可以建设育肥猪场等生物安全要求稍低一些的猪场。选址确定后，要根据实际情况调整完善软硬件条件，提升猪场生物安全水平。

当然，在具体选址时，欲选的某一个地址不一定都能完美无缺地具备以上条件，因此在初选时最好能预选2～3个场址，然后通过周密的技术分析和评估，再从中确定一个最佳场址。

表2-2 猪场选址综合评估内容

项目	参考值	分值
场区位于山区/丘陵/平原		1～5
半径3 km内其他猪场数量	无	1～5
半径3 km内猪只数量		1～5
半径5 km内其他猪场数量	5以内	1～5
半径5 km内猪只数量		1～5
主要公共交通道路距离猪场的最近距离	>1 km	1～5
每天猪场周边公共交通道路车流量	<5	1～5
靠近猪场的路上，是否每天都有其他猪场生猪运输车辆经过	无	1～5
猪场周边10 km范围内是否有野猪	无	1～5
猪场周围的其他动物养殖场(绵羊、山羊、牛)数量	0	1～5
最近屠宰厂(场)的距离	>10 km	1～5
最近垃圾处理场的距离	>5 km	1～5
最近动物无害化处理场所的距离	>10 km	1～5
最近活畜交易市场的距离	>10 km	1～5
最近河流(溪流)的距离	>1 km	1～5
饮水来源	深井水	1～5
水源地周围3 km内的养殖场数量	低密度	1～5
风向上游区域的最近猪场距离	3 km	1～5
场区周围是否有树木隔离带	有	1～5
场区周围最近村庄的距离	>1 km	1～5

注：根据各场选址条件进行1～5分评估。

2.2　楼房猪场的规划布局

楼房猪场的规划布局，应根据所选场地的地形、地貌、周边环境条件、交通条件、常年主风向（玫瑰风向图指示）等气候特点，结合计划的养殖规模、养殖模式、生产工艺、污水处理方式等各方面因素综合分析考虑。但始终应以生物安全和生态环境保护为第一要务。

2.2.1　总体布局规划原则

楼房猪场在选址完成后，最重要的环节是猪场的总体规划和建筑物的布局安排。猪场布局是否合理，直接关系到能否正常组织生产、提高劳动生产率、降低生产成本、提高养猪生产的经济效益。其应遵循的原则主要有以下5点。

第一，有利于生产流程的顺畅实施。按照生产流程的顺序性、连接性、单向流动性来布置猪舍，达到有利于生产流转，有利于实施自动化和信息化管理，提高生产效率的目的。

第二，有利于生物安全。楼房猪场猪群高度集中，饲养密度大，要保证正常的安全生产，必须将生物安全工作提高到首要位置。一方面在整体布置上应着重考虑生产工艺模式、地形、地势条件，主导风向等因素，合理安排各类楼房猪舍，满足其防疫距离的要求；另一方面要考虑如何避免楼层之间间距小，交叉污染的概率高等不利因素，按照猪、料、人、物、气、粪尿、病死猪等单向流动的要求科学规划布局，尽可能避免交叉污染，实现安全生产。

规划时还应考虑适应楼房养猪的生产模式，如楼内自行组建核心群、闭锁繁育，自繁自养后备母猪，不从外部引种，可大大减少外源疫病入侵的风险等。

第三，有利于投入品的流转。猪场日常的饲料、猪及生产生活用品的运输量大，在楼房猪舍和道路布局上不但应考虑生产流程的内部联系和对外联系的连续性，尽量使运输路线方便、简捷、不重复、不迂回。同时考虑利于猪、料、人、物的上下楼转运和粪尿收集排放，病死猪转出和处理等。

第四，有利于场区小气候。楼房猪舍由于高度集约化，饲养密度大，在有限的空间中集中了数量较大的猪只，导致有限空间的臭气排放浓度大大提高，造成猪场区域空气质量的下降，同时由于楼房均有一定的高度，臭气会随着气流飘得更远。因此，必须对楼房猪舍设计除臭净化装置，有利于环境保护，更重要的是确保楼房猪舍周边空气质量，以免未经处理的气体重新导入猪舍，造成空气质量的恶性循环。为进一步确保进入猪舍的空气质量，楼房猪舍还应规划设计空气净化设施，有利于猪群健康。

第五，有利于生态环保。根据政策要求、环境条件和养殖规模，合理安排粪污处理模式，规划布局相应的设施与建筑物，最大限度发挥环保设施的作用，实现粪污有效治理或资源化利用，达到生态保护的要求。

2.2.2 整体规划布局

楼房猪场的整体规划布局，与常规传统的平层猪场相比，不能只围绕在生产区、管理区和猪舍上，要将规划视野拓展到以楼房猪舍为核心，向外拓展 3 km 范围。因此，可以将整个猪场规划分为核心区、环保处理区、1 km 防疫区、3 km 缓冲区。猪场要实行严格的分区管控。依据生物安全风险等级，猪场通常可划分为红、橙、黄、绿 4 个等级，按照生物安全界限划分核心区对应为绿区，环保处理区为橙区，1 km 防疫区为黄区，3 km 缓冲区为红区（图 2-1、二维码 2-1）。

二维码 2-1　规模猪场颜色体系分区示意图

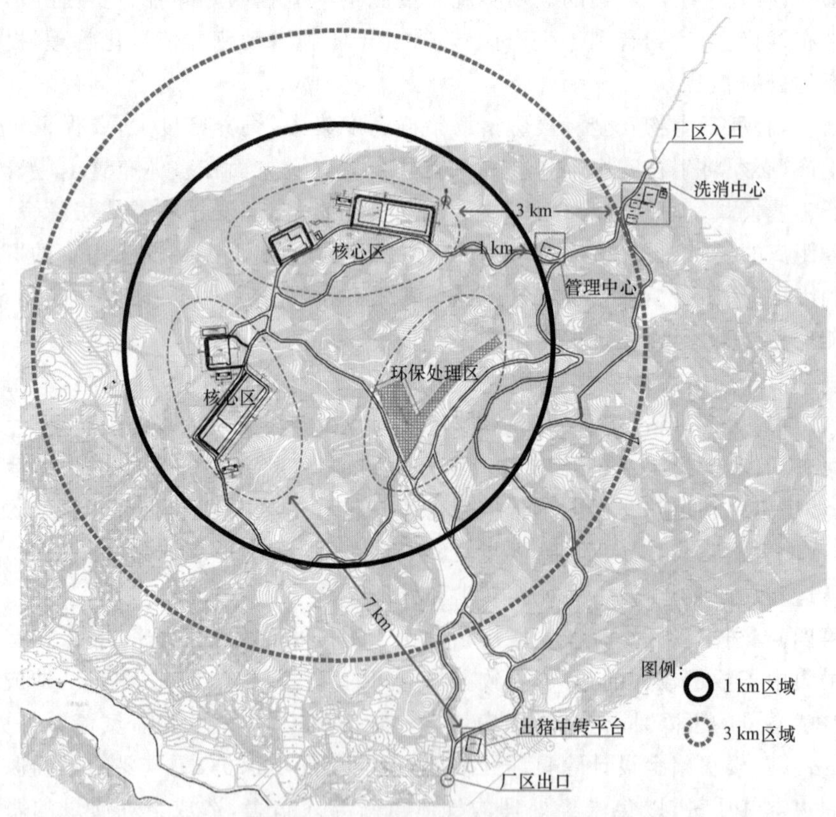

图 2-1　某楼房猪场年出栏 20 万头整体规划布局示例

2.2.2.1　核心区

核心区包括楼房猪舍、楼房猪舍组成的生产区和场内管理区。是猪场的核心区域，是防疫重点的重点，应设置围墙与外界隔离。生产区和场内管理区之间也应用围墙隔开，而且要用实心围墙。

（1）楼房猪舍　每栋楼房猪舍是猪场核心区的核心，主要布局各类型猪舍猪栏和猪舍内部连廊、走道、赶猪道等，以及饲养员休息区（间）、物资静置储存区、进入楼房猪舍的人员洗消更衣区、兽医诊疗间、操作间、清洗房、区内道路、水塔、配电房等生产配套设施等立体空间全部实物（墙体、地沟、设备、管线等）。是生猪日常饲养管理、转移及饲养人员休息就餐、药械物资及维修用品消毒存储等所涉及的全部区域。该区域必须确保干净、安全。根据猪场规模，单栋或若干栋楼房设置实心围墙，与外界隔离。

（2）生产区　是猪场核心区的重点，主要由每栋楼房猪舍组成的生产区域，包括区内道路、水塔、变压器、饲料输送系统、每栋楼房猪只流转系统。该区域应设置实心围墙与外界隔离，单栋或若干栋楼房已有围墙的，可以将其连成一个整体，与外界隔离。

（3）场内管理生活区　猪场围墙内部到核心区围墙的区域，主要布局场内门卫、进场前人员最后一道隔离（第三道隔离）、洗消更衣等设施，物资熏蒸消毒设施，场内管理、生活、休息、娱乐等设施。包括门卫、人员隔离宿舍、人员进场淋浴场所、物资进入熏蒸消毒通道、各类物资储存间、各类宿舍、办公室、会议室、餐厅、生活区、娱乐区域、洗衣房及周边空地等。

2.2.2.2　环保处理区

环保处理区布置在猪场围墙至外部可控区域，包括污水处理区、病死猪无害化处理区（集中储存区）、猪粪处理区（有机肥生产区或猪粪储存外运区）。

2.2.2.3　1 km 防疫区

1 km 防疫区是以核心区的围墙为起点，至少 1 km，包括内部办公区、人员隔离区（第二道隔离）、中央厨房（统一给猪场供应熟食）、内部车辆洗消烘干房、物资洗消烘干房、食材消毒区、引种隔离区。这些功能区根据地形条件和生物安全要求布局在 1 km 防疫线和核心区围墙之间，尽量远离核心区。

2.2.2.4　3 km 缓冲区

3 km 缓冲区是主要设置第一道防疫大门、大门门卫、对外办公接待区、车辆洗消区、物资洗消处理区、食材洗消处理区、人员第一次采样洗消隔离区（第一道隔离）、猪只销售区（中转装猪平台）、非洲猪瘟等烈性传染病检测实验室。饲料等投入品的运输车辆洗消区和烘干房应设置在进场道路方向，中转猪车的洗消区和烘干房以及猪只销售中转装猪平台应设置在出场道路方向。另外，该区域可作为适时监测有否增加威胁猪场安全的因素重点区域范围，如新建小型畜牧场、零星养殖、屠宰加工厂或有机肥加工厂等。

2.2.2.5 进出场道路规划布局

进场道路（净道）和出场道路（污道）应分开，不宜重复，不迂回，至少在 1 km 防疫区范围内不重复，进场道路运输饲料、人员、物资等投入品，出场道路主要用于销售猪只、运输粪污、废弃物等。1 km 防疫区以内的出场道路不宜或尽量不作为公共道路。

2.2.2.6 猪只和人员流向规划

整个生产区和每栋楼房猪舍均猪场应区分净区和污区，生物安全级别高的区域为相对的净区，生物安全级别低的区域为相对的污区。在猪场的生物安全等级金字塔中，公猪舍、分娩哺乳舍、配怀舍、保育舍、育肥舍和出猪台的生物安全等级依次降低。猪只和人员只能从生物安全等级高的地方到生物安全等级低的地方单向流动。净区和污区不能有直接交叉，严禁逆向流动，必须有明确的分界线，并清晰标识。

另外，经消毒处理的环境区域也为净区，包括经过消毒处理的人员、车辆、物资接触区域，以及正常生猪直接饲养区域。未经消毒处理的环境区域为污区，包括未经消毒处理的人员、车辆、物资接触区域，以及病死猪接触区域和粪污处理区等。

2.3 楼房猪场生产工艺布局模式

楼房猪场的工艺布局遵从“小单元”“全进全出”“批次化生产”的原则，按照自繁自养模式，配套保育、育肥、后备培育的生产需求设计生产工艺。大致可以分为如下 5 种不同生产工艺布局模式。

2.3.1 “母猪、保育、育肥各自单栋三点式”生产工艺模式

“母猪、保育、育肥各自单栋三点式”生产工艺模式指母猪、保育猪、育肥猪分别各自在单栋猪舍独立饲养，饲养母猪的楼房、饲养保育猪的楼房、饲养育肥猪的楼房间隔一定距离分点布置（图 2-2）。

该模式每栋楼房功能相对单一，单栋猪舍相对占地面积少，容易布局，适合于可利用土地面积较小的、地形不是很平坦的山地。由于每栋猪舍饲养猪的阶段单一，有利于实现自动化、智能化。保育猪栋舍和育肥猪栋舍由于每层工艺布局一致，有利于结构设计，大大提高建筑面积的利用率，降低建筑成本，饲料品种单一，方便提升输送，相对投资少。同时也更方便核算单栋的生产成本和实施有效、准确的绩效管理措施。该模式可实现分阶段分点生产，有利于切断各阶段特定病原的

垂直传播，但该模式生产过程中，不同阶段猪只需要频繁地从一栋猪舍转移到另一栋猪舍，增加生物安全风险和转猪成本。

该模式中，母猪舍的布局有以下 3 种方式。

(1)从顶层往底层布局后备舍、空怀配种舍、妊娠舍、分娩哺乳舍。仔猪断奶后直接从底层转走，断奶母猪转回顶层，循环反复。在一栋的上、下层之间完成一个完整的繁殖生产阶段。

这种布局的优点是断奶仔猪在底层转出方便，缺点是不同繁育阶段的母猪上下楼周转频繁，如果使用赶猪坡道上下楼比较容易引起打滑，造成母猪肢蹄损伤，特别是重胎期从上往下转时，十分容易造成趴腿，导致母猪损耗。

(2)从底层往顶层布局后备舍、空怀配种舍、妊娠舍、分娩哺乳舍。仔猪断奶后，从顶层转出，断奶母猪转回底层。同样在一栋内上、下层之间完成一个完整的繁殖阶段。理论上顶层的生物安全等级相对高一些，因此将分娩哺乳舍布置在顶层，如果使用赶猪坡道，重胎期母猪从下往上赶，比从上往下赶更加适应猪的习性，更好赶一些，但同样容易造成损伤，同时该布局增加仔猪从顶层转出的环节及设施。

(3)每层均布置后备舍、空怀配种舍、妊娠舍、分娩哺乳舍。每层设置断奶仔猪出口，直接转出。断奶母猪同层转回空怀配种舍。单层内完成一个完整的繁殖生产阶段。该布局具有每层工艺布局一致，结构一致，每层为一个独立繁育阶段的生产线，有利于饲料、人员、猪只、物资、粪尿收集等流转设施的布置，大大提高建筑面积的利用率。但必须具备一定的饲养规模，单栋楼房需要占用较大面积，因此需要有较大面积平坦的地形条件，否则难以发挥上述优势。

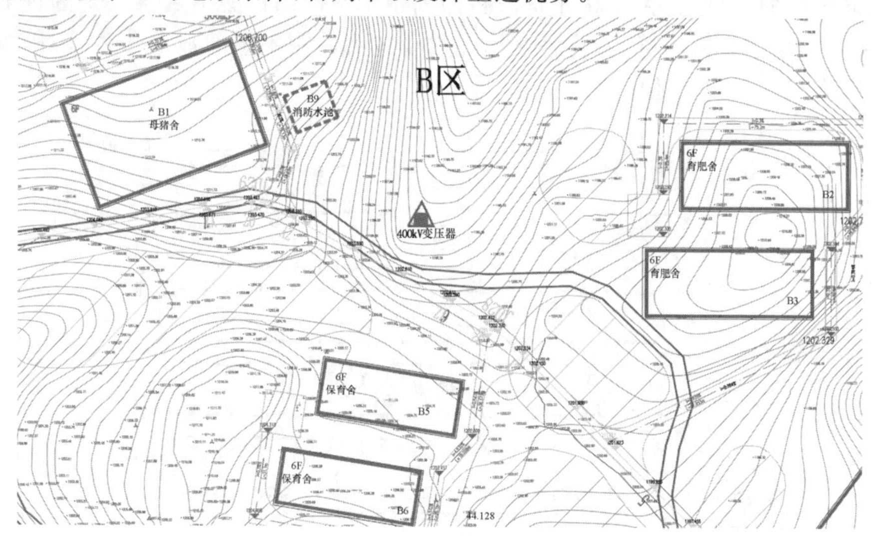

图 2-2　“母猪、保育、育肥各自单栋三点式”生产工艺模式

2.3.2 “母猪＋保育、育肥分栋两点式”生产工艺模式

“母猪＋保育、育肥分栋两点式”生产工艺模式是指母猪和保育猪在同一栋楼房中饲养，育肥猪单独在一栋楼房中饲养的工艺模式，即母猪繁育阶段和保育阶段布局在一栋楼房中，育肥阶段布局在另一栋楼房中。两个生产阶段的楼房猪舍，在一定的距离分点布置(图 2-3)。

该模式与“母猪、保育、育肥各自单栋三点式”模式具有相同的特点，同时减少一道转猪环节，相对减少转猪成本和生物安全风险。

该模式中“母猪＋保育”楼房猪舍工艺布局可以有以下 3 种。

(1)从顶层往底层布局后备舍、空怀配种舍、妊娠舍、分娩哺乳舍、保育舍。仔猪断奶后转入最下面的楼层保育，保育结束转走，断奶母猪转回空怀配种舍，循环反复。在一栋楼内从上往下的楼层之间完成一个完整的繁殖到保育的生产阶段。

(2)从底层往顶层布局后备舍、空怀配种舍、妊娠舍、分娩哺乳舍、保育舍。仔猪断奶后转入最上面的楼层保育，保育结束转走，断奶母猪转回空怀配种舍，循环反复。在一栋楼内从下往上的楼层之间完成一个完整的繁殖到保育的生产阶段。

(3)每层均布局后备舍、空怀配种舍、妊娠舍、分娩哺乳舍、保育舍，在单层内完成一个完整的繁殖到保育的生产阶段，即在该模式与同层布局空怀配种舍、妊娠舍、分娩哺乳舍等母猪繁殖阶段的模式一样具有每层工艺布局一致，结构一致，每层为一个独立繁育到保育阶段的生产线，有利于饲料、人员、猪只、物资、粪尿收集等流转设施的布置，大大提高建筑面积的利用率。但同样必须具备一定的饲养规模，单栋楼房需要占用更大的面积，因此需要较大面积平坦的地形条件，否则难以实现该布局并发挥上述优势。

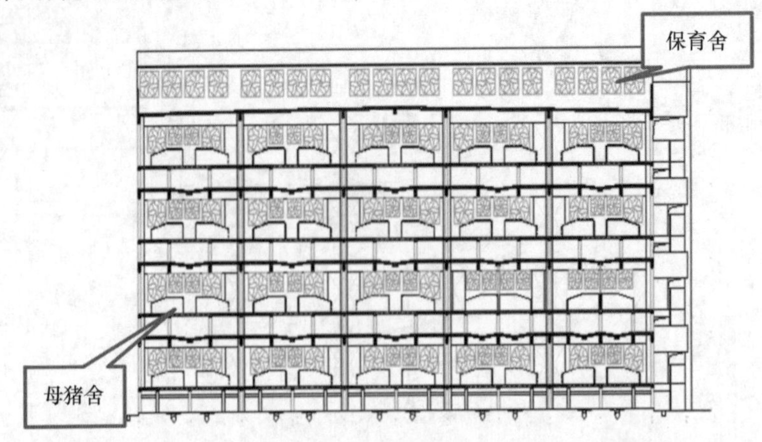

图 2-3 “母猪＋保育、育肥分栋两点式”生产工艺模式(“母猪＋保育”舍)

2.3.3 “母猪、保育＋育肥分栋两点式”生产工艺模式

“母猪、保育＋育肥分栋两点式”生产工艺模式是指母猪单独在一栋楼房中饲养，保育猪和育肥猪在同一栋楼房中饲养的工艺模式，即母猪繁育阶段在一栋楼房中饲养，仔猪保育阶段转入“保育＋育肥”的楼房中饲养(图 2-4)。

该模式中“保育＋育肥”栋楼房猪舍，从顶层往底层布局保育舍和育肥舍。根据规划的养殖规模，按照批次化生产需要，在楼房顶部楼层布局若干单元的保育舍，与下部每层育肥舍相配套，实现批次化全进全出生产，即每层育肥舍最好是一个批次的规模设置，以实现每层都可以全进全出生产。

图 2-4 “母猪、保育＋育肥分栋两点式”生产工艺模式

2.3.4 “母猪＋保育＋育肥同栋分层一点式”生产工艺模式

“母猪＋保育＋育肥同栋分层一点式”生产工艺布局模式是指母猪、保育猪、育肥猪在同一栋楼房中饲养的工艺模式，即母猪阶段在顶部楼层、保育阶段在中部楼层、育肥阶段在底部楼层，由高到低顺序排布，形成同栋自上而下为一条独立的自繁自养的生产线(图 2-5)。

该模式各阶段猪群在同栋上下转运，除成品猪正常出栏外，较少与外环境接触交叉，不需要借助外来车辆进行周转，减少外围环境带来的生物安全风险。

每栋均为一个单独的猪场，可构建一个独立的生物安全体系(圈)，对整个大的楼房猪场而言，每栋之间通过一定间距隔离，相互不交叉，有利于整体的防疫和生产管理，对构建猪场整体的生物安全体系和分散防疫风险有一定的好处，但由于分布各层的妊娠舍、分娩哺乳舍、保育舍、育肥舍的猪栏大小尺寸不同以及猪栏的结构布局不同，各层间的建筑布局无法一致，建筑和结构设计相对复杂，降低楼面的有效利用率，相对增加建筑成本。同时，同一栋楼房中要输送的饲料品种多，饲料输送流程复杂，增加饲料输送的成本投入。人员、猪群在楼层间上下流转频繁，难

以实现各层间的隔断，难以实现不交叉。

该模式母猪舍的布局宜采用空怀配种妊娠舍、分娩哺乳舍在同一楼层布局模式，即在同一楼层内完成一个完整的繁殖生产阶段。仔猪断奶后转入保育楼层。

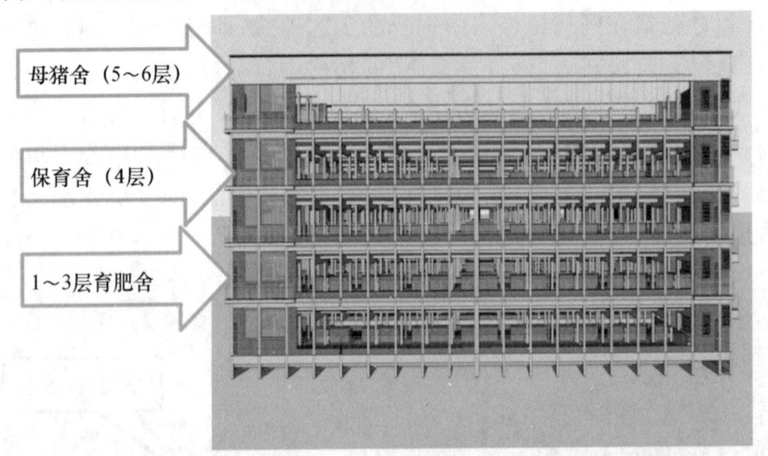

图 2-5 “母猪＋保育＋育肥同栋分层一点式”生产工艺模式

2.3.5 “母猪＋保育＋育肥同栋同层一点式”生产工艺模式

“母猪＋保育＋育肥同栋同层一点式”工艺布局模式是指母猪、保育猪、育肥猪在同一栋楼房中同一层饲养的工艺模式，即母猪阶段、保育阶段、育肥阶段的猪均在同一栋楼房中同一层饲养，形成同栋每层均为一条独立的自繁自养的生产线。

该模式各阶段猪群在同层内流转，除成品猪直接从每层转出外，各层间基本可以实现相对隔断，实现不交叉。相当于每层均为一个单独的小规模甚至是中型规模的猪场，每栋楼相当于一个中型或大型的规模猪场。因此该布局不但每层可以作为一个相对独立的防疫单元构建生物安全系统，而且每栋楼更是一个完全独立的防疫整体，建立生物安全体系。对于由若干栋楼房组成的整个楼房猪场而言，每栋之间通过一定间距隔离，相互不交叉，有利于整体的防疫和生产管理，对构建猪场整体的生物安全体系和分散防疫风险有很大的好处，也就是说该模式场内核心区即可形成由楼房每层→每栋楼房→若干栋楼房构成的生产区三级生物安全体系。相对于其他的布局模式，该布局模式在生物安全方面具有较大的优势。

该布局模式在一栋楼房的每层均分布后备舍、空怀配种舍、妊娠舍、分娩哺乳舍、保育舍、育肥舍等，每层各建筑节点的功能一致、结构相同，可大大提高楼面的有效利用率。该模式建筑和结构设计简单，施工方便，可大大降低建筑成本。也由于一栋楼中每层在相同位置饲养的猪阶段均相同，极大地方便饲料的分类输送，使送料设施的布局简单化，同时也有利于人员、物品、物资、粪尿、通风、除臭等流转设施的布置，提高流转效率和简化管理环节，方便自动化智能化装备的布局和安装，实现自动化、智能化管理。

该模式每层均为一个独立的生产系统（自繁自养的生产线），便于生产管理、成本核算、绩效制度实施等，有利于各层间的生产成绩和经济效益的比较，可促进管理效率和整体综合效益的提升。

该布局模式单栋楼房建筑面积大，占地面积大，需要较为平坦，且地质条件比较一致的地形。每层也必须有一定的养殖规模才能有效发挥上述诸项优势。

2.4　楼房猪舍的规划布局

楼房猪场的每一栋楼房猪舍均为一个独立的生产系统，因此在猪舍内部的规划布局时，除布局各类型猪栏的生产区外，还应设置配套的功能区。

猪舍生产区根据所确定的生产工艺模式，可布局种公猪舍（站）、母猪配怀舍、分娩舍、后备舍等各繁育阶段功能舍以及保育舍和育肥舍。猪舍生产区的布局同样以生物安全和流程顺畅为前提，贯穿批次化生产，全进全出的理念，宜采用小单元模式，力求实现各生产阶段的猪每批次都能实现全进全出生产，实现健康养殖。

猪舍功能区包含净道（人员通道、进猪道）、污道（出猪道、病死猪转出道）、人员洗浴消毒更衣区、物资消毒储存区、管理间、人员休息室、卫生间、人员物资专用电梯、健康猪进出专用平台、病死猪转出设施、粪尿收集排放设施、废气收集处理、防蚊蝇虫设施、空气过滤设施等保障生物安全的相关设施。

楼房猪舍的内部各种猪栏的布局一般有大单元、中单元、小单元三种模式。所谓小单元是指一列或两列猪栏，构成一个独立的开间，每个单元之间有密闭的墙体隔开，互不交叉，如两列限位栏（中间两边各一条走道）为一个单元，两列育肥猪栏（中间走道）为一个单元等。中单元一般指三列、四列猪栏构成一个独立的开间，每个开间之间有密闭的墙体隔开，互不交叉。大单元是指五列或五列以上猪栏，或半个楼层，甚至整个楼层均为一个没有隔断的大开间，布局各饲养阶段的猪栏，形成大单元，如 500 头甚至到 1 000 头母猪的限位栏布局在一个开间内。

新一代的楼房猪舍均为密闭式的猪舍，不再采用半开放式和开放式的建筑形式。猪舍采用机械通风、人工光照、保温隔热、防寒保暖等机械化、智能化、自动化装备，为猪只创造舒适的生长条件，最大程度地发挥其生产性能，创造经济效益。不再依赖外界的自然光照和自然通风等气候条件，也减轻了受外界不良气候，特别是灾害性气候的影响程度。这也是楼房猪舍的突出优点之一。

楼房猪舍的外墙可设置少量的窗户，主要是在机械通风系统故障时的应急条件下使用。

楼房猪舍应布局机械通风系统、配套智能化的环境控制设施，实现环境自动控制，还应布局空气净化装置和除臭装置，以净化猪舍内部及猪舍周边的空气。

楼房猪舍布局时务必了解场址所在地的常年主风向，在主风向布置猪栏的进风口和净道，在出风口方向布置除臭系统（或风道通往顶层集中除臭）、污道和应急出口。同时楼房猪场中有多栋布局时，应通过加大距离，调整楼房方向或除臭系统、空气净化系统等手段，杜绝一栋猪舍排出的废气进入另一栋猪舍中造成猪舍空气质量的下降以及交叉污染。

楼房猪舍猪栏采用全漏缝或半漏缝地面，漏缝材料可选择水泥预制漏缝板、球墨铸铁漏缝板、合成树脂漏缝板等。考虑到尽量减少楼房的荷载，降低基础的投入，一般建议两层以上楼房尽量采用轻质材料的漏缝板。

楼房猪舍的粪尿收集模式，主要有机械刮粪模式和尿泡粪模式。机械刮粪模式又分为V形刮粪模式和平面刮粪模式（详见第3章3.6节）。

楼房猪舍应布局防鸟、防虫、防蚊蝇的设施，布局防鼠、猫、松鼠等风险动物。

楼房猪舍应设置赶猪坡道、货梯、舍内外升降机、升降平台，用于猪只在楼层间转运。

猪只上下楼通道（转入转出通道）应分开设置，转入通道属于净道应设置在猪舍进风方向，转出通道属于污道应设置于猪舍出风方向或猪舍侧面。

猪舍每层应设置猪只进猪道、出猪道、应急电梯，按各层不交叉布局，实现单向流动。

楼房猪舍应设置电梯或楼梯，供人员上下楼；每层应设置人员通道与电梯或楼梯相连接；每层应设置人员洗浴消毒更衣区，人员经过淋浴、消毒、更衣后进入生产区。

洗浴消毒更衣区应设置随身物件消毒传递窗，随身物件消毒传递窗消毒后，进入生产区。

每层设置休息间。

楼房猪舍应设置货梯，供物资等货物流转至各楼层，也可利用人员上楼设施或猪只转入设施流转物资。

楼房猪舍每层应设置物资消毒储存区，包括物资消毒间、静置间、物资储存间。物资等货物经过配送点预消毒后转至物资消毒储存区，经消毒静置后转入洁净的物资储存间。

处理物资的垃圾从污道转出。

楼房猪舍应配套设置饲料提升输送饲喂系统，可选用干料提升输送饲喂系统或液态饲料输送饲喂系统，进料区均应设置在猪舍干净区域。

楼房猪舍应布局供水系统，中央高压热（冷）水冲洗系统及消防用水系统。

猪舍应布局常规照明和满足猪生产需要的人工光源、保温和供暖设施，以及满足所有生产设施需要的电力供应保障系统。

楼房猪舍的长度、宽度、楼层数以及楼房外观结构的确定，应根据养殖的规模、生产工艺模式、猪栏的规模、配套的功能设置的布局等，以及满足批次化生产、全进全出条件下的各种生产工艺参数和建设参数，综合地形优势、土地的利用率、基础设施的投入成本等各方面因素进行综合考虑，尤其是要事先明确猪舍的通风模式，因为采用负压通风时，猪舍的长度和有效的通风距离密切正相关，为确保通风效果，应选择合适的通风距离。因此，每栋楼房猪舍规划布局时是考验设计人员和养猪人智慧、创造力的过程，必须对各种因素进行综合分析、权衡轻重、科学取舍、优化组合、反复比对，方能取得较为理想的布局结构模式。

2.5　楼房猪舍设计

楼房猪舍的设计原则为切合实际、模式先进、经济合理、安全适用、美观大方，有利于生产流程的顺畅实施，有利于环境调控，有利于生物安全，有利于生产管理，有利于实现自动化、智能化。

楼房猪舍是猪场的主体建筑。一个完整的猪舍设计，包括工艺、建筑、结构、给水排水、采暖通风、电气、动力、通信、概预算等各专业设计的总和。其中猪舍的工艺设计是技术核心和设计的先导专业，也是要解决的技术重点。建筑、结构、给水排水、采暖通风、电气、动力、通信、概预算等各专业都有各自的设计范围、具体内容、设计深度和应该执行的标准和规范，但各专业设计首先要保证在满足工艺要求的前提下完成各专业的设计。建筑工程设计详见本书第 7 章，本节仅就猪舍在工艺布局设计上的特殊要求进行如下叙述。

楼房猪舍设计一般以“批次化、全进全出”的生产工艺为主，建议选用小单元布局形式，以生产工艺参数（如母猪年产胎次、产活仔数、各阶段成活率、饲养批次、各阶段饲养天数、配种分娩率等）以及栏舍参数（各阶段猪舍净使用面积、限位栏尺寸、分娩栏尺寸、走道宽度等）为依据，建立设计参数计算模型。根据建立的设计参数计算模型，计算出各阶段猪群数量、各功能猪舍的面积，加上配套的功能区及辅助设施设备占用空间等，综合计算出不同模式的楼房猪舍所需长度、宽度。结合选址环境、地形条件等因素，构建多种布局形式，进行优化组合，选出尽可能科学合理的设计方案。

2.5.1　猪舍生产工艺设计参数

2.5.1.1　批次化生产的选择

批次化生产是根据母猪的繁殖周期，将母猪分为若干群体（或若干组），利用生物技术实现同一群体母猪按照生产计划分批次进行配种、分娩及断奶的生产模式。按照母猪的繁殖节律，目前最常用的批次化生产模式包括 1 周批、2 周批、3 周批、4 周批和 5 周批等，也有 12 d 批、16 d 批和 18 d 批等特殊批次。每一种模式对应的繁殖周期和哺乳期都略有不同。

批次化生产管理可充分发挥现有设施设备的利用率，实现产能最大化；提高公猪利用率；能更合理地规划劳动力，提高工作效率；有利于生产计划的安排和落实；可以保证栏位有足够的时间消毒、空栏和干燥，有利于卫生管理；由于分娩同步化，仔猪出生时间更集中，更有利于仔猪的免疫管理和在最佳的时间寄养，仔猪的免疫状态和均匀度更趋一致，为后续商品生产和实施全进全出提供了良好的基础；实现均衡满负荷生产，提高产胎数和产仔数，减少健康管理的成本和其他生产成本，提高猪场生产效益，猪场的综合管理水平更上新台阶。

(1)明确批次间隔　批次间隔是根据母猪的繁殖周期确定。每头母猪一年内产仔窝数的多少，取决于母猪繁殖周期的长短；而繁殖周期长短，主要受哺乳时间的制约。以现代养猪场实行批次化生产管理为例，母猪妊娠期 114 d，哺乳期为 20～35 d，断奶至发情间隔期为 5～7 d，一个繁殖周期包括妊娠期、哺乳期和断配期，范围为 135～150 d。

设计分组时如果按照“周”进行分组(或分群)，要在 135～150 之间找 7 的倍数，即 140(20 周)、147(21 周)。140＝114＋5＋21，哺乳期可设计为 21 d；147＝114＋5＋28，哺乳期可设计为 28 d。

如果繁殖周期不是 20 周或 21 周，分组的批次管理就会出现不完整的组，经历一个繁殖周期后很难顺利衔接下一个批次，从而影响批次生产模式的持续执行，因此在选择批次化管理时必须取整数的周批次(表 2-3)。

表 2-3　按“周”批次生产模式选择依据

断奶日龄	批次数量					
	4	5	7	10	20	21
28 日龄断奶 (147 d,21 周)	5.25	4.2	3	2.1	1.05	1
21 日龄断奶 (140 d,20 周)	5	4	2.86	2	1	0.95

注：批次间隔(几周批)＝理论循环周期/批次数量

如果 12 d 批次、16 d 批次和 18 d 批次等特殊批次生产，那么繁殖周期为 144 d 即妊娠期 114 d＋哺乳期 25 d＋断奶到发情间隔期 5 d。

(2)各阶段猪群饲养周期　为保证生产的连续性、均衡性和全进全出,要求各阶段分组为整数。根据各养殖场猪栏设计需求和育肥猪销售体重需求,保育舍分组、育肥舍分组可灵活调度,但要求分组(或分群)为相应批次的倍数增加。1 周批可 21 d 或 28 d 断奶,2、4、5 周批为 21 d 断奶,3 周批可 28 d 断奶(表 2-4)。

表 2-4　不同批次化的猪只占栏天数对应表

参数	1 周批	3 周批	4 周批	5 周批
批次间隔/d	7	21	28	35
繁殖周期/d	140	147	140	140
妊娠期/d	114	114	114	114
哺乳期/d	21～26	28	21	21～26
断奶发情间隔/d	5	5	5	5
母猪群分组/组	20	7	5	4
配怀舍分组/组	17	6	5	4
提前上产床和空栏清洗消毒时间/d	14～9	14	7	14～9
分娩舍占用时间/d	35	42	28	35
分娩舍分组/组	5	2	1	1
保育时间＋空栏清洗消毒时间/d	56	63	56	70
保育舍分组/组	8	3	2	2
育肥时间＋空栏清洗消毒时间/d	112	105	112	105
育肥舍分组/组	16	5	4	3
出生到出栏时间/d	175～180	182	175	182～187

注:分娩占用时间＝哺乳期＋提前上产床和空栏清洗消毒时间;母猪群分组＝繁殖周期/批次间隔;分娩哺乳舍分组＝分娩哺乳舍占用时间/批次间隔;保育舍分组＝保育舍占用时间/批次间隔;育肥舍分组＝育肥舍占用时间/批次间隔。

2.5.1.2　确定生产技术指标参数

猪群以“周”批次化为繁殖节律进行猪群的管理和周转,按照配种妊娠、分娩哺乳、仔猪保育、待售(生长育肥)4 阶段工艺设计。

每阶段猪舍采用小单元式,实行全进全出、批次化生产设计,根据猪场生产指标参数的制定,计算出批次生产需要的参数值(表 2-5)。

表 2-5　不同批次的生产工艺参数

项目	1 周批	3 周批	4 周批	5 周批
妊娠期/d	114	114	114	114
断奶发情间隔/d	5	5	5	5
后备母猪转配种舍日龄/d	210	210	210	210
后备母猪配种日龄/d	240	240	240	240
妊娠期(含配种)/d	119	119	119	119
哺乳期/d	21	28	21	21
保育转育肥日龄/d	70	84	70	84
出栏日龄/d	175	182	175	182
受胎率/%	92	92	92	92
配种分娩率/%	85	85	85	85
批返情再配率/%	70	70	70	70
窝产活仔数/(头/窝)	12	12	12	12
哺乳期仔猪成活率/%	95	95	95	95
保育期仔猪成活率/%	96	96	96	96
育肥期猪只成活率/%	97	97	97	97
后备母猪利用率/%	75	75	75	75

表 2-5 的指标说明:每头母猪年提供分娩窝数＝365 d÷繁殖周期×配种分娩率。

胎产活仔数:每胎出生 24 h 内同窝存活的仔猪数,包括衰弱和即将死亡的仔猪在内。

母猪年更新率:统计期内进入配种母猪群的平均存栏数(包括首配后备母猪和其他场转入配种母猪)除以统计期内的平均配种母猪存栏数,乘以 365,除以选定时间内的天数。

哺乳期成活率:仔猪出生到断奶成活比率。

保育期成活率:保育猪从转入到转出的成活比率。

育肥期成活率:生长育肥猪从转入到转出的成活比率。

后备母猪利用率:每批次后备种猪可转入生产的母猪比率。

配种分娩率:每批次配种的母猪总数中最终分娩的母猪数占配种母猪。

批分娩头数＝批母猪数×配种分娩率。

批母猪更新率＝年更新率÷母猪周转批次×100。

批断奶淘汰数＝批分娩数×批母猪更新率。

批断奶数＝批分娩数－批断奶淘汰数。

批返情数＝批配种数×返情率。

批返情再配头数＝批返情数×返情再配率。

批后备母猪数＝(批配种数－批断奶数－批返情再配数)÷后备母猪利用率。

批哺乳仔猪数＝批分娩母猪数×窝产活仔数。

批断奶仔猪数＝批哺乳仔猪数×哺乳期仔猪成活率。

批保育猪数＝批断奶仔猪数×保育期仔猪成活率。

批育肥猪数＝批保育猪数×育肥期仔猪成活率。

各阶段猪所需栏位＝各阶段栏舍占用时间÷批次间隔×各阶段猪的数量。各阶段栏舍占用时间包括猪栏占用时间和空栏清洗时间。

后备母猪所需活动栏位＝后备母猪占用活动栏时间÷批次间隔×每批后备猪数÷每个活动栏容纳后备母猪数。

妊娠期母猪所需定位栏＝妊娠期母猪占用栏位时间÷批次间隔×每批妊娠母猪头数。

2.5.1.3 不同规模母猪不同批次猪的栏位或占床面积

根据不同批次化生产工艺流程，计算不同规模母猪数的自繁自养模式的配怀舍、分娩哺乳舍的栏位数量、配套保育猪和育肥猪所需占床面积，从而作为整体楼房猪舍设计参考(表2-6)。

表2-6 不同规模母猪不同批次猪的栏位或占床面积

批次	项目	母猪规模/头					
		500	600	700	800	1 000	1 200
1周批	限位栏/套	425	510	595	680	850	1 020
	分娩栏/套	106	128	149	170	213	255
	保育猪占床面积/m^2	651.17	781.40	911.64	1 041.87	1 302.34	1 562.80
	育肥猪占床面积/m^2	3 248.40	3 898.08	4 547.76	5 197.44	6 496.80	7 796.16
3周批	限位栏/套	429	514	600	686	857	1 029
	分娩栏/套	121	146	170	194	243	291
	保育猪占床面积/m^2	697.68	837.22	976.75	1 116.29	1 395.36	1 674.43
	育肥猪占床面积/m^2	2 900.36	3 480.43	4 060.50	4 640.57	5 800.71	6 960.85

续表2-6

批次	项目	母猪规模/头					
		500	600	700	800	1 000	1 200
4周批	限位栏/套	500	600	700	800	1 000	1 200
	分娩栏/套	85	102	119	136	170	204
	保育猪占床面积/m^2	651.17	781.40	911.64	1 041.87	1 302.34	1 562.80
	育肥猪占床面积/m^2	3 248.40	3 898.08	4 547.76	5 197.44	6 496.80	7 796.16
5周批	限位栏/套	500	600	700	800	1 000	1 200
	分娩栏/套	106	128	149	170	213	255
	保育猪占床面积/m^2	813.96	976.75	1 139.54	1 302.34	1 627.92	1 953.50
	育肥猪占床面积/m^2	3 045.37	3 654.45	4 263.52	4 872.60	6 090.75	7 308.90

注:①猪舍栏位或面积按照批次化生产计算,栏位数量偏差10%左右。②产活仔数按12头/窝、哺乳期成活率以95%、保育期成活率以96%、育肥期成活率以97%计算。配种分娩率按85%计算。③保育猪占床面积按0.35 m^2/头、育肥猪占床面积按0.9 m^2/头计算,限位栏、分娩栏、保育舍面积、育肥舍面积按照表2-4中的不同批次化生产猪群周转的工艺参数计算。④1周批、4周批、5周批的哺乳时间以21 d计,提前7 d上产床;3周批的哺乳时间以28 d计,提前7 d上产床。

2.5.2 不同生产工艺模式的设计范例

以3 600头基础母猪规模的楼房猪舍设计为例,说明猪舍布局设计流程。

2.5.2.1 确定生产性能指标和批次化模式

选用4周批生产模式,确定各项生产性能指标(表2-7)。

表2-7 4周批各项生产性能指标

项目	指标	项目	指标
妊娠期/d	114	后备母猪转配种舍日龄/d	210
断奶发情间隔/d	5	后备母猪配种日龄/d	240
妊娠期(含配种)/d	119	保育转育肥日龄/d	70
哺乳期/d	21	出栏日龄/d	175
窝产活仔数/(头/窝)	12	哺乳期仔猪成活率/%	95
受胎率/%	92	保育期仔猪成活率/%	96
配种分娩率/%	88	育肥期成活率/%	97
批返情再配率/%	70	后备母猪利用率/%	75

2.5.2.2　确定生产阶段猪的占栏天数和猪群分组

4 周批生产模式的断奶发情间隔、妊娠、哺乳、保育、生长育肥等各生产阶段猪只的占栏天数，以及各生产阶段猪分组数(表 2-8)。

表 2-8　4 周批各生产阶段猪的占栏天数和分组数

项目	指标	项目	指标
繁殖周期/d	140	后备期/d	140
妊娠期/d	114	保育期/d	49
哺乳期/d	21	保育空栏时间/d	7
断奶发情间隔/d	5	保育猪占栏时间/d	56
母猪群分组/组	5	保育舍猪群分组/组	2
分娩哺乳舍空栏时间/d	7	育肥期/d	105
分娩哺乳舍占用时间/d	28	育肥空栏时间/d	7
分娩哺乳舍分组/组	1	育肥猪占栏时间/d	112
出生到出栏时间/d	175	育肥舍猪群分组/组	4

2.5.2.3　确定各生产阶段猪的饲养密度、占床面积及猪栏规格

各生产阶段猪的饲养密度、占床面积及猪栏规格见表 2-9。配怀舍限位栏采用 2.2 m×0.65 m 的规格，分娩哺乳舍分娩床采用 2.4 m×1.8 m 的规格。

表 2-9　各生产阶段猪的饲养密度、占床面积和猪栏规格

猪群类别	每头占床面积/(m^2/头)	每栏饲养猪数/头	猪栏规格/m(长×宽)
后备母猪	1.20	20～30	
空怀妊娠母猪	1.43	1	2.2×0.65
哺乳母猪	4.32	1	2.4×1.8
保育仔猪	0.35	30～40	
生长育肥猪	0.9	25～35	

2.5.2.4　计算各生产阶段猪需要的栏位数或净占床面积

3 600 头母猪各生产阶段的猪只所需要的栏位数或净占床面积见表 2-9。具体计算方法如下：

母猪年提供窝数＝365 d÷繁殖周期 140 d×配种分娩率 85%＝2.22 窝/年。

母猪群批次数＝繁殖周期 140 d÷批次间隔 28 d＝5 组。

每批次母猪头数＝存栏母猪头数 3 600÷批次数 5 组＝720 头。

分娩栏数量＝每批母猪数 720 头×分娩率 85%×1 组＝612 套。

限位栏数量＝720×母猪群分组数 5 组(妊娠舍占用时间 116 d÷批次间隔时间 28 d)＝3 600 套,设计时栏位预留了 1.67%。

保育猪净占床面积＝批分娩窝数 612 窝×活仔 12 头/窝×保育分组数 2 组(保育舍占用时间 56 d÷批次间隔天数 28 d)×哺乳仔猪成活率 95%×保育仔猪成活率 96%×保育猪净占床面积 0.35 m^2/头＝4 688.41 m^2。

育肥猪净占床面积＝批保育转出数 6 698 头×育肥分组数 4 组(育肥期占栏时间 112 d÷批次间隔 28 d)×育肥期猪只成活率 97%×育肥猪净占床面积 0.9 m^2/头＝23 389.42 m^2。

后备猪净占床面积＝(批配种数－批断奶数－批返情复配数)÷后备猪利用率 75%×后备期占栏时间 140 d÷批次间隔 28 d×后备猪净占床面积 1.2 m^2/头＝1 424 m^2[即(720－492－50)÷0.75×5×1.2 m^2/头＝1 424 m^2](表 2-10)。

表 2-10　4 周批猪的栏位或占床面积

项目	限位栏/套	分娩栏/套	保育舍/m^2	育肥舍/m^2	后备舍/m^2
栏位数/占床面积	3 660	612	4 688.41	23 389.42	1 424

2.5.2.5　猪栏布局和工艺要求

所有猪舍采用小单元布局。配怀舍采用双列三走道小单元布局,后进前出;分娩哺乳舍采用双列中间单走道小单元布局,哺乳母猪的料槽固定在墙上,猪头靠墙,后进后出。该模式布局分娩哺乳舍每单元可节省两条走道,1.6～2 m 的宽度,4 个单元可节省 6.4～8 m 的宽度,对楼房猪舍降低建筑成本具有很大的意义。保育和育肥采用双列中间单走道小单元模式、批次化、全进全出生产工艺。

2.5.2.6　生产工艺模式选择

(1)“母猪、保育、育肥各自单栋三点式”生产工艺模式示例　选择“母猪、保育、育肥各自单栋三点式”生产工艺模式,其中母猪舍的工艺布局选择每层设置配怀舍、分娩哺乳舍,仔猪断奶后从每层单独转走,即每层布局一条存栏 600 头基础母猪的繁殖阶段的生产线,3 600 头母猪建设 6 层楼房一栋。每层 600 头母猪 4 周批生产所需的猪栏数见表 2-11。

每层 600 头母猪理论需要限位栏 600 套,为生产周转安全设计时预留 5%,需要 630 套限位栏。每层 600 头母猪理论上需要的分娩栏 102 套,同样为生产周转安全预留 10%,需要 112 套分娩栏。限位栏采用双列对称排布,因此取偶数,确定实际设计了 640 套定位栏,120 套分娩栏。

表 2-11　600 头母猪规模各阶段猪理论栏位或占床面积

项目	限位栏/套	分娩栏/套	保育舍/m^2	育肥舍/m^2	后备舍/m^2
栏位数/占床面积	600	102	781.40	3 898.08	246.08

①母猪楼布局:为实现从妊娠到分娩断奶的全过程全进全出,根据 4 周批周转时间安排和生产性能指标参数设计布局 5 个单元配怀舍,每个单元 128 套限位栏,刚好对应分娩区的一个批次分娩需要,实现了配怀舍每个单元的全进全出,整个分娩区每批次一次性全进全出生产。

每层 600 头母猪规模繁殖阶段的生产线配套功能区包括人员进入猪舍时男女洗浴消毒更衣区、物资消毒储存区(包括消毒间、静置间、储存间)、管理室 1 间、休息室 2 间、卫生间等。

配置供人员和物资上楼用的电梯 1 部,供后备母猪进各层的升降平台 1 部,供断奶仔猪和健康淘汰母猪转出的升降平台 1 部,配置供处理死猪、胎衣的专用密封滑道以及 1 部楼梯。配置应急转出升降平台 1 部,用于日常处理病猪或发生生物安全事故时应急转猪使用。设置应急时猪舍隔离的人员休息室 1 间。整个功能区的宽度为 4.4 m。

该楼房猪舍的朝向以当地的主风向为进气方向,即为楼房正面,排气方向为楼房背面。正面设置一条走道作为进猪和经洗消后人员、物资进入猪舍的走道(净道),净道与进场功能区相连接。净道外悬挑 1 m 作为设置防鸟网、空气过滤设施。净道外侧和猪舍之间放置水帘,净道内侧猪栏墙体上安装可调节进气小窗。

背面设置 1.2 m 走道(污道)一条,供工作人员离开、猪的转出以及病死猪、胎衣的转出,污道与猪的转出升降平台以及应急升降平台连接。

本方案采用负压纵向通风,平层除臭,即每层单独除臭工艺,因此污道外侧设置 4 m 宽的除臭区(包含 1.2 m 的污道),除臭水帘安装在除臭区外墙。

根据上述布局,该楼房的平面布局规格应为中对中 50 m×57.9 m,具体计算如下。

猪舍宽度:64 套限位栏×0.65 m/栏+舍内走道 1.0 m×2 条+净道 1.4 m+净道外挑 1.0 m+4.0 m(污道+除臭区)=50 m。

猪舍长度:(限位栏 2.2 m×2 列+舍内走道宽 0.9 m×3 条)×5 个单元+(分娩栏 2.4 m×2 列+1.2 m 走道)×3 个单元+功能区 4.4 m=57.9 m。

外挑出猪升降平台。

由于分娩哺乳舍采用负压纵向通风模式,其有效通风距离最好不超过 45 m,600 头母猪配套的 120 套分娩床,采用双列式中间单走道布局,每列布置 20 套分娩栏，每个单元为 40 套分娩栏，刚好完整的 3 个单元，分娩哺乳舍宽度刚好为 44.4 m[分娩哺乳舍宽度：20 套分娩栏×1.8 m/栏＋舍内走道 1.0 m×2 条＋净道 1.4 m＋净道外挑 1.0 m＋4.0 m(污道＋除臭区)]，该楼房平面布局为“L”型的平面结构(图 2-6)。

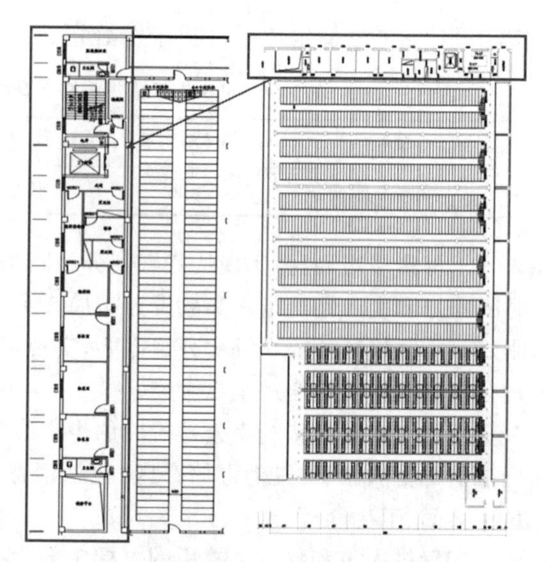

图 2-6　3 600 头母猪“母猪、保育、育肥各自单栋三点式”母猪楼布局图及配套功能区布局图

②保育楼布局：3 600 头母猪 4 周批生产，需要保育舍净占床面积 4 688.41 m^2。每层 600 头母猪每批次转入保育仔猪 1 162 头，计划饲养天数 49 d 和空栏时间 7 d，共计保育占栏时间为 56 d，保育猪群分为 2 组，因此每组保育舍净占床面积 406.61 m^2，2 组共需要保育舍净占床面积 813.22 m^2，保育舍布局采用双列中间单走道小单元模式。

保育舍的生产线配套功能区包括人员进入猪舍时男女洗浴消毒更衣区、物资消毒储存区(包括消毒间、静置间、储存间)、管理室 1 间、休息室 2 间、卫生间等。

配置供人员和物资上楼用的电梯 1 部，供保育猪进各层的升降平台 1 部，供保育猪转出的升降平台 1 部，配置供病死猪处理的专用密封滑道以及 1 部楼梯。配置应急转出升降平台 1 部和应急时猪舍隔离的人员休息室 1 间。整个功能区宽度为 4.4 m 布局。

该楼房猪舍的朝向以当地的主风向为进气方向为正面，排气方向为背面。正面设置一条走道作为进猪和经洗消后人员、物资的进入猪舍的走道(净道)，净道与进场功能区相连接。净道外悬挑 1 m 作为设置防鸟网、空气过滤设施。净道外侧和猪舍之间放置水帘，净道内侧靠猪舍墙体上安装可调节进气小窗。

背面设置 1.2 m 走道(污道)一条供工作人员离开、猪的转出以及病死猪的转出，污道与猪的转出升降平台以及应急升降平台连接。

本方案采用负压纵向通风，平层除臭，即每层单独除臭工艺，因此污道外侧设置 4 m 宽的除臭区，除臭水帘安装在除臭区外墙。

外挑出猪升降平台。

根据上述布局，保育楼房布局可分为 2 种模式。第一种为 1 栋 3 层楼房，每层

4 个单元,每个单元双列式单走道共设 28 个栏(每个栏 3.2 m×4.8 m=15.36 m^2,每栏饲养 44 头保育猪,走道 1 m),可一次存栏 1 210 头保育猪,每 2 个单元对应母猪楼一层 600 头母猪生产的保育需要,每层满足 1 200 头母猪的保育批次化、全进全出生产需要。考虑到 3 600 头母猪自行建立种猪纯繁系统,减少对外引种次数,减少引种风险,种猪保育后直接在该楼内培育后备,因此将后备培育舍设置在保育楼内。3 600 头基础母猪群,需要后备舍面积 1 011.25 m^2,分 3 层排布,每层 492.16 m^2,满足 1 200 头母猪更新后备需要。该保育楼房的规格应为中对中宽度 50.4 m,长度为 57.9 m(二维码 2-2)。

第二种模式为 1 栋 6 层楼房,每层 2 个单元,每个单元双列单走道,共设 28 个栏(每个栏 3.47 m×4.35 m=15.09 m^2,每栏饲养 44 头保育猪,走道 1 m),可一次存栏 1 210 头保育猪,每层满足 600 头母猪规模生产的保育需要。每层配套后备舍面积为 267.3 m^2,满足 600 头母猪规模生产的后备需要。该保育楼房的规格应为中对中宽 25.9 m×长 54.5 m(二维码 2-3)。

二维码 2-2 3 600 头母猪的"母猪、保育、育肥各自单栋三点式"保育后备舍楼布局图 1

二维码 2-3 3 600 头母猪的"母猪、保育、育肥各自单栋三点式"保育楼布局图 2

③育肥楼布局:3 600 头母猪 4 周批生产,需要育肥舍净占床面积 23 388.47 m^2。每层 600 头母猪规模每批次需从保育舍转入育肥猪 1 116 头,计划饲养天数 105 d 和空栏时间 7 d,共计育肥舍占栏天数为 112 d,育肥猪群分为 4 组,因此每组育肥舍净占床面积 1 014.25 m^2,4 组育肥舍净占床面积 4 056.82 m^2。布局采用双列单走道小单元、全进全出、批次化生产模式。

育肥舍的配套功能区、通风等设施的布局与保育楼一致。

育肥楼房布局可分为 2 种模式。第一种模式为 1 栋 6 层楼房,每层 8 个单元,每个单元双列单走道共设 14 个栏(每个栏 6.8 m×5.1 m=34.68 m^2,每栏饲养 38 头育肥猪,走道 1 m),每 2 个单元为 1 组育肥舍,可满足 600 头母猪规模一批次育肥猪需要的面积。每层 8 个单元为 4 组育肥舍,可满足 600 头母猪规模的育肥猪占栏时间 112 d 所需面积(二维码 2-4)。该育肥楼房的规格应为中对中宽 55.4 m×长 99.1 m。

二维码 2-4 3 600 头母猪的"母猪、保育、育肥各自单栋三点式"育肥楼布局图 1

二维码 2-5　3 600 头母猪的“母猪、保育、育肥各自单栋三点式”育肥舍楼布局图 2

第二种模式为 2 栋 6 层楼房，每层 5 个单元，每个单元按双列单走道小单元布局，共设 14 个栏(每个栏 6.28 m×4.85 m=30.46 m^2，每栏饲养 34 头育肥猪，走道 1 m)，每 2.5 个单元为育肥舍 1 组，可满足 600 头母猪规模一批次育肥猪需要的面积。每 2 层 10 个单元为育肥舍 4 组，可满足 600 头母猪规模的育肥猪占栏时间 112 d 所需面积。该育肥楼房的规格应为中对中宽 50.4 m×长 57.9 m(二维码 2-5)。

(2)“母猪+保育+育肥同栋同层一点式”生产工艺模式示例

3 600 头基础母猪按照“母猪+保育+育肥同栋同层一点式”生产工艺模式布局。每层布置一条 600 头母猪独立的自繁自养生产线，包括后备舍、配怀舍、分娩哺乳舍、保育舍、育肥舍以及配套的功能区和辅助生产设施。一栋 6 层构成 3 600 头基础母猪的全流程自繁自养系统。

同样按照 4 周批生产、全进全出、小单元布局。配怀舍母猪分为 5 组(即设置 5 个单元)，每个单元 128 个限位栏，分娩哺乳舍设置 3 个单元，每单元 40 套分娩栏，刚好对应一个单元配怀舍一批次的分娩需要，实现从配怀舍的全进全出生产。保育舍每层设置 2 个单元，每个单元 24 个栏位，保育舍的净使用面积 4 163.28 m^2。育肥舍每层设置为 12 个单元，每个单元 24 个栏位，育肥舍的净使用面积 24 979.68 m^2。保育舍与分娩哺乳舍每批次的断奶仔猪数量配套，育肥舍与每个单元的保育猪配套，实现每批次全程的全进全出生产。

二维码 2-6　3 600 头母猪“母猪+保育+育肥同栋同层一点式”楼房布局图

功能区的配置与前述的“母猪、保育、育肥各自单栋三点式”模式例子中母猪楼的配置基本相同。位置布置在母猪舍与保育、育肥舍之间，既可以把繁殖阶段的生产线和保育育肥阶段的生产线相对隔开，又节省了功能区占用的建筑面积，减少了建筑成本。

根据上述布局，该模式的楼房猪舍的平面结构长度为 212.3 m，保育育肥部分宽度为 48.5 m，后备到分娩的能繁部分宽度为 44.8 m，单层总建筑面积为 10 043.1 m^2，共 6 层(二维码 2-6)。

2.6　不同生产工艺模式和布局与建设成本的关系

同样规模、不同生产工艺布局的楼房猪舍其建筑面积、配套功能区和辅助生产设施设备有所不同。因此，其建筑成本也所差异。本节将以存栏 3 600 头母猪自繁自养楼房猪场为例分析说明。

2.6.1 不同生产工艺模式与建筑成本

采用“母猪＋保育＋育肥同栋分层一点式”生产工艺模式(简称“模式一”),将存栏3 600头母猪的生产工艺设计为3栋1 200头母猪自繁自养的楼房,即3栋8层楼房,每栋7、8层为母猪舍,6层为保育舍,1～5层为育肥舍;3栋楼房总建筑面积为69 595.2 m^2。

采用“母猪、保育＋育肥分栋两点式”生产工艺模式(简称“模式二”),将存栏3 600头母猪的生产工艺设计为1栋6层母猪楼房,每层为一条独立的600母猪规模的繁殖阶段生产线(6层共计3 600头母猪),3栋6层“保育＋育肥”的楼房,4栋楼房总建筑面积为65 916.66 m^2。母猪楼房的每2层母猪(1 200头)对应1栋“保育＋育肥”楼,实现全进全出生产。

对比两种生产工艺模式,在设计的生产参数相同,功能区配套基本一样的条件下,“模式二”总建设面积比“模式一”少3 678.54 m^2,按照建筑成本1 200元/m^2测算,建筑造价相差441.425万元。“模式二”总建筑成本比“模式一”节约基建投资441.425万元(表2-12)。

表2-12 不同生产工艺模式建筑成本比较

项目	不同生产工艺模式	总建筑面积/m^2
模式二	1栋6层母猪楼房,3栋6层“保育＋育肥”楼房	65 916.66
模式一	3栋1 200头母猪自繁自养楼房猪舍(7、8层为母猪舍,6层为保育舍,1～5层为育肥舍)	69 595.20
建筑面积差异/m^2		－3 678.54
建筑差价/万元		－441.425

2.6.2 猪舍内部不同单元布局与建设成本

猪舍内部一般可采用大、中、小单元三种布局模式,不同布局模式,因走道的设置,隔墙及辅助设施的不同,导致建筑面积的不同,从而影响建筑成本。

以3 600头母猪规模,按每层600头母猪繁殖阶段生产线布局模式,建设1栋6层楼房。每层分别以4列限位栏为一个单元(中单元布局),2列限位栏为一个单元布局(小单元布局)。600头母猪按照三种组合布局:“布局一”为2个4列单元加1个2列单元,建筑面积16 581.66 m^2(图2-7);“布局二”为5个2列单元,建筑面积17 137.86 m^2(图2-8);“布局三”为4个4列单元,建筑面积17 398.80 m^2(图2-9)。

设计结果显示,“布局一”比“布局二”建筑面积少556.20 m^2,“布局一”比“布局三”建筑面积少 817.14 m^2,“布局二”比“布局三”建筑面积少 260.94 m^2(表 2-13)。按建筑成本 1 200 元/m^2 测算,“布局一”建筑成本比“布局二”节约 66.74 万元,比“布局三”节约 98.06 万元;“布局二”建筑成本比“布局三”节约 31.31 万元。

因此,楼房猪舍的规划设计对建筑成本的影响非常大。

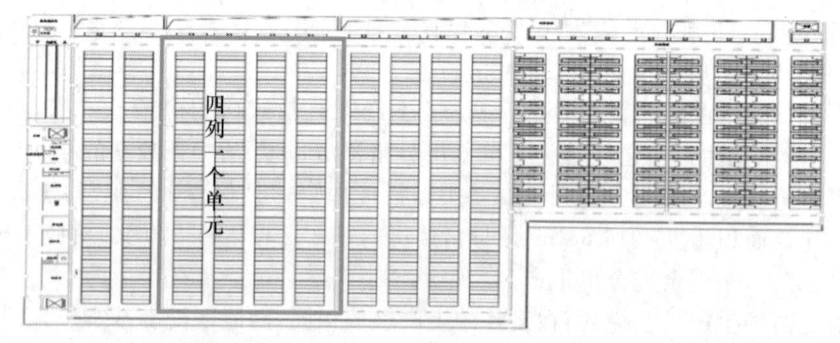

图 2-7 “布局一”平面图(2 个 4 列+1 个 2 列)

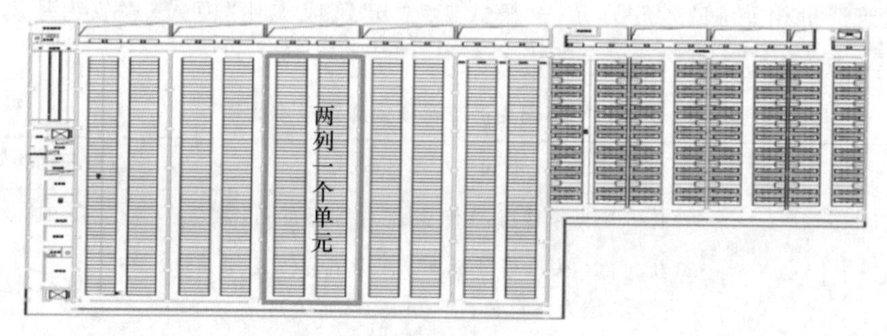

图 2-8 “布局二”平面图(5 个 2 列)

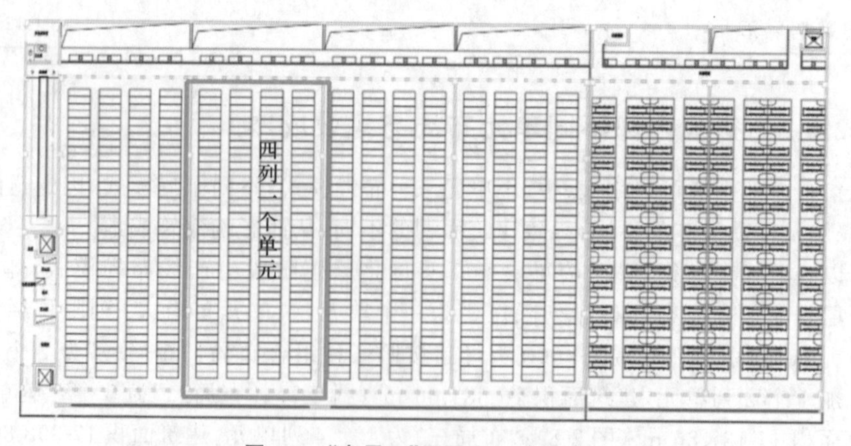

图 2-9 “布局三”平面图(4 个 4 列)

表 2-13　配怀舍不同布局与建筑成本比较

项目	单层妊娠舍				单层分娩哺乳舍				6层总建筑面积/m^2	与布局二差异/m^2	与布局三差异/m^2
	单元数	每单元列数	每列栏位数	建筑面积/m^2	单元数	每单元列数	每列栏位数	建筑面积/m^2			
布局一	3	2个4列+1个2列	64	1 972.45	2	4	14	791.16	16 581.66	−556.20	−817.14
布局二	5	2	64	2 065.15	4	2	14	791.16	17 137.86		−260.94
布局三	4	4	40	2 047.76	2	4	14	852.04	17 398.80		

思考题

1.楼房猪场如何整体规划布局？

2.楼房猪场生产工艺布局模式有哪几种？

3.楼房猪舍的内部如何规划布局？

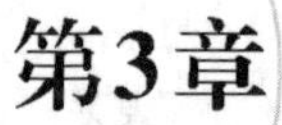

第3章 楼房猪场的饲养工艺流程

【本章提要】楼房猪场与平层猪场最大的差别在于楼房猪场的猪舍是立体的空间结构,其人员、物资、饲料、猪只、猪粪尿等无法像平层猪场一样在一个平面内流转,必须涉及上楼下楼的问题。本章系统介绍楼房猪场的饲养工艺流程,包括猪只、人员、物资、饲料、粪尿、病死猪等在楼房猪舍内流转的方式方法,以及各种方式方法的优点和缺陷,以供参考。楼房猪舍猪只流转方式有赶猪坡道、货梯、升降平台等,人员可以通过电梯、货梯、楼梯上下楼,物资的流转可以和人员及猪只的流转方式共用,只要充分考虑生物安全,实现不交叉污染即可。楼房猪舍需要提升输送最大数量的是饲料,主要的提升转送方式有塞盘链式输送系统、斗式提升送料系统、气力输送系统以及液态饲料饲喂系统等。楼房猪舍另一个非常重要的工艺流程就是粪尿的收集转送方式,现有比较成熟的方式有V刮系统、平刮系统和尿泡粪系统,三个系统各有优缺点。

楼房猪舍的饲养工艺流程主要包括猪只流转(猪流)、人员进出(人流)、物资运转(物流)、饲料提升输送饲喂(饲料流)、粪尿收集排放(粪尿流)、通风换气(气流)等。这些工艺流程的布局应满足生物安全需要和生产的顺畅性、连续性。设备设施的选择应满足生产需要,同时考虑其适用性、科学性、耐久性。

3.1 猪流

楼房猪舍通过赶猪坡道、货梯、舍内外升降机、升降平台等设施和途径实现猪只上下楼和楼层间的运转。每层应设置进猪道、出猪道与上下楼的设施相连,实现顺畅连接。上下楼的流转设施(包括转入、转出通道)应分开设置;转入通道属于净道,应设置在猪舍进风方向与进入猪舍的净道相连;转出通道属于污道,应设置于猪舍出风方向或猪舍侧面与出猪的污道相连，并尽量按照各层间不交叉布局。

3.1.1 赶猪坡道

赶猪坡道指楼房猪舍从底楼到顶楼的坡道，一般设置在楼房的侧面，通道宽度一般 0.9～1.2 m。护栏高度 1.0～1.2 m，坡度不宜大于 10%，坡道面需做防滑处理。赶猪坡道最好应设置 2 条，一条为进猪道(可兼做人员或物资上楼楼梯)，另一条为出猪道兼应急时使用(发生疫情时，应急处理猪等污染物)。赶猪坡道有“Z”形(图 3-1)、螺旋形(图 3-2)等多种形式。一般根据楼房猪舍的立面结构，尽量利用多余空间布局，甚至可以利用悬挑结构设置。

赶猪坡道的优点是一次施工，永久使用，维修维护简单。但由于每次赶猪过程猪的粪尿大量排泄在坡道上，造成坡道湿滑，猪只极其容易打滑，易造成猪的损伤，特别是母猪体重大，容易因打滑引发劈叉、磨损等腿脚损伤而淘汰，保育猪由于挤压、打滑造成损伤损耗，商品猪由于打滑摩擦损伤和肢蹄磨损降低胴体品质。

因此，若选择用赶猪坡道必须保证坡道尽可能做到平缓和易防滑的材料，设计工艺时应考虑是否有条件建设坡度比较缓的坡道，包括有足够的建筑空间和愿意承担建筑成本。同时应充分考虑坡道清洗时污水的排放，最好设计成每层清洗的水通过管道直排排走，不宜从顶层流到底层。

图 3-1 “Z”形赶猪坡道

图 3-2 螺旋形赶猪坡道

3.1.2 货梯

采用商业化标准的货梯，或由货梯供应商订制专门的尽可能满足运输猪只特殊需要的货梯。作为猪只上下楼及楼层间运转的途径，该模式有 2 种方式运转，一种为猪只直接赶入轿厢，另一种为将猪装笼后通过货梯转运，即将猪只装入与货梯规格配套的、底部防滴漏的可移动的笼子，然后通过货梯转运。

将猪直接赶入货梯轿厢(图 3-3)的转猪方式速度相对快，效率较高，但粪尿直接排在轿厢中，对货梯的使用寿命有一定影响。为此，电梯轿厢的材料应选用不锈钢、耐腐蚀材料，轿厢地板应做防滑处理。用笼子转运的方式，由于猪需要装进装出笼子，同时受货梯的空间限制，相对转运效率低一些，但与赶猪坡道相比对猪只自身造成的损伤而引发的损失相对较少。货梯应按照监管部门的要求进行维护和年度检测，以确保安全。

在设计楼房猪舍时，如果选用货梯运转猪只，不管用哪种方式均应尽可能地将轿厢面积做大一些，实现每次转运的数量尽可能多。

图 3-3 赶猪进货梯

3.1.3 导轨式升降平台

导轨式升降平台实际与货梯相似，但原理上与货梯有所不同，它是利用液压顶升装置实现升降功能的，也称液压升降机。升降平台（即相当于货梯的轿厢）靠固定在机井四周的立柱上下滑动，因此，平台面积可以做得比较大，与货梯相比，其一次性转猪的数量大大提高，有效地提高了生产效率，也减少了猪只的应激。不用设置货梯的楼顶机房。这是一种比较合适的选项，但该方式也有缺点，就是由于猪只装运的数量较大，其在平台内引发的震动会影响平台的平衡，造成平台的不规则晃动，导致平台与导轨连接处损坏（图 3-4）。

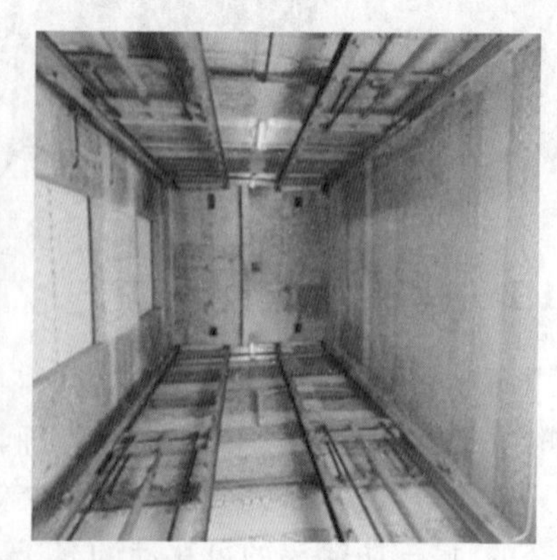

图 3-4 导轨式升降平台

3.1.4 智能楼外移动平台

在楼房猪舍的赶猪走道的侧面(侧墙外侧),每个楼层安装上下左右相连无障碍的轨道(滑轨),轿厢固定在轨道上,可上下、左右移动(图 3-5),轿厢与每个楼层赶猪道的出猪口或进猪口相连接,猪只在楼房上下楼层间转运。

该模式适合于单栋规模比较大的楼房且猪只上下、左右转运较为频繁的楼房猪舍。

图 3-5 智能楼外移动平台

3.1.5 其他方式

对于楼层较低、规模不是很大的楼房猪舍,可以使用简易的、四周有固定框架的葫芦吊篮(相当于以葫芦为动力的简易货梯)。也可以使用建筑工地使用的、规范的升降机,安装在楼房猪舍外侧,与赶猪道相连,实现猪只的流转。在山地建设的楼房猪舍,可以充分利用地形落差,直接从每个楼层通过连廊接连到相应高度的地面,实现猪群的进出和流转。

3.2 人流

楼房猪舍人员上下楼以及在楼层间或多栋楼房之间流动的方式和设施有楼梯、电梯或利用进猪的赶猪坡道、货梯以及进猪升降平台等。

每层应设置人员专用通道,通道的一端和上下楼的电梯等设施相连,另一端与人员的进猪栏前的洗消区连接。洗消区由以下部分组成:前更衣室(包括入口换鞋通道、脱衣室)、淋浴室、后更衣室(更换猪舍内的工作服和工作鞋)、鞋底消毒池,出口,各室之间应设置高 50～80 cm 实心的隔断和单向门,设置隔断的目的是防止淋浴室的水流入后更衣室,同时也能起到提示脱鞋、更衣的作用。设置单向门的目的是确保人员从入口进入各室后无法回头,也杜绝已经洗澡消毒过的人员重新倒回入口处,污染后又能轻易地进入后更衣室,致使洗澡更衣过程失去效果和意义,即阻止人员随意在各室间来回穿梭。

洗消区应设置随身物件消毒传递窗,经严格消毒后方可进入猪舍。所有进入楼房的人员,必须是在场外隔离、洗消、检测合格后,通过安全无污染的运输方式运送到楼房猪场区后,才可以进入楼房。

3.3 物流

猪场日常生产物资、工具、易耗品等数量大，来源广泛，生物安全隐患大，因此楼房猪舍物资的流转环节十分重要，应予以重视。每个楼层应设置物资中转区，包括消毒间、静置间、洁净的物资储存间，物资通过专用货梯、人员上楼的设施（楼梯、人员电梯、货梯等）、猪的转入设施送到每层物资中转区，经消毒、静置后转入洁净的物资储存间，供生产区取用。物资静置时间最好不低于 2 周。

所有进入楼房的物资必须是在核心区以外经过清理、洗消、检测合格后，用安全无污染的运转方式运送到楼房区，然后再流转进入楼房。

3.4 病死猪及胎衣、胎盘的流转

病死猪和胎衣、胎盘只有一个流转方向，即从楼上往下流转。可采用专用货梯、病死猪专用滑道，也可共用出猪平台或赶猪坡道等猪只转出的设施。原则上病死猪的流转应设立专用的货梯或死猪专用滑道，以避免在流转过程中造成由上至下的交叉污染。专用货梯或死猪专用滑道设置在污道一侧，与污道相连接，尽可能靠污道的末端边角独立的位置，以减少交叉的概率。

死猪滑道类似于老式多层居民楼中的垃圾通道，每层设置垃圾进口，有一个可以自动回弹的闸门，当垃圾伸入进口时顶开闸门，倒入垃圾后闸门自动弹回关闭，楼房上层的垃圾就不会溅入下层，垃圾在通道中自由落体直接掉入地面。死猪滑道同样在楼房污道侧，合适位置建设一个专用的通道，从顶层直通到底层，底层出口位置即为死猪收集处理或就地无害化处理的场地。只是在滑道中应设置滑槽，在死猪滑道每个楼层入口的地方安装可回弹的闸门，闸门入口侧下方安装一个 45°角的滑槽，滑槽的底部距离滑道对面墙体最小距离应为 60 cm（一个最大猪体的宽度），在对面墙体上距离上一个滑槽底部高差 80 cm 的位置同样安装一个反方向的滑槽，以此类推，如此整个通道就变成一个滑道。当死猪推入滑道时，闸门顶开，死猪即可朝滑槽滑下，当到达滑槽底部时自动落到对面的下一个反方向的滑槽，如此交叉下滑直到底层地面接收死猪的设施（图 3-6）。这种结构既可让死猪在交叉下滑过程中起到缓冲的作用，又不至于因直接下坠而摔碎尸体，出现血肉横飞的情况。入口闸门及时回弹关闭，整个滑道即为一个密封的通道，大大降低造成交叉污染的概率，同时操作十分方便。

当病猪、死猪转出与出猪通道共用时应注意以下几点。

（1）运输过程严禁使用净道。如果采用赶猪通道，先对每层的隔离门进行检查,确保病猪不会跑到其他楼层去。

(2)运输结束后需要对污道进行重新消毒。

(3)原则上负责驱赶运输病猪的饲养员应跟随病猪离开生产区,重新洗消后再进入。

图 3-6　病死猪通道

3.5　饲料提升输送饲喂系统

饲料的提升输送饲喂系统作为后期影响猪场生产管理的重要组成部分,在很多楼房猪场项目的设计阶段都没有给予足够的重视。很多楼房猪场项目都在楼房规划确定和楼体工程图纸完成后才联系饲料输送设备厂家确定饲料的提升运输饲喂方案。甚至有些楼房猪场已经完工,才开始考虑饲料运输问题。此时往往发现很多能够在设计规划之初避免的问题都没有进行考虑,导致很多楼房猪场只能根据建成后的状况选择能够运行的系统,这些都为系统解决楼房猪舍的饲料提升输送饲喂方案带来诸多困难,甚至由此增加了建设和安装成本。因此,饲料的输送方案作为饲养工艺方案中的一部分直接影响建设成本、饲养成绩、生物安全以及猪场的经济效益,必须在楼房猪场的规划设计之初就进行考虑并同步规划设计。

对于饲料的输送和饲喂,楼房猪舍与平房猪舍的不同在于如何把饲料提升到二楼以上的楼层,而且要做到快速、足量地满足各楼层猪的需要。场外到楼房周围的运输常规都是使用干料运输,楼层间饲料提升输送系统(简称料线)和楼层内(猪舍内)输送饲喂系统总体可选用干料提升输送饲喂系统和液态料输送饲喂系统,每个系统都包含两个部分:提升输送料线、楼层舍内的输送饲喂料线。各种饲喂方式均有其各自的优势和不足。

楼层舍内的输送饲喂料线,即猪舍内部连接下料器和料槽的每层饲料输送设备。根据楼层面积的大小和饲料输送距离设计成每间猪舍一条料线或多间猪舍一条料线。舍内料线一般采用塞盘链式(塞链)料线、绞龙料线,也可以使用液态料输送饲喂系统,这部分设备和平房料线没有太大区别。因此饲料输送系统重点讨论饲料提升输送系统。

需要注意的是:楼层内输送饲喂料线无论使用何种料线,其固定支撑结构位于每层楼的屋顶处,对于楼房来说就是上一层楼的粪沟或楼板底部。固定和安装时要注意避免破坏楼上粪沟的底板。

3.5.1 干料提升输送系统

干料提升输送系统,即干饲料从楼下提升到高楼层的料线系统。这一部分料线一般需要结合楼体设计、饲喂工艺设计进行确定。

干料提升输送系统设备:塞盘、绞龙、气力、斗式提升机、刮板、皮带。其中最常见就是塞盘链式料线、绞龙料线、气力送料系统和斗式提升机送料系统,需根据实际场区情况选择适应自身场区的输送系统。

3.5.1.1 塞盘链式料线(简称"塞链系统")

直接使用塞链系统将饲料从楼下的料塔提升到相应的楼层。然后进入楼层中与舍内料线连接。

(1)每层独立提升模式　在楼房猪舍的围墙内地面,靠近猪舍一侧放置料塔。利用楼房侧面空间和楼房的长度,以不同的斜度布设输送管道到达每一个楼层。每个料塔对应一条输送管道与对应楼层内的料线相连接,实现饲料提升输送和饲喂。这种提升方式可以实现每层的料线单独使用一条管线和独立料塔(图 3-7)。该模式的特点:①产品成熟,自动化程度较低,易于操作,运行可靠,使用广泛;②电机功率小,使用能耗低,使用成本低;③管线数量多,支撑多,排布较复杂,占地面积大,需要设计时充分考虑料线的爬升路径,安装维护通道以及料塔的摆放区域规划;④结构简单,设备配件标准化,易于安装和维护,安装成本低;⑤多种管径型号,可满足不同输送量的需求;⑥料线全程封闭,每层的各条料线相对独立,易于管理和使用;⑦不需要大型过渡料仓,对楼板承重要求不高。塞链系统料线的管径型号、输送量、功率、最大管线长度和提升夹角见表 3-1。

表 3-1　塞链系统料线管径型号、输送量、功率、最大管线长度和提升夹角

管径/mm	输送量/(t/h)	电机功率/kW	管线长度/m	提升夹角/(°)
60	1～1.5	1.5/2.2	400	≤45
75	2.5～3	2.2	300	≤45
90	3～3.5	3.7	300	≤45
102	4.5～5	4.4	300	≤45
160	13～15	9.2/7.5	300	≤45

图 3-7　楼房猪舍塞盘链式料线提升系统

(2)楼层间中转提升模式　在楼房猪舍的围墙内地面靠近猪舍的一侧放置料塔,1～3 层直接提升输送到每层与楼层内的料线相连接,实现输送饲喂。在三楼设立一个中转料仓,在六楼设立一个中转料仓,六楼料仓位置应设在三楼中转料仓的另一端,从三楼中转料仓配置一套输送系统(料线)连接六楼的中转料仓,利用三楼到六楼楼房的长度形成料线的合理斜度,将饲料从三楼的料仓中转提升到六楼的中转料仓,六楼的中转料仓与六楼、五楼、四楼的楼层内料线相连接,实现饲料的提升输送和饲喂。如果楼房层数更多,可以每三层楼中转一次,以此类推(图 3-8)。

该模式与每层独立提升模式相比,最大的区别是可以节省大量的提升管线和安装管线的支撑材料,一次性投资成本较低,但提升的效率相对较低。适用于楼房猪舍周边无足够的空间布局每层料线或猪舍长度不长,以至于料线斜角达不到料线输送要求的楼房猪舍。

图 3-8　楼层间中转提升模式

3.5.1.2　斗式提升送料系统

斗式提升机是饲料工业中最常见的专门用于连续垂直输送饲料的设备，将其应用于楼房猪舍的饲料提升中。斗式提升机的种类很多，以安装形式可分为固定式和移动式，以畚斗形式可分为深型畚斗、浅型畚斗和无底畚斗等；以提升管外形可分为方形和圆形；以牵引构件的不同分链式和带式；按卸料方式的不同又分为离心式卸料、重力式卸料和混合式卸料。斗式提升系统指利用斗式机将饲料提升输送到楼房各层猪舍的系统。在楼房猪舍的进料方向外墙面安装斗式提升机，在猪舍的每层设置储料塔（中转料塔），饲料通过斗式提升机提升到楼房的最高处，通过与置于提升机最高处卸料口（出料口）的溜管将饲料分别输送到各楼层的中转料塔，各楼层的中转料塔与舍内的料线连接，实现整个饲料提升输送饲喂的流程（图 3-9、图 3-10）。这种送料方式的优点是可以满足更高楼层的楼房。

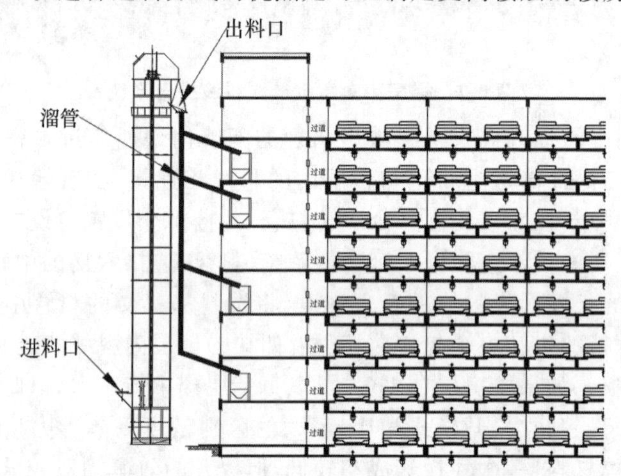

图 3-9　楼房猪舍舍内斗式料线提升方案示例

图 3-10　楼房猪舍斗式提升送料系统

（1）斗式提升机的工作过程　斗式提升机的工作可以分为 3 个过程，即装料、升运和卸料。

①装料过程：畚斗的装料过程直接影响提升机的工作效率，衡量装料工作的质量可用装满系数 Q 的大小来衡量。

$$Q = \text{斗内装盛物料的体积 } Vn \div \text{畚斗的几何体积 } V_k$$

影响畚斗装满系数的因素很多，进料方式是影响装满系数的主要因素，此外还与畚斗的形式和速度、物料的物理特性有关。

畚斗装的满、物料在提升过程中容易产生散落和回流。畚斗装得太浅，提升机的生产效率下降，因此必须选择一个最佳充满系数(表 3-2)。

表 3-2　输送饲料时畚斗充满系数 Q

畚斗带速度/(m/s)	逆向进料	顺向进料	由散堆畚料	备注
1.0～1.5	1.0	0.95	0.6	粉状物料 Q＝0.3～0.6
1.5～2.5	0.85	0.75	0.5	
2.5～4.0	0.85	0.75	0.45	

进料的方式有两种：逆向进料和顺向进料。逆向进料是指机座进料口对着畚斗的上行方向，物料直接装入畚斗，补充畚斗在机座内掏取物料的不足，因此逆向进料时进料口的下部位置应在底轮水平轴线以上。相反则为顺向进料。顺向进料时畚斗掏取物料的时间相对要长些，能耗增大，对颗粒料输送易产生粉末，故其进料口下部位置应在底轮水轴线以下。

在生产中，提升机的进料方式根据工艺需要而定，尽量考虑逆向进料，也可采用顺向进料。

②卸料过程：卸料过程是在畚斗被提升到振动轮时，畚斗绕驱动轮作用回转运动而完成的，提升机的卸料方式有 3 种：离心式卸料、重力式卸料和混合式卸料。离心式卸料时，提升机转速快、输送量大，适用于大型厂仓输送散落性较好的物料。在饲料工艺中，常采用混合式卸料。

(2)斗式提升机的主要构件

①牵引构件：斗式提升机的牵引构件有带式和链式两种。一般采用帆布袋和橡胶带。当提升量比较大、带速较高时用橡胶带。

橡胶带的宽度按畚斗的宽度而定，一般比畚斗宽 25～30 mm，以防止胶带跑偏时与机壳碰撞摩擦。橡胶带的连接一般来采用搭接法，搭接时接头应顺着带子的运动方向。

②畚斗：畚斗是提升机装盛物料的主要构件，常用薄钢板冲压、焊接或铆接而成，近年来则采用聚丙烯塑料制成，结构轻巧，成本低，可降低功率消耗。

畚斗按输送物料性质和卸料方式不同选用，常用的有深斗、浅斗和无底料斗。近年来又推行圆形斗。深斗的特征是前壁斜度小，斗口与后壁夹角 65°，适用于运输干燥、流动性好、散落性好的物料。浅斗的特征是前壁斜度大，斗口与后壁夹角为 45°,适用于潮湿、流动性差、容易黏附在畚斗上的物料。

(3)斗式提升机的主要特性

①低能耗方面:轻畚斗,尾部弧形结构。

②低残留方面:脉冲喷吹装置。

③环保方面:配用小脉冲结构除灰。

④安全方面:防护系统,自动跑偏报警,速度检测报警,防爆装置。

⑤稳定性方面:高强度皮带,高韧性畚斗。

(4)斗式提升机的特点

①操作、维修方便,易损件少。

②使用成本低,由于节能和维修少,使用成本低。

③运行可靠,密封性好,环境污染少。

④输送能力大,提升量范围为 15～800 m^3/h。

⑤因结构特点,饲料只能输送至高处再由重力作用落到每层料仓。

⑥输送量较大和斗式提升机的结构原因。饲料无法做到在完全封闭的状态下送到猪舍内部。楼内需要设计中转料仓放置的房间。

⑦对土建要求严格,成本高。

⑧提升设备成本的原因一般是多种饲料共用一条提升设备。因此实际生产中需要规划送料计划和工作时间及运行流程,不同种类的饲料可能会相互混合。

⑨适用的楼房类型:适用于对饲料输送量要求较高的楼房,楼房层数多,特别高的楼层。

3.5.1.3 气力送料系统

气力输送是利用在管道中流动着的气体作为载体,携带着物料一块流动的输送方式,其特点是设备结构简单,输送线路自由,在完成输送任务的同时还可进行干燥、加热、冷却、分选等工艺过程,操作维修方便,有利于自动化。缺点是动力消耗大,受被输送物料的特性的限制,噪声较大等(图 3-11 至图 3-13)。

(1)气力输送根据设备组合情况不同,可分为吸送式、压送式和混合式 3 种类型。

①吸送式:吸送式气力输送装置由吸嘴输料管,卸料器、无风器、离心风机、风管、集尘器等组成。风机从整个管路系统吸气,使输料管内的压力处于负压状态,气流和物料形成的混合物从吸嘴吸入,往输送管道送至卸料地点,由卸料器把物料与空气分离,物料经过关风口卸出,空气则通过集尘器净化后排入大气。这种装置处于负压状态工作,物料和灰尘不会飞扬外溢,适用于堆积面广或存放在深处低处的物料输送。但在负压下卸料困难,输送量和输送距离受到限制,消耗动力较大。

②压送式:压送式输送装置通由罗茨风机、储气罐、输料管、卸料器等设备组成。风机把空气压入输料管中,借助供料器装入物料,并形成空气和物料混合物,

往输送料管送至卸料地点。由卸料器把物料排出，空气则经集尘器净化后排入大气。这种输送方式适合于大容量、长距离输送，可由一个供料点输送至几个卸料点。但在高压下进料比较困难，且易造成粉尘飞扬。

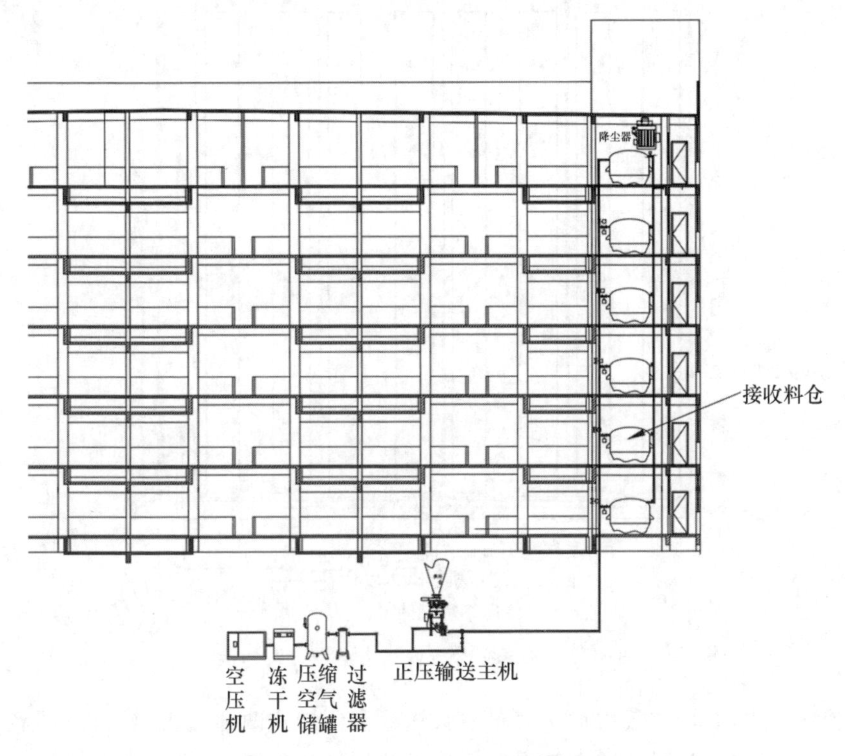

图 3-11　楼房猪舍气力送料方案示例

图 3-12　楼房猪舍气力送料系统

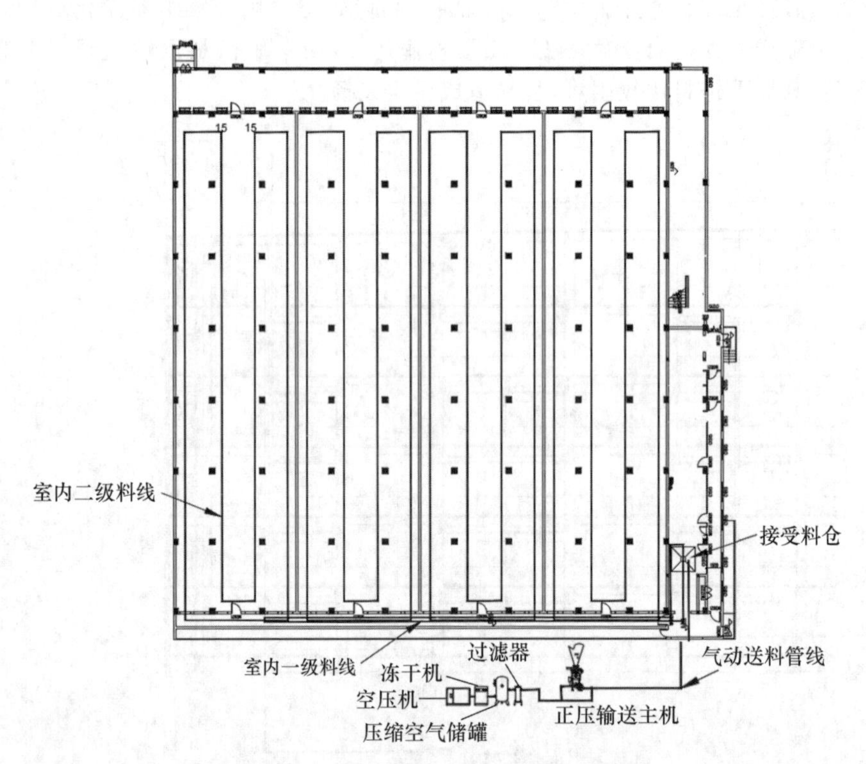

图 3-13　楼房猪舍舍内气力送料方案示例

③混合式：混合式气力输送装置由吸送式和压送式两部分组成，具有两者兼有的特点，可以数点吸料和数点卸料。但输送装置结构复杂，风机工作条件差。

(2)气力输送和功率

输送物料量：计算输送量 $Q\mathrm{s}$，是按工艺设计平均物料量再考虑一定的余量。即

$$Q\mathrm{s}=dQ$$

式中，Q 为各输料管设计平均输送量；d 为储备系数，即物料品质的变化、水分含量的高低因素可能引起输送量的变化而考虑的系数，d 值一般为 1.05～1.2，要根据具体情况选定。

输送浓度 M：输送浓度 M 又称浓度比，是指气力输送机在同一时间内输送物料重量 $Q\mathrm{s}$ 与空气量 $Q\mathrm{a}$ 之比。

在输送一定量物料时，浓度越大越经济，压力损失虽有增加，但因所需空气减少，所需的空气力也将减少，相应地减小了管道直径以及卸料器、除尘器等设备的尺寸，从而节约了材料的消耗。浓度过高，将引起掉料和堵塞，所以应根据具体情况，综合

各方面的因素合理地确定浓度。目前我国的饲料厂多采用吸送式稀相低压气力输送装置。其输送浓度 M 值较小,输送原料 M 为3～14、输送物料 M 为0.5～1.5。

气力输送装置中的气流速度的大小,一般根据理论研究和实际运料中的经济数据来选定。输送风量过低,易引起掉料和管道堵塞。输送风速过高,会造成物料的破碎,管件的过早磨损和动力的浪费。所以合理地选择风速是十分重要的。一般对粒度均匀的物料,其输送风速可选取悬浮速度的1.5～2.5倍;对黏度不均匀的物料,取其按粒度分布比例占最多的颗粒所测定的悬浮速度比粉状物料大1倍。为避免残留附着于管壁和发生结团的现象,往往采用比此悬浮速度大3～10倍的输送风速。

楼房猪舍使用气力送料系统将饲料送到楼内的中转料仓。气力送料系统从管路施工到维护等各方面都优于塞链送料系统和斗式提升送料系统。但因为是利用空气将饲料“吹”到楼上,所以设备的能耗(主要是风能动力源部分)和需要输送的高度成正比。相同的送料效率下,能耗要高于斗式提升机或传统的管链系统。

(3)气力送料系统要求　气力送料料线管径型号、输送量、功率、最大管线长度和提升夹角见表3-3。

表3-3　气力送料料线管径型号、输送量、功率、最大管线长度和提升夹角

管径/mm	输送量/(t/h)	电机功率/kW	管线长度/m	提升夹角/(°)
70～120	4～8	15～22	300～500	0～90

(4)气力送料系统的特点

①自动化程度高,减少劳动时间,提高效率,降低劳动强度。

②各种气力阀门较多,电控和气力单元复杂。

③空气送料,管道内饲料无残留。

④电机功率较大,能耗较高。

⑤饲料输送速度快。

⑥可垂直提料,节省空间。

⑦适用的楼房类型:同一楼层饲养多种类型的猪,且饲料种类多的推荐使用气力送料(如某层饲养了妊娠、分娩、保育、育肥4种猪,饲料种类为7种,使用气力送料提料,需要一条料线即可。输送量要求不高,整栋楼都可使用一条气力料线提料);楼层内需要有合适的空间放下料器和转接料斗;料塔附近需要有专门的主机房。

3.5.1.4　干料提升方式对比

干料不同输送方式优缺点见表3-4。楼房猪舍干料提升方式对比见表3-5。

表 3-4　干料不同输送方式优缺点

方式	优点	缺点	适用场合
塞链提升输送	成本低，不用设转接平台（中转料塔）	检修不方便，倾斜输送，输送量受损失。高层料线提升需要建转接平台，增加土建成本	宜 8 层及以下
绞龙提升输送	成本低，适应复杂的地形	单支运量低，输送距离短，且无法实现一次性的大高度提升	更多地适用于一些简单的提升或平层短距离运输
气力提升输送	管道布置灵活	粉料分层严重，功耗大，颗粒破碎严重	场内饲料转运使用气力集中供料系统时配套使用气力提升输送系统
斗式提升输送	设备比较成熟	投资相对较大	宜 6 层以上

表 3-5　楼房猪舍干料提升方式对比

提料方式	提升高度/m	提升角度	占地面积	输送量/t	施工量	土建要求	土建成本	使用成本	设备成本	突出特点
塞盘料线	≤30	≤45°	多	1.5～8	多	低	低	中等	中等	结构简单，使用广泛
气力输送	≤30	≤90°	少	1.5～8	少	中等	中等	高	高	输送速度快，管道内饲料无残留
斗式提升机	≤80	90°	中等	8～1 000	中等	高	高	低	低	输送量大

3.5.2　液态料饲喂系统

液态料饲喂系统已经逐渐成为提高饲料转化率、缩短生长周期、降低饲喂成本的有效手段，特别是对于育肥场，已经有大量的实际应用充分证明了液态料饲喂系统的优点。因此楼房采用液态料饲喂系统也将逐渐成为一个不可或缺的选择，甚至是一个发展趋势。

液态料饲喂系统（图 3-14）由计算机按特定程序控制运转，实现自动化、智能化。

液态料饲喂系统一般由储料罐（储料塔）、储水罐（清水罐、废水回收罐）、带搅拌器的混合罐、称重单元、饲喂泵（送料泵）、带预置阀和终点阀的饲喂管线网络、饲喂电脑和空气压缩机等。常规需要为液态饲料的混合、配制以及输送饲喂控制管理等主要设备设置一个单独的房间，通俗称为“中央厨房”（图 3-15）。

3.5.2.1　液态料饲喂系统的优势

(1)液态料饲喂系统是电脑控制的全自动饲喂系统。

(2)饲料适口性好,液态料更有助于肠胃吸收,提高采食量和饲料转化率。

(3)可针对猪群不同生长阶段的需要混合不同的饲料配方,并根据饲喂曲线自动调节每栏每天的饲料配方和喂料量;实现精准饲喂。

(4)饲喂无粉尘,卫生状况良好,可有效降低猪只呼吸道疾病的发病率。

(5)减少由于干料调节精度等问题造成的饲料浪费,也无须人工调节配量器,节约人工成本;可在猪场内进行饲料混合,无额外干料混合费用。

(6)可使用饲喂系统输送饮水,确保猪群饮水充足。

(7)易于添加药物及其他添加剂、特别是液态的添加剂(添加物),精确度高;可使用副产品或自产的谷物进行饲喂,降低饲料成本。此乃液态饲喂系统的最大优势。

(8) 即便猪只数量众多也可实现快速饲喂。

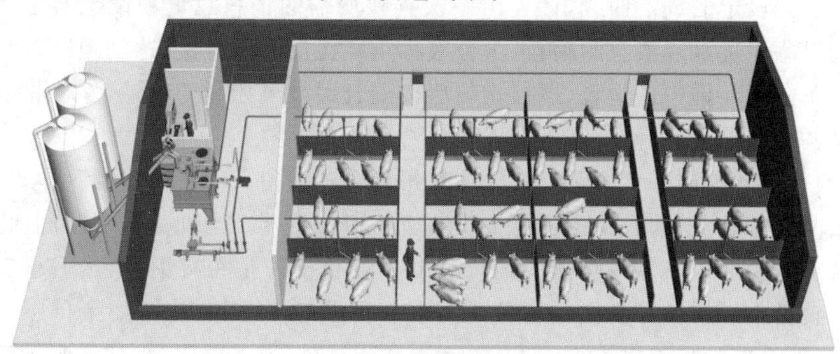

图 3-14　楼房猪舍舍内液态料饲喂系统示意

图 3-15　液态料系统中央厨房

3.5.2.2　液态料系统设备概览

液态料系统设备包含了储料塔(储料罐)、储水罐(储清水、废水回收罐)、带搅拌器的混合罐、称重单元、饲喂泵(送料泵)、带预置阀和终点阀的饲喂回路、饲喂阀(下阀门)、饲喂电脑和空气压缩机等(图 3-16)。

图 3-16　液态料系统中干料输送混合罐及回水罐

3.5.2.3　液态饲料的饲喂方式

(1)定时定量饲喂　根据各饲喂点猪只的头数、日龄(体重)、每日饲喂次数,同时根据事先设定的饲喂曲线,计算出一次饲喂所需的饲料总量和设定的水料比自动向配料罐中进水或液态的辅料,由罐底称重装置反馈进料量,达到预定数量后再控制绞龙向配料罐中进干料,搅拌均匀后按混合罐减重控制送料量,逐栏将液态料输送到各个饲喂点。

(2)传感器控制采食饲喂　首先在根据各饲喂点猪只的头数、日龄(体重)设定的饲喂曲线基础上,同时猪舍食槽上安装有料位传感器。当到达饲喂时间时,饲喂电脑将首先会通过安装在食槽上的传感器检测食槽内是否有饲料,然后根据检测情况为食槽传感器信号为空的栏位进行混料以及送料。相应的,如果传感器信号不为空,那么电脑将跳过该栏,不再为该栏进行补料,当多次不为空时,则饲喂电脑将会进行报警提示,提示饲养员管理人是否存在异常情况。

与此同时,电脑还会监测各个栏位的猪只采食速度,根据各个栏位内的猪只采食速度情况,调节后面该日供料的单次下料量,最终达到预设饲喂总量。

(3)传感器自由采食饲喂　在普通传感器饲喂的基础上,电脑还会监测并判断各个栏位的采食量情况,根据各个栏位内的猪只采食情况,自动调节各个栏位的饲喂曲线(如某栏的检测情况即便在到达饲喂曲线的设定饲喂总量之后,传感器依然反馈为空,电脑将在后期为该栏配置更多的饲料),以更加符合猪只的生物节律。

3.5.2.4　使用液态饲料饲喂系统的注意事项

(1)水料的比例问题　从实践的经验来看,水料的比例是液态饲料能否饲喂成功的关键问题之一。正常的水料比例在 3∶1 左右,比例过低可能造成水料运输过程的堵塞,比例过高可能造成猪采食的干物质的量过少,也可能影响猪的生长速度,所以在液态料的使用过程中要时常关注水料的比例是否合适。

(2)注意调整配方　液态饲喂使用工业副产品时,因原料的营养变化大,需要随时调整配方。一些食品厂的原料水分含量高,批次间的变化也比较大,这时就需要根据原料营养价值的变化情况,随时调整饲料的配方,保证配方营养价值的准确性。

(3)液态饲料的卫生管理 使用液态饲料要能根据猪群的采食量的变化,随时调整饲喂量,尽可能地使液态料在固定的时间内采食完,避免放置时间过长而变质。同时要注意储存罐、运输管道和料槽的干净卫生,定时清洁打扫,防止细菌的滋生。

(4)注意液态饲料的分层 由于饲料原料比重的差异,在往料槽运输的过程中,可能会导致液态料的分层。对于这种情况,一方面在设计配方时,可以选择一些易溶于水的原料,如小麦的副产品和一些膨化食品原料,并且尽可能地使原料粉碎得更细;另一方面要最大可能地缩短饲料运送到料槽的距离。

(5)注意液态饲喂系统的维护和饲喂人员的培训 不同于干料饲喂,液态饲喂一旦系统出现故障,猪场饲喂就无法进行正常生产,因此猪场要有专门的设备维护人员。由于液态饲喂是按顿饲喂的,所有饲养人员要更加注意猪群采食量的变化,随时根据采食的变化调整饲喂量,对饲养人员的要求也更高。

3.5.3 楼房猪舍液态料输送与干料输送系统区别

楼房使用液态料饲喂系统有以下几个重要问题需要知晓。

液态料饲喂系统和塞链系统类似,每条料线是一个环形的回路。虽然饲料和水混合后通过管道系统加压进入猪舍中,但是由于是回路设计,所以不能轻易地认为把液态料的推送设备放到高楼层就可以将饲料向下送到低楼层。饲料输送泵不仅需要把饲料送到猪舍内,还需要把管路中用来隔绝空气的存水推回中央厨房的储罐。所以液态料系统能够向上和向下输送的楼层数量是有限的。一般情况下一套液态料输送设备最多可以向上和向下输送三层左右的楼房。同时需要考虑混料罐到每条回路最后一个饲喂阀的距离,一般建议不超过 350 m。否则可能需要重新选择送料泵等全套加工设备,并可能在回路末端存在水料分离等隐患。

使用液态料输送系统和使用干料线输送系统进行饲喂有一个重要的区别是:干料线只要把饲料送到料槽,猪只可以随时采食,料线系统只要保证料槽内随时有饲料即可。而液态料输送系统是“分餐”式饲喂,即每天分 3～5 餐为猪舍提供饲料,其他时间猪是得不到饲料的。所以液态料饲喂系统在设计时还需要考虑设备的“加工能力”是否和存栏相匹配。主要包含以下 4 点。

(1)液态料设备的输送效率 因为是“分餐”式饲喂,所以当一条料线开始输送饲料给猪舍的某个猪栏时,整间猪舍的猪只都将进入渴望饲料的状态。如果输送效率太低,猪只等待时间过长将有可能导致猪群出现不良反应。

(2)液态料设备 一旦开始加工和输送饲料就要求其制备间提供干饲料和水的输送设备能够满足一定的配送能力。一般按照干饲料 8～10 t/h,水则需要差不多10～15 t/h 的配送能力。对于楼房猪场，由于液态料制备间在楼内，那么保证上述干料和水的配送能力就成为使用液态料饲喂的一个重要前提。

(3)对于干料的储备　通过可以在液态料制备间楼上设立中转料仓的方法，在每餐之间利用干料线系统提前储存每餐所需的干饲料。目前主流的液态料系统一般以 10 000 头育肥猪的饲喂量作为一套系统的配置极限，如果按照每日 3 餐计算。每餐大概需要储存 10 t 的干饲料在中转料仓中。这个储存量对于楼体的荷载将产生重大影响。因此必须在楼房设计之初就予以考虑。

(4)对于水的储备　由于液态料系统一般的水料比为(3～2.5)：1，若是按照 10 000 头育肥计算，每餐需要 25～30 t 水。储存如此大量的水在楼体内将对楼体设计产生巨大的影响。所以一般不会储存如此多的水。那么就需要楼房能够有提供 10 t/h(约 2.7 L/s)的供水管路。一般猪场的供水管路都可以达到此流量。但是需要注意的是，液态料饲喂对用水的需求是短时大量。设备一旦开始饲喂就会在 1.5～2 h 的饲料加工和输送期间持续需要上述供水量。此时必将对整个猪场的其他水路产生影响。所以给水设计时必须要进行合理的计算。管路的尺寸，增压泵的工作能力，楼体主水箱的储存能力，甚至机井的抽水能力及水处理系统的过滤能力等都需要进行考虑。

(5)楼房猪舍常规料线输送系统的规格建议　见表 3-6。

表 3-6　楼房猪舍常规料线输送系统规格建议

输送饲料方式	厂外送料系统	楼侧提升系统	室内送料系统
塞链管路料线	ϕ102 或 ϕ168 管径	ϕ102 或 ϕ63 管径	ϕ63 或 ϕ50 管径
斗式提升机	不适用	提升量 5 t/h	不适用
气力送料系统	ϕ100 管径，5 t/h	ϕ100 管径，5 t/h	ϕ60 管径，1 t/h
液态料系统	暂不适用	暂不适用	ϕ32、ϕ50 或 ϕ63 管径 2～3 L/s

3.5.4　场外到楼房猪舍周围的料线系统

场外到楼房猪舍周围的料线系统和平房养猪使用的料线系统没有分别。楼房系统由于单位用地的饲养量是平房养猪的数倍，因此对场外料线的运输效率有较高的要求。目前比较成熟的有大规格的塞链系统或场内饲料周转车两种方案。

采用何种方案需要根据猪场地形和规模进行分析判断。采用大规格塞链系统重点关注猪场外到楼体间的距离、爬坡角度和地形复杂程度。上述因素将对塞链系统的施工和维护产生一定影响。采用场内饲料车需要关注猪场的规模与饲料车利用率和维护保养成本之间的关系。无论采取何种饲料运输方案都应在猪场规划设计之初就进行考虑(图 3-17)。

对于采用“料、养、宰、商一体化”的大型楼房集群养猪项目,场外饲料的输送方式采用的是在整个楼房集群外设立与楼房集群饲养规模相配套的饲料加工厂,通过管道输送方式将饲料输送至每栋猪舍外设置的料塔中,然后通过每栋猪舍的提升输送系统将料塔内的饲料输送至每层猪舍内(图 3-18)。

该模式在整个饲料配制、加工、输送到不同猪舍饲喂的整个过程配套了智能化控制管理系统。智能化系统可根据不同栋舍、不同楼层的不同阶段猪只的日龄、体重等不同生产状态的信息,适时反馈给饲料加工厂的中央智能控制系统。控制系统根据各阶段猪只的营养需要配制生产相应的饲料,准确输送到不同的猪舍,实现基于猪只每日营养需求的、科学的、智能的、精准的饲料输送。

图 3-17 大塞盘料线场外送料

图 3-18 场外集中生产供料系统

3.6 清粪系统

3.6.1 尿泡粪(水泡粪)清粪系统

尿泡粪(水泡粪)排污系统是指将猪舍漏缝板以下的粪池内粪尿液通过虹吸原理经过设置好的排污管道排出室外,直到蓄粪池的一种清粪方式。

做法上将粪沟分成区段,在每个粪沟的地板下面安装一个三通,每个三通连接到地下排污管上,这个排污管最终连接至蓄粪池处。每个三通都配置一个密封球/

排放塞，以保证液态的粪尿在不排放时可以保存在粪沟当中。当要排空粪沟时，就将密封球/排放塞提起来，这样，液态的粪尿就可以从粪沟中排出去了。

排污管的安装斜度，对于单管，每米的倾斜度必须是 3 mm；而对于收集管，每米的倾斜度必须是 5 mm。

粪沟的面积安全限定：带排放塞 DN200 的安装，单沟最大面积不超过 14 m^2；带排放塞 DN250 的安装，单沟最大面积不超过 25 m^2；带排放塞 DN300 的安装，单沟最大面积不超过 30 m^2。常规推荐粪沟的深度为 40 cm，每 14 d 清除一次液态粪肥。

采用尿泡粪（水泡粪）工艺的猪场推荐采用 PE 管道作为粪污输送管路。管道的排布方案可根据楼体设计方案进行确定。

管道排布方案一般是每条粪沟沿着粪沟的方向布置 1 根“猪舍分支管路”。所有的“猪舍分支管路”延伸至猪舍的污道（一般为风机侧走廊）进行汇集。各层的“猪舍分支管路”先在各层在污道侧由 1 根“楼层分支管路”连接。然后在管道井内通过“楼体垂直总管”汇集到楼下的管道，并最终流入猪场的粪污处理管道系统（图 3-19、图 3-20）。

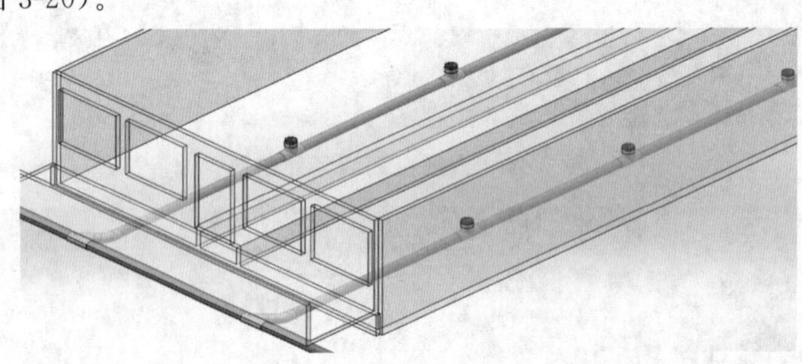

图 3-19　楼房猪舍舍内粪沟管道示例

图 3-20　楼房猪舍舍外粪污收集管道示例

楼房猪舍可以将楼体的承重梁设计成反梁形式，这些反梁既可以作为粪沟的墙壁，也使得楼板板底平整有利于通风且美观。反梁形成的粪沟的漏粪塞需要根据反梁的布置进行确定。

由于楼房猪舍是上下层叠的，上层猪舍的粪沟排污管道的渗漏将直接流入下层猪舍舍内。同时由于楼房的层高限制，为了降低楼体载荷，猪舍粪沟的深度相对较浅，粪沟内猪粪的粪水比较高，流动性较差，因此管道的直径一般在 200 mm 左右。大部分楼房猪舍，排粪口采用的是浇灌混凝板时预埋 PVC 或 PPR 材料的三通，通过三通连接相应材料的管道（图 3-21）。这种做法有 2 个问题：一是因为 PVC 或 PPR 材料与混凝土之间的黏结性不好，容易渗漏，甚至因尿泡粪排放时较大压力造成预埋的管道脱落，影响生产且难以修复；二是传统的 PVC 排水管道一般采用胶水粘接，在实际施工过程中很难保证各种三通、弯头等管件和管材之间的连接满足完全密封的设计要求。因此尿泡粪的排粪口最好参考采用光华百斯特公司发明的不锈钢排粪口预制件（图 3-22），在楼房浇注时预埋。不锈钢排粪口预制件设计有止水盘，防止渗漏，同时止水盘设有固定孔，在安装模板时用钉子固定在模板上，与混凝土浇筑时即融为一体，止水盘还能起到支撑的作用，有效解决了因排粪时压力大导致排粪口脱落的问题。不锈钢排粪口预制件下端设计为标准规格的法兰盘，通过法兰盘与主管连接，便于维修和更换，同时解决了 PVC 管一旦接头损坏无法修复的问题。不锈钢排粪口使用寿命长满足楼房猪舍的使用寿命。全排粪管建议采用 PE 管道作为排污管，所有连接件最好采用电熔方式连接。

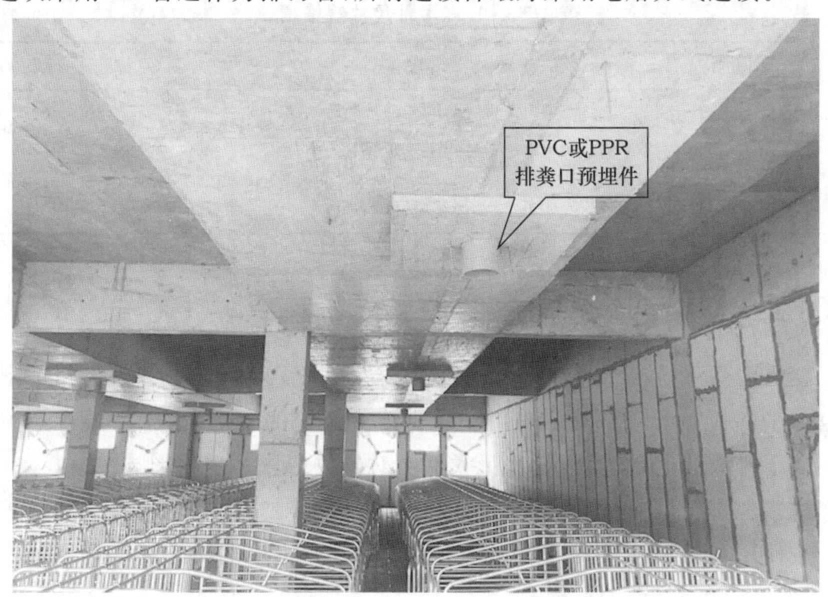

图 3-21　预埋 PVC 或 PPR 材料

图 3-22 不锈钢排粪口预制件

排污管的管材及相关配件参照《给水用聚乙烯(PE)管道系统第 2 部分:管材》,根据猪舍用途不同,管道的具体尺寸可以不同。但是为了给楼体施工和管道楼体间密封等工作降低实际的施工难度。所有猪舍的排污管道可以统一成相同的规格(表 3-7)。

表 3-7 PE 排污管尺寸规格建议

管道用途	布置位置	公称直径/DN
猪舍分支管路	楼下猪舍屋顶	200
楼层分支管路	楼下污道楼顶	250
楼体垂直总管	管道垂直竖井	250

3.6.2 刮粪机清粪系统

刮粪机清粪系统主要有 V 形刮粪机(又称"V 形刮板")清粪系统和平刮刮粪机(又称"平刮板")清粪系统。采用刮粪机清粪系统的楼房,由于需要考虑粪污从楼上向楼下排放的问题,粪污含水量太低会对排放造成一定的影响。

楼房猪舍每层刮粪机的布置、设计和单层平房养猪基本类似,每层之间下落的粪道一般使用和粪沟同款且四周收口的下粪漏斗。上层漏粪斗的下端通过一根排污管连接进入下层猪舍的漏粪斗。

对于每间猪舍单独进行排风的楼房。漏粪斗布置在猪舍内部。刮粪机和相关部件布置在猪舍外的污道下面。仅在风机墙上开孔让刮粪机的钢丝穿入猪舍内部。此种布置方案漏粪斗和风机的拢风筒分别位于猪舍墙面的两侧，不会出现相互干扰的情况。

如果考虑把漏粪斗布置在猪舍外。漏粪斗和风机的拢风筒处于墙面同一侧。此时需要在土建设计时确保两个设备项目没有干扰。

如果猪舍的环控方案采用楼顶集中排风，就可以把漏粪斗设计在猪舍外侧，也就是排风井内部。此时应当注意室内粪道和中央排风沟相通的部分是一个无法完全封闭的“排风口”，因此需要将其对通风的影响计算到环控设计方案中去。

采用刮粪机清粪系统的粪沟宽度可以根据猪舍的漏缝板宽度进行确定，一般控制在2.4 m左右，最宽不宜超过3 m，以免刮粪机刮板宽度过大导致故障率提高。

粪沟的深度根据刮粪机刮板设备要求一般控制在0.5～0.6 m。

漏粪斗可以使用玻璃钢或不锈钢进行制作。但是无论哪种材料都需要考虑漏粪斗和粪沟土建部分以及漏粪斗底部的排污管之间的良好密封连接。

漏粪斗下端的排污管可以采用PVC、PE排污管等。管道直径不应小于350 mm。

机械刮粪可设置全自动模式，并可加入猪场物联网控制，可根据猪舍内氨气浓度自行设定刮粪次数及刮粪机启动时间。机械刮粪的显著特点是将粪污及时清理出猪舍，减少猪舍空气中氨气、甲烷、二氧化碳等有害气体的含量，改善猪舍环境。

3.6.2.1　V形刮粪机清粪系统

V形刮粪机是一种源头粪尿分离的机械清粪模式，猪的排泄物中，大部分生化需氧量(BOD)、化学需氧量(COD)、悬乳物(SS)、N、P存在于固体粪便中，且猪尿排泄量多于固体粪便，在猪只排泄出后漏粪地板下直接粪尿分离，猪尿内因溶入的固体粪便少，BOD等含量远远小于水泡粪，从而减少了污水的体量和浓度，减轻了污水处理的压力，固液分离后的尿液中COD为6 000～8 000 μg/L。

V形刮粪机刮出的母猪粪的含水率为70%～72%，育肥猪粪含水率为75%左右，猪舍内通风和刮粪次数的不同，含水率也会有所变化，此含水率的物料便于进行堆肥处理。此类设备在平层养殖的规模养猪场中得到了广泛应用。

V 形刮板由刮粪机、导尿管、转角轮、钢丝绳、驱动马达、控制箱、行程开关、近接感应器(探头)、限位器及配线材料组成(图 3-23)。

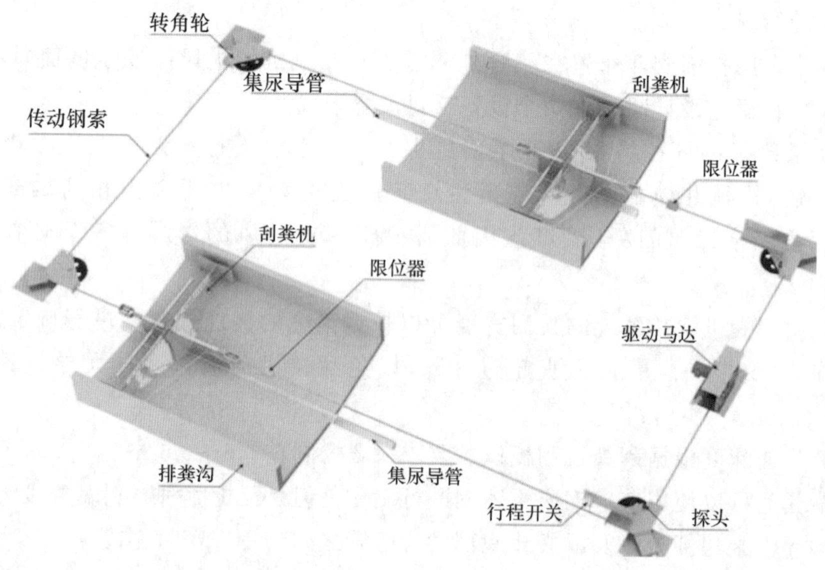

图 3-23　V 形刮粪机示意

根据现场情况刮粪机可以配置 2 个,一拖二模式,也可配置一个一拖一模式。

①V 形刮板的粪沟设计一般将粪尿双向收集,粪污逆坡刮向集粪侧,集粪侧设置有漏斗式集粪池,池底设置直径 400 mm (为方便粪污排出顺畅一般管径大于 350 mm) PVC 管道,粪污通过 PVC 管道进入集粪管落入地面上集粪沟,根据楼房层数及养殖量,集粪沟一般设置两条沟,以减轻集粪沟的刮粪压力。

尿液通过开口导尿管(图 3-24)顺坡流向集尿井,集尿井再通过管道流入集尿管进入污水处理区,刮粪沟长度方向坡度一般为 3‰～5‰,也可根据现场情况酌情增加坡度。

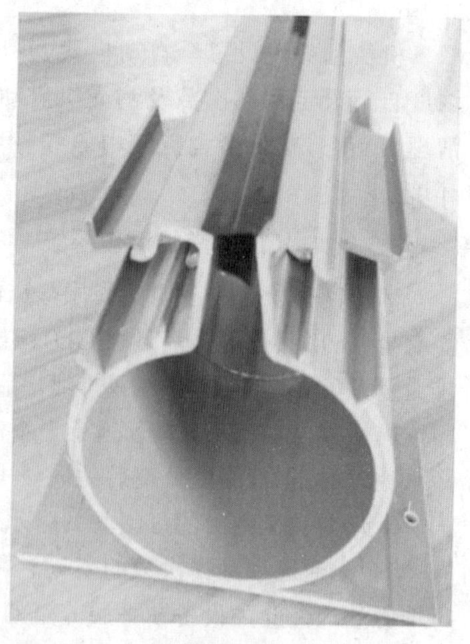

图 3-24　V 形刮板系统的开口导尿管

漏粪地板下部的粪沟为 V 形,V 形面坡度一般按 1∶10 施工(图 3-25)。

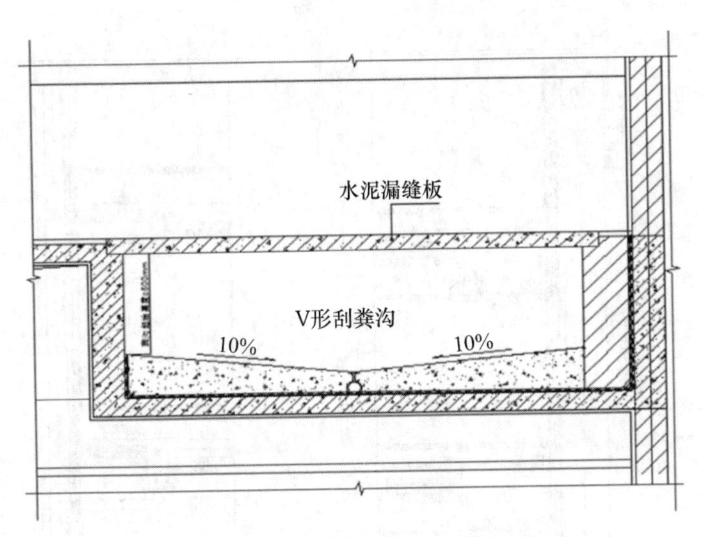

图 3-25 V 形刮粪沟剖面示意

V 形地沟沟底需要预埋导尿管，对土建施工要求较高。导尿管的施工要点为混凝土将导尿管外周包裹，否则导尿管为开口管。如果导尿管外周空洞，在设备运行过程中导尿管开口并在一起，无法起到尿液输送作用且极易损坏。

V 形刮粪机的安装平台空间及尺寸根据各设备厂家具体尺寸确定。

在粪沟、管道接口设计及施工中，做好防渗防水工作（图 3-26）。

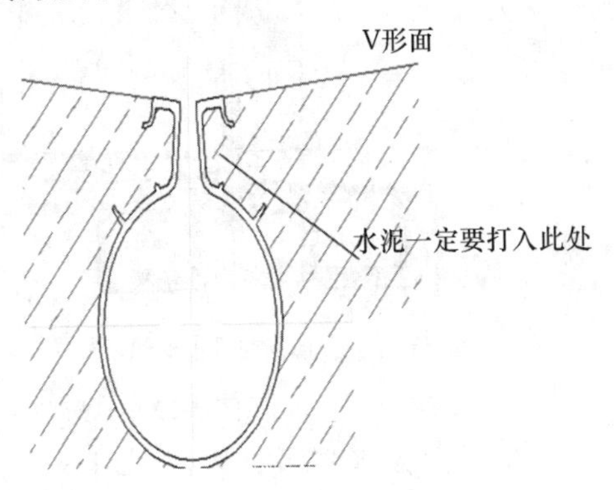

图 3-26 V 形沟导尿管预埋示意

②V 形刮粪机集粪侧、集尿侧示意见图 3-27。V 形刮板刮出来粪，落入集粪沟，集粪沟内的粪污通过集粪刮板刮入集粪池，传统做法是用螺旋绞龙或板链机将粪污提升到地面上，通过车辆输送到粪污处理区。此方式受到限制比较多，螺旋绞龙或板链机对粪污含水率有要求，出粪效率也受影响。螺旋绞龙下部的接粪车也要按时到接粪口，整个系统才能做到全自动。

新兴做法是粪污舍外不落地，刮粪机不受限制可以随时出粪，粪污通过泵及管道定时定量投入好氧发酵罐内，产出粉状有机肥，完成整个粪污的自动化、密闭化、资源化处理。

舍内粪污直接刮到舍外的集粪仓内，集粪仓内设置有滑动刮板，将仓内粪污通过检修闸板阀刮到仓底预压螺旋输送机内，螺旋输送机连接锥阀柱塞泵，进入锥阀柱塞泵的粪污通过柱塞泵的液压推力，经过管道打入发酵机内。料仓底部设有检修闸板阀，以备设备检修之用。

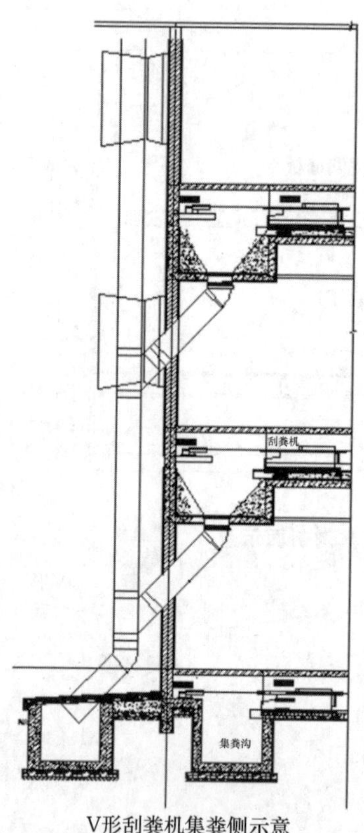

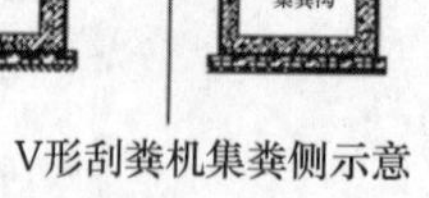

V形刮粪机集粪侧示意

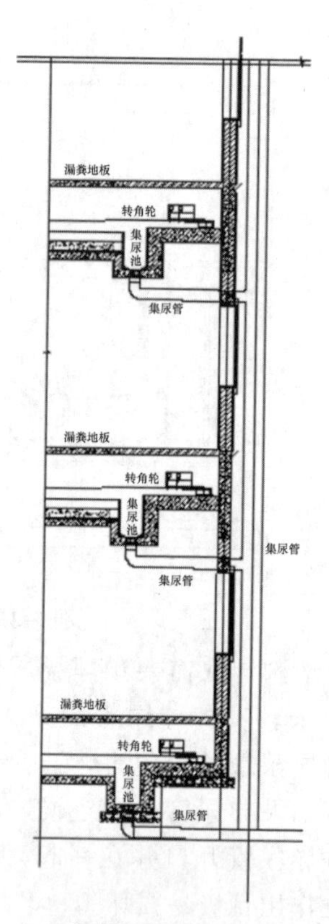

V形刮粪机集尿侧示意

图 3-27　V 形刮粪机集粪侧、集尿侧示意

集粪刮板将粪污直接刮到料仓内，可实现 V 形刮板与集粪刮板的全自动刮粪，因料仓的缓存功能也满足了发酵机正常运行所需要的每天定时定量投料的需求（图 3-28）。

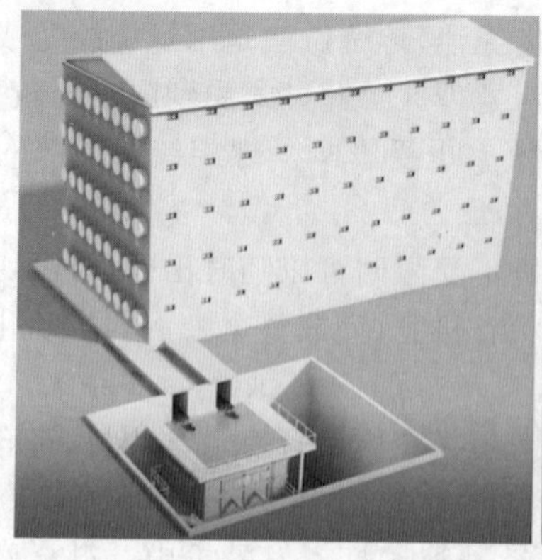

图 3-28　楼房猪舍一种集粪方式示意

楼房养猪特点是出粪频率高、粪量大、出粪口少且集中。因粪污需及时清理和及时转运，普通出粪方式需要占用非常多的人力和猪粪转运车频繁的转运。对猪场的生物安全防控和非洲猪瘟防控造成很大的压力。

根据猪场收集猪粪的特点及发酵罐正常运行需要定时定量投料的特点，结合非洲猪瘟防范和生物安全防控要求，可选用猪舍储料仓＋泵送管道输送方式，将猪舍内 V 形刮粪机刮出来的粪污直接通过二级储料仓内(料仓可根据现场情况设计体积)，料仓可设计有 1～2 d 的储存能力，刮粪机可以不受时间限制随时出粪。自动控制系统，通过发酵罐的投料要求，每天定时有序对将粪污投入发酵机，实现了刮粪、输送、投料全自动化、密封式操作，实现了粪污不落地、密封运输，最大程度实现了对非洲猪瘟的防范和对环境的友好。

3.6.2.2　平刮刮粪机清粪系统

在猪舍 V 形刮板的施工过程中，因 V 形面及导尿管预埋对土建要求比较高，当土建施工达不到设计要求时，导致 V 形刮板在运行过程中产生各种问题，对猪场生产造成非常的大影响，一旦发生破损，难以修复(图 3-29)。为便于土建施工，在楼房猪舍中，很多猪场选用平刮板，平刮板虽然可以将粪污及时清理出猪舍，但做不到源头的固液分离，根据不同猪只的排泄情况，平刮板粪污平均含水率在 90%以上，分娩母猪及妊娠母猪会存在块状粪污。

图 3-29　V 形刮粪机清粪系统导尿管破损

平刮板由刮粪机、转角轮、钢丝绳、驱动马达、控制箱、行程开关、感应器(探头)、限位器及配线材料组成。

根据现场情况刮粪机可以配置 2 个，一拖二模式(图 3-30)，也可配置一拖一模式。

①平刮板的粪沟设计一般将粪尿同向收集，刮粪沟刮粪方向坡度一般为 3%～5%，粪污顺坡度刮向集粪侧，集粪侧设置有漏斗式集粪池，池底设置直径 250 mm 以上(为方便粪污排出顺畅一般管径不小于 250 mm)PVC 管道，集粪池管口处设置排污塞，粪尿一起进入集粪池，通过管道虹吸原理直接进入污水中转池或污水处理区(图 3-31、图 3-32)。

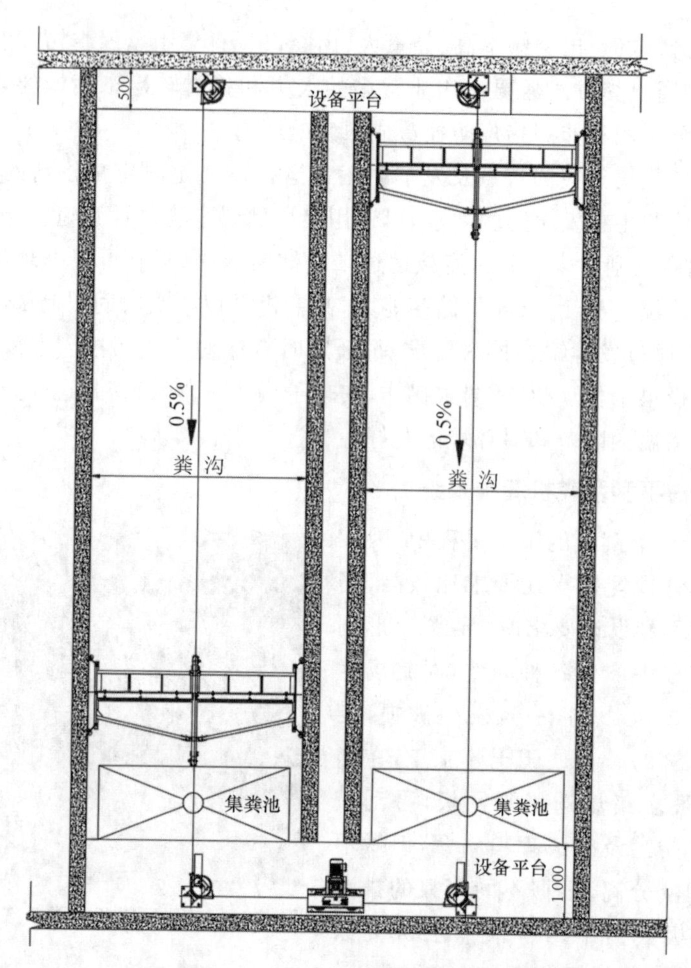

图 3-30　平刮刮粪机清粪系统平面示意

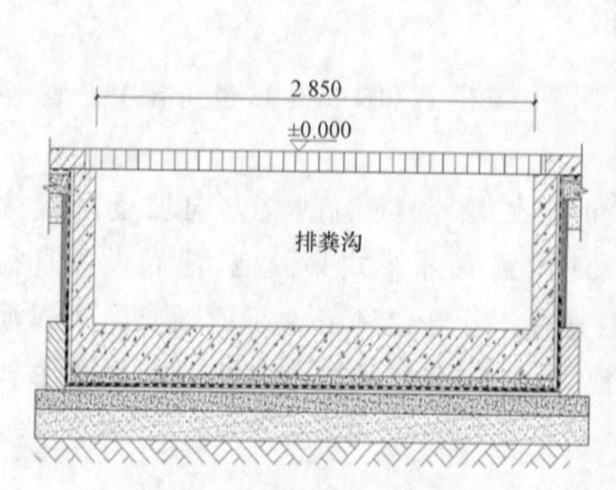

图 3-31　平刮板粪沟剖面示意

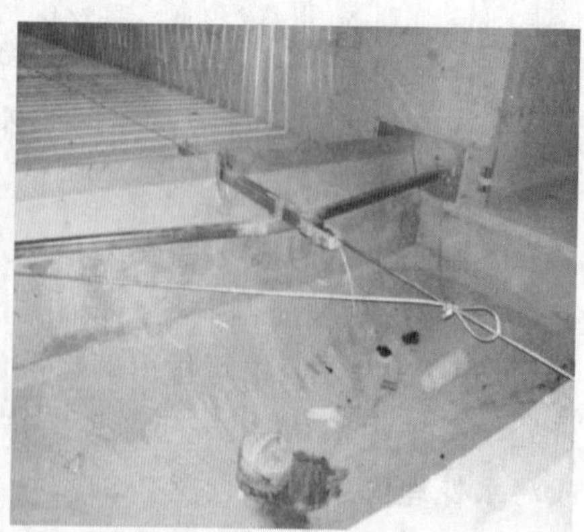

图 3-32　平刮板集粪斗侧图

平刮板粪沟沟底不需要预埋导尿管，对土建施工要求相对较低，施工只需要将沟底做平，无裸露钢筋等，按照设计要求找坡即可。

安装平台空间及尺寸根据各设备厂家具体尺寸确定。

在粪沟设计及施工中，在粪沟、管道接口设计及施工中，做好防渗防水工作。

②平刮板前端积粪池侧示意、后端转角轮侧示意见图3-33。

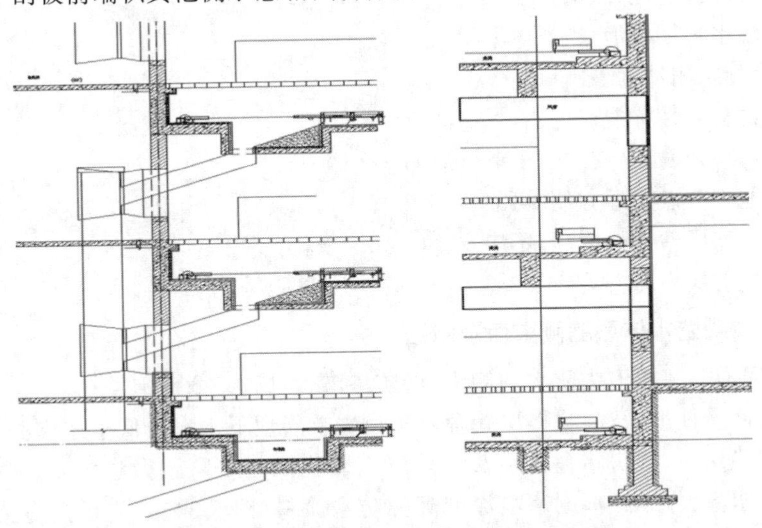

图3-33 平刮板前端集粪池侧、后端转角轮侧示意

③集污方式：平刮板刮出来粪、尿，通过管道流入污水池，进污水池前可设计格栅，将粪污中杂物清除，避免金属异物等进入污水池堵塞管道及污水泵，因污水中含粪便较多，污水池内安装搅拌设备，以免出现沉积无法泵送，污水泵采用一备一用，且能互为备用，通过液位计控制泵的启停。粪污通过污水池泵送加压后可实现粪污的远距离输送。

楼房养猪特点是出粪频率高、粪污量大。因粪污需要及时清理，通过管道直接排走，进污水池或污水处理区，中间无须占用人力，且平刮板刮粪无须像V形刮板一样，受后端粪污转运不及时的影响，可根据猪舍情况设定好刮粪时间，整个系统在封闭环境下实现自动运行，更有利于防疫。

3.7 楼房猪舍粪沟防水

3.7.1 楼房猪舍粪沟防水体系设计

楼房猪舍为多层建筑、粪沟均为楼板结构，在混凝土施工过程中会因各种因素产生裂缝，有些细微的裂缝肉眼难以发现，但一旦投入使用，经过粪水的压力等作用容易造成渗漏，粪沟板和楼板渗入粪尿不但会腐蚀内置的钢筋造成安全隐患，而且会导致楼层间的疫病传播，影响正常生产和造成生物安全隐患，因此粪沟的防水以及楼板的防水工作极其重要，一定要予以重视。

3.7.1.1 防水材料性能要求

(1)防水性能优异、耐久。

(2)耐水长期浸泡。

(3)耐磨、耐冲刷。

(4)材料柔性抗裂。

(5)耐酸碱腐蚀(粪尿 pH 8～9,pH 3～4)。

(6)施工节点处理方便、可靠。

(7)与基层粘接强度高，不串水。

(8)施工效率高。

3.7.1.2 防水体系的侧重点及做法

(1)尿泡粪　尿泡粪防水的侧重点：防渗漏、耐腐蚀、耐浸泡。

粪沟底及侧壁做法：当楼房猪舍建筑位置首层地下水水位低于尿泡粪沟底，不存在渗漏隐患时，楼房猪舍首层及2层以上粪沟及侧壁防水做法为1.0厚双组分聚氨酯防水涂料+0.5厚耐磨喷涂型聚脲防水涂料(图3-34)。如果楼房猪舍首层存在地下水水位较高，有渗漏隐患时，首层防水的做法应为1.5厚双组分聚氨酯防水涂料+土工布隔离防护层+40厚C25细石混凝土保护层；侧壁及2层以上的防水做法为1.0厚双组分聚氨酯防水涂料+0.5厚耐磨喷涂型聚脲防水涂料(图3-35)。

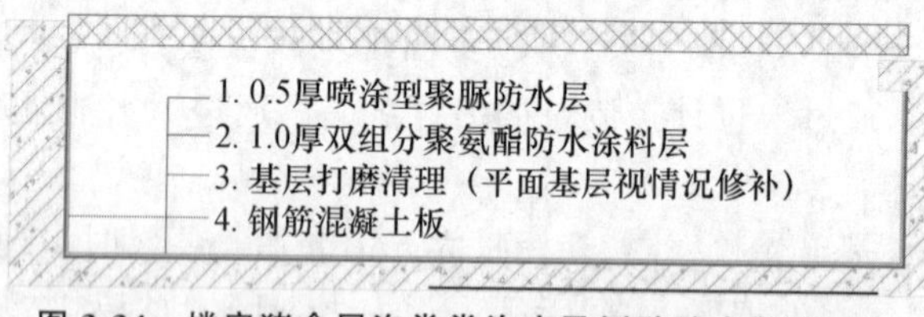

图3-34　楼房猪舍尿泡粪粪沟底及侧壁防水做法示意

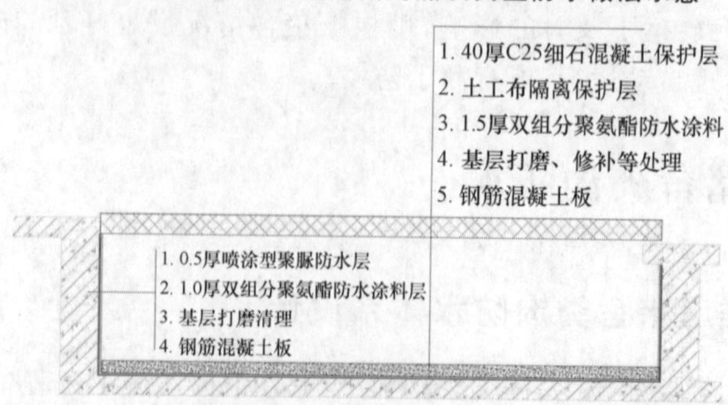

图3-35　楼房猪舍尿泡粪粪沟底及侧壁防水做法示意

(2)刮粪沟　刮粪沟防水的侧重点：耐刮擦、耐磨损、防渗漏、耐腐蚀、耐浸泡。

粪沟底的防水做法为1.5 mm厚双组分聚氨酯防水涂料＋200 g/m² 土工布隔离层＋(40～60)mm厚钢筋混凝土保护层。粪沟侧壁的防水做法为1.0 mm厚双组分聚氨酯防水涂料＋0.5 mm厚耐磨喷涂型聚脲防水涂料(图3-36)。

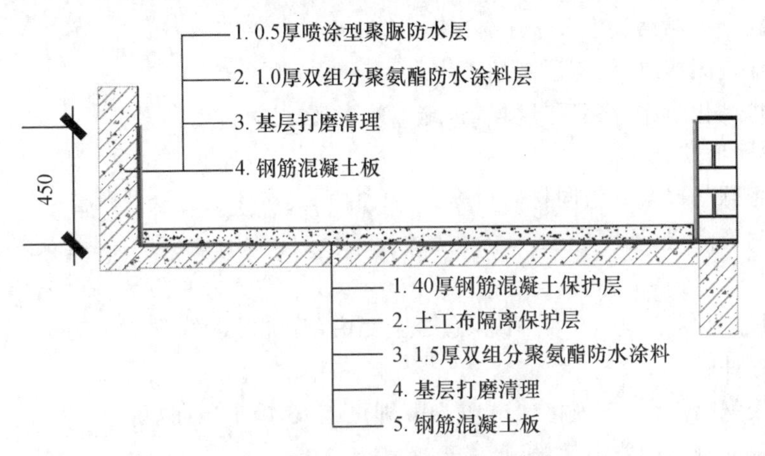

图3-36　楼房猪舍刮粪沟底及侧壁防水做法示意

(3)尿泡粪、刮粪沟的常规防水做法　粪沟底的防水做法为1.5 mm厚双组分聚氨酯防水涂料＋20 mm厚水泥砂浆保护层(图3-37)。

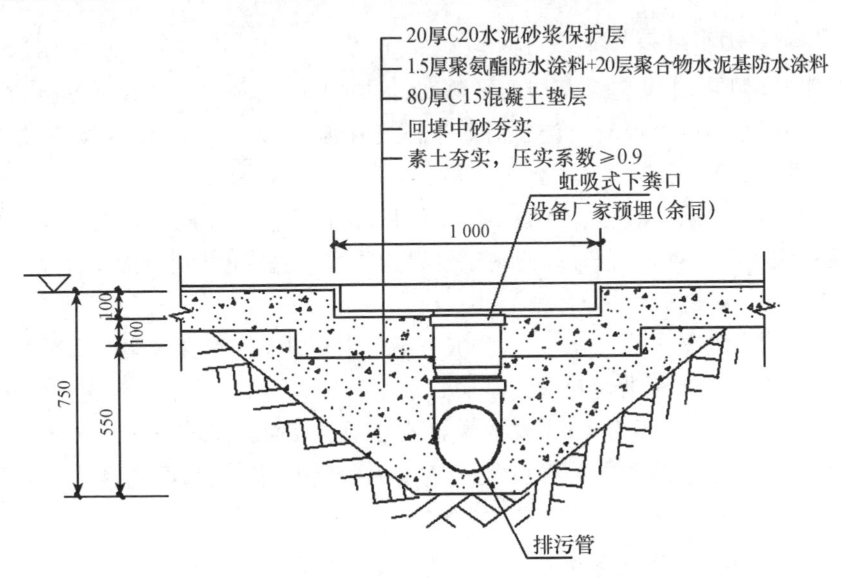

图3-37　楼房猪舍常规防水做法示意

3.7.1.3　防水材料特性

(1)聚氨酯防水涂料

①耐酸碱等化学腐蚀能力较强。

②水长期浸泡无影响。

③跟基层黏结强度大于1.0 MPa。

④涂膜无接缝,跟基层满粘不串水。

⑤机械化喷涂,涂膜厚度均匀,施工效率高。

(2)耐磨聚脲

①聚脲与聚氨酯为同材质材料,融合性好,两者不会分层脱落。

②耐磨涂层,硬度邵A>80,耐磨性(750 g/500 r)mg<10,耐磨及耐破坏性能优异。

③机械化喷涂施工,效率高,施工速度快,单机可达每天3 000 m^2 以上,涂膜质量有保证。

④聚脲喷涂,30 s固化,5～15 min即可上人,施工工期短。

⑤耐酸碱腐蚀能力优异,且优于聚氨酯。

⑥防水、耐磨、耐候性搭配合理,经济可行。

3.7.2　粪沟防水施工工艺

3.7.2.1　防水基层要求

防水基层要求主要包括基层的平整度、基层的缺陷、基层的含水率等。

(1)基层平整度　混凝土浇筑后原浆压光抹面,不得有凹坑孔洞等,平整度要求2 m,靠尺小于3 mm。

(2)基层的缺陷　裂缝、浮浆、起砂、孔洞、尖角等修补完成。以上缺陷都可以通过观察法进行检查,是否有起砂现象可以用手掌对基层进行来回搓动,在反复搓动3～5下时,观察基面是否有脱落的砂粒。

(3)基层含水率　基层应干燥,含水率不得大于9%。当含水率较高或环境湿度大于85%时,应加强通风排湿。基层含水率测定,可用高频水分测定计测定,也可用厚为1.5～2.0 mm的1 m^2 橡胶卷材覆盖基层表面,放置2～3 h,若覆盖的基层表面无水印,且紧贴基层的橡胶板一侧也无凝结水印,则基层的含水率即不大于9%。

3.7.2.2　涂料喷涂工艺优势

(1)采用高压无气喷涂,能够将混凝土内部的灰尘等杂质进行完全替换,使防水涂料能够形成连续、稳定的防水涂膜,并增加防水涂料与基层的附着力。

(2)设备在正常情况下能够持续、稳定地提供物料,避免人为的干扰。

(3)厚度均匀,不会因为基层不平整出现厚度不匀缺陷。

(4)施工效率高,是人施工效率的 2 倍以上,缩短施工工期。

3.7.2.3　施工工艺流程

(1)水泡粪粪沟防水施工流程　第一步,基层清理,机械打磨,清除面层浮灰、杂渣,保持地面整洁;第二步,聚氨酯专用腻子(底涂);第三步,细部附加层施工;第四步,聚氨酯喷涂设备安装、调试;第五步,高压气清理基层污染物;第六步,第一层聚氨酯喷涂,厚度 0.3～0.5 mm;第七步,高压气清理基层污染物;第八步,第二层聚氨酯喷涂,厚度 0.5～0.7 mm;第九步,聚脲设备安装、调试;第十步,高压气清理基层污染物;第十一步,喷涂耐磨聚脲,厚度 0.5 mm;第十二步,自检及验收;第十三步,蓄水或淋水试验;第十四步,成品保护。

(2)干刮粪粪沟防水施工流程　第一步,基层清理,机械打磨,清除面层浮灰、杂渣,保持地面整洁;第二步,聚氨酯专用腻子(底涂);第三步,细部附加层施工;第四步,聚氨酯喷涂设备安装、调试;第五步,高压气清理基层污染物;第六步,第一层聚氨酯喷涂,厚度 0.3～0.5mm;第七步,高压气清理基层污染物;第八步,第二层聚氨酯喷涂,厚度 0.5～0.7 mm;第九步,高压气清理基层污染物;第十步,第三层聚氨酯喷涂,厚度 0.5 mm;第十一步,自检及验收;第十二步,蓄水或淋水试验;第十三步,土工布及保护层施工。

思考题

1.如何实现楼外料线的维修?

2.猪舍太大时,液态饲喂是否可以两条管路输送一间猪舍?

3.楼房猪舍有限深度的尿泡粪粪沟如何确保排粪的及时性和便捷性?

4.楼房猪舍为什么要认真做好楼板和粪沟的防水防渗漏?

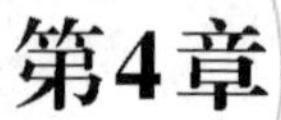

第4章

楼房养猪生物安全体系建设

【本章提要】生物安全是确保养猪生产安全的核心，尤其是非洲猪瘟疫情发生后，中国养猪人真正开始践行生物安全理念。结合楼房养猪特点，紧密联系楼房养猪生产实际，应用现代化养猪生物安全理念，介绍外部、内部生物安全体系构建，生物安全措施、实施流程和相关监管制度。外部生物安全包括猪场生物安全分区，种猪引进，物资、车辆、食材、饲料等进场，以及猪只销售中转的生物安全管理；内部生物安全包括进入楼房猪舍的一切外来物资、人员以及猪舍内部病死猪、胎衣胎盘、粪尿、污水、废气等处置措施。同时介绍生产、生活环境清洗消毒及效果评估方法，以及楼房猪场整体生物安全评估和持续改善的原则路线等。本章系统地展示实用有效的生物安全措施，在疫病尤其是非洲猪瘟预防方面，具有重要的现实指导意义。

生物安全(biosecurity)是指避免引入新的病原、避免猪场内病原在不同阶段扩散以及预防场内病原扩散到其他猪群而采取的一系列措施、程序，涉及可能造成疫病传入和在猪场内传播的所有相关因素，包括猪群及其移动、精液、有害生物、气溶胶、车辆、人员、器具、生物制品、饲料、饮水、设备设施、废弃物等。猪场生物安全包括外部生物安全、内部生物安全和生物防护。

猪场的生物安全体系是以猪的生物学特性为基础，以传染病流行的三个基本环节(即传染源、传播途径、易感动物)为根据，要求规模化猪场在生产过程中，对猪群建立一系列的保健和提高生产力的综合措施。通过完善猪场的布局和猪舍内部的工艺设计，给猪群提供一个良好的生活环境，饲喂合理的全价饲料，配合科学的管理，以增强猪群的体质。防疫卫生工作要求做到经常化、制度化，开展抗原、抗体检测，加强安全监督，整个生产系统和生产过程都要符合猪场生物安全体系的要求。

基于生物安全的猪场功能区域划分：猪场可分为核心区、环保处理区、1 km 防疫区、3 km 缓冲区。核心区包括楼房猪舍、楼房猪舍组成的生产区和场内管理区(包括最后一道隔离检测)，是猪场的核心区域也是防疫的重中之重。环保处理区包括污水处理区、病死猪无害化处理区(集中储存区)、猪粪处理区(有机肥生产区域或猪粪储存外运区)。1 km 防疫区包括内部办公区、人员洗消隔离区(第二道隔离)、中央厨房(统一给猪场供应熟食)、内部车辆洗消烘干房、物资洗消烘干房、食材消毒区、引种隔离区。3 km 缓冲区是主要设置第一道防疫大门、大门门卫、对外办公接待区、车辆洗消区、物资洗消处理区、食材洗消处理区、人员第一次采样洗消隔离区(人员第一道隔离)、猪只销售区(中转装猪平台)、检化验实验室。

基于生物安全的颜色标识管理：猪场生物安全多色管理中涉及的分区与标色是相对的，不是绝对的，猪场可根据实际需要进行设置，可以设置为 4 色(红、橙、黄、绿)管理或 5 色(红、橙、黄、蓝、绿)管理。如猪场及其周围可划分为威胁区(红色)、缓冲区(橙色)、隔离区(黄色)、生活区(蓝色)、生产区(绿色)等，通过对不同区域标识不同颜色加以区分，以便实现可视化管理。对于某一区域，也可进行多色管理，如猪场入口可分为场外(红色)、外更衣间(橙色)、沐浴间(黄色)、内更衣间(蓝色)、隔离区(绿色)或接待区。同时，对猪场员工的衣服、鞋子、用具等也可进行多色管理，不同区域配备不同颜色的衣服、鞋子、用具等(二维码 4-1)。

二维码 4-1　猪场生物安全多色管理

4.1　楼房养猪外部生物安全

外部生物安全是指为防止传染性病原进入或传出猪场而采取的所有生物控制措施。外部生物安全涉及猪场和外界发生联系的所有硬件设施和行为，如楼房基础设施建设(如楼房、栋舍布局，动物和人员的入口消毒区)以及采取的其他措施(如限制外来人员进场，运输车辆的清洗消毒，饲料安全)等。外部生物安全在控制非洲猪瘟、口蹄疫、经典猪瘟和高致病性猪蓝耳病等流行病方面具有较明显效果而被广泛应用(图 4-1)。

4.1.1　猪场围墙建设

猪场围墙一般为实心墙体，由 2～3 层围墙组成。墙体严密且无排水管口，高 2.5 m 以上，地基需埋入地下至少 50 cm，各类门为实心无缝门，阻止猫、犬、鼠、人进入(图 4-2)。围墙内外用直径小于 19 cm 的石子铺设 80～100 cm 宽、15 cm 厚防鼠隔离带(图 4-3)。围墙上安装视频监控设备，围墙内外放置捕鼠器具、诱饵。

图 4-1 楼房养猪外部生物安全

图 4-2 猪场实体围墙及水泥路

图 4-3 猪场石子隔离带

4.1.2 猪场入口处管理

猪场应设置门岗,大门应为封闭式,入口处设置车辆消毒池、人员消毒通道、物质消毒通道等，并在入口处设置警示标识。门岗处应配置值班人员，执行 24 h 值守，也可安装摄像头，便于可视化管理。入口处应设置淋浴间，淋浴间分为脏区、缓冲区、净区，各区之间应设置高 50～80 cm 的实心隔断和单向门，单向流动，禁止双向流动；淋浴间外配套外更衣间，淋浴间内配套内更衣间（图 4-4）。人员进入隔离区或接待区前应在门岗处严格按照人员洗消流程进行洗消。根据随身携带物品属性对其进行严格消毒，如手机、眼镜等，可对其进行擦拭消毒；衣物等可在物品消毒间中进行臭氧消毒或紫外线消毒。外部车辆靠近猪场前应严格按照规范的车辆消毒流程对车辆进行消毒，停靠猪场门岗外专用停车位，并对车辆进行消毒，禁止进入场内。门岗值班人员对进入人员、车辆、物品做好消毒相关登记。

图 4-4　猪场入口洗澡换衣通道

4.1.3　猪及其产品购入

猪及猪产品（如精液、胚胎）的购入都有引入病原的潜在风险，因此，必须尽可能地避免从外面引进。如果必须引进，则应对引入猪只及其产品的数量以及来源进行严格把控，猪只来源应具有详细的健康状况记录，避免引入疾病。引进的猪只应在隔离舍隔离一段时间，隔离期应足够长，以便猪只驯化和适应新环境。隔离期间可根据猪场免疫情况对驯化猪群进行疫苗免疫，并观察猪只健康状况。一个完全封闭的猪群或生产系统可以有效降低疾病传入的风险。

4.1.3.1　引入的频率和来源数量限制

引入的频率和购买种猪的数量都会影响疾病引入的风险。从生物安全的角度考虑，这两个因素是“越少越好”，如每年 3 次购买 600 头母猪的风险要低于 6 次购买 600 头母猪的风险。

尽可能地限制引进种猪和精液的种源数量是非常重要的。从不同来源的猪群中引进动物会增加疾病引入的风险。引进前需对种源场及所在区域进行猪流行病学调研，应选择无疫区、无疫小区信誉良好的种猪场，且经过当地官方兽医检验检疫合格，有健康状态良好的证明文件。在猪源地“防五”指挥部、动物检疫站分别办理无口蹄疫疫情证明、畜禽运输检疫证明、畜禽及畜禽产品运载工具消毒证明，避免引入新的病原。

4.1.3.2 引种进猪通道管理

进猪通道应合理地与隔离区连接,可由进猪吊桥、进猪口、进猪走廊、进猪缓冲区等组成(图 4-5),应配套清洗、消毒区域及相应设备。进猪吊桥一端与进猪口连接并固定,另一端与运输车连接并可升降、伸缩。每次使用前及使用后应及时对进猪通道、设施设备进行清洗、消毒、检修,确保下次正常使用。每次使用后应做好相应记录。

图 4-5 引种进猪通道

4.1.3.3 种猪隔离措施

引种前跟踪(引种前 4 周安排专人跟踪)、监测(引种前 2～4 周,以栏为单位,每周 1 次采集唾液,检测;引种前 1 周,每天按栏采集唾液,检测,人员、工具、风机等环境检测合格)及引种过程监控(引种当天指派专人跟车,落实各项生物安全措施)。

新引进猪只应首先进入隔离舍。一个良好的隔离舍,应与其他房舍完全隔离,通过单独入口进入,并设置独立的清洗、消毒更衣间(图 4-6)。

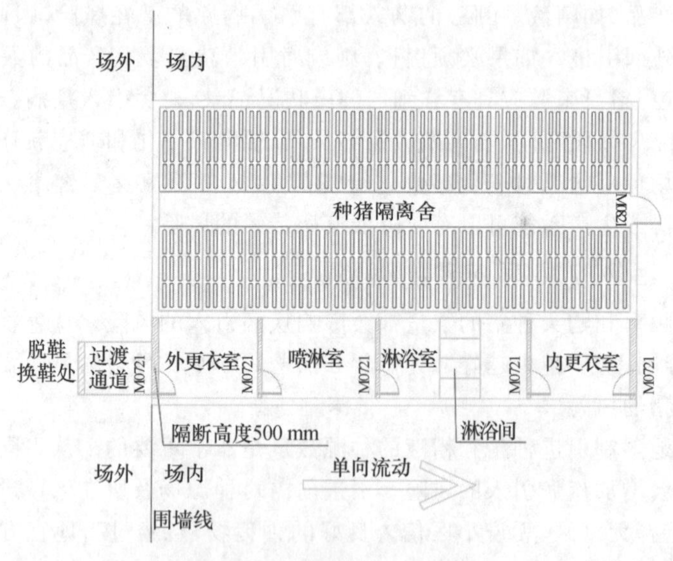

图 4-6 人员进入引种隔离舍

在隔离期间,对猪群进行临床检查,确保没有疾病临床症状或病原潜伏感染;应对猪群采样检测,以便了解感染情况,确定猪群免疫状态。此外,隔离期也可以对新引进的猪只接种疫苗,以确保它们在接触本场猪群时具有足够的免疫力。隔离、驯化最少为4周,有些疾病需要更长时间,如猪繁殖与呼吸综合征病毒与圆环病毒Ⅱ型需6～8周,猪肺炎支原体需8～10周。

隔离期间及隔离结束后,对引进种猪进行健康评估,每周1次按栏采集唾液,猪、人员、物资、环境等检测阴性方可调入生产线。

(1)种猪隔离舍管理　种猪隔离舍距生产区至少500 m,建在生产区下风向。配备专门饲养及技术人员,设置专用通道、宿舍、厨房、猪群及人员消毒设施设备。种猪隔离舍可分为若干单元,每单元要全进全出。配套后备公猪调教室、精液检测室、后备母猪配种舍、妊娠舍等,防止新进种猪隔离与驯化时间长。按要求对购入种猪隔离,做好疾病检测,隔离期满且检测合格才能进入猪场内生产猪舍。每批次种猪完成隔离、驯化、转出后,应及时对隔离舍进行清空、消毒、干燥,为下次使用做好准备。

(2)引种管理

①引种前跟踪:引种前4周安排专人跟踪。

②引种前监测:引种前2～4周以栏为单位,每周1次按栏采集唾液;引种前1周每天按栏采集唾液检测,人员、工具、风机等环境检测合格后方可引入并隔离观察。

③引种路线规划:确定最佳行驶路线和备选路线。

④引种过程监控:引种当天指派专人跟车,落实各项生物安全措施。

(3)引进种猪隔离观察及调入生产线

①隔离时间:严格执行隔离期防疫管理制度,隔离饲养不低于42 d。

②异常猪:隔离期间异常猪及时淘汰。

③评估:隔离期间及隔离结束后对引进猪只进行健康评估,每周1次按栏采集唾液,检测阴性方可调入生产线。

4.1.3.4 外购精液生物安全管控

外购精液需对供精方公猪来源、生产管理、猪精液品质、生产资质、运输等情况有较为详细的了解,确保猪精液质量。外购猪精液到达猪场前,要在洗消中心对配送车辆、人员、外包装等进行彻底消毒,拆去最外层包装,使用有效消毒液消毒;由专人将猪精液放入猪精液保温箱内,猪场生活区派专用车把猪精液转运到生活区,经过入口处消毒通道对人员、猪精液保温箱进行喷雾消毒,取出猪精液,拆去次外层包装,使用有效消毒液消毒;再由生产区专用猪精液保温箱转运至生产区物质消毒通道,对猪精液保温箱喷雾消毒,取出猪精液,拆去所有外包装,使用有效消毒液消毒,存放到猪精液保存间备用。

4.1.4 猪的销售、运输

楼房猪场的猪销售、运输转出流程应该分为:一是从楼房猪舍转到楼下,通过出猪通道到达场内出猪台；二是从场内出猪台用内部车辆转到中转区（栏），中转区（栏）位于生产区外但在核心区内或 1 km 防疫区内，属于净区，中转区（栏）主要用于猪只的暂存和过磅；三是从中转区（栏）用内部车辆转到 3 km 以外的中转站，从内部车辆经中转站中转装上社会车辆，完成销售。

4.1.4.1 楼房猪群转出管理

目前楼房猪舍猪上下楼采取的方案主要有：赶猪坡道和电梯（升降机）等。

各楼层和赶猪坡道交接处位置需设置截水沟，休息平台位置需设置地漏，方便赶猪坡道清洗消毒时，污水可以及时外排。

赶猪坡道类似场外道路，各楼层的生产人员只将猪只赶出门外，赶猪坡道需要有专门的生产人员进行赶猪，若生产人员直接负责赶猪后需要再次经过附属房的洗澡间洗澡后才能重新进入猪舍内。

出猪也可以采用液压升降机，根据是否有除臭墙采取不同做法。

有除臭墙：可以直接利用每层的除臭平台作为污道出猪通道（连廊），直接在除臭平台端面集中设计一部升降机（建议按 5 t 设计）。

无除臭墙：两个单元共用一部升降机（育肥舍按 5 t 设计，母猪舍和保育舍可以按 3 t 考虑）。从生物安全角度考虑，母猪舍是每层单独的一条生产线，除臭平台建议每层都设置。保育育肥舍为了节省造价，可以集中设置除臭墙，但需要在风机端另外再设置出猪通道（连廊）。

转群时，避免不同猪舍或不同生物安全等级区域的人员交叉。转群后，对猪群经过的道路、升降机（电梯）、出猪台及相关区域进行清洗、消毒，对栋舍进行清洗、消毒、干燥及空栏。做好使用和清洗消毒记录。

4.1.4.2 场内出猪台管理

场内出猪台由出猪通道（出猪走廊）、出猪缓冲区、出猪口、出猪吊桥等组成。缓冲区两端应用隔板隔断，只能允许猪通过，不允许人通过。场内赶猪人员不得越过隔断处及缓冲区与装车人员接触，这时用的车辆应为场内中转车辆而非社会车辆。应配套清洗、消毒区域及设备。路面需硬化、有坡度，防止粪水回流。楼房猪场必须在生产区 3 km 外建中转站，社会车辆严禁进入 1 km 防疫区，更不允许进入核心区。配套清洗、消毒设施设备。每次使用前及使用后应及时对出猪通道、设施设备进行清洗、消毒、检修，确保下次能正常使用。每次使用后应做好相应记录。

4.1.4.3 中转区（栏）管理

中转区（栏）（图 4-7）位于场内净区，猪只过磅后进入存猪栏待运。这里指的净区、灰区、脏区是相对于中转区（栏）内部而言。

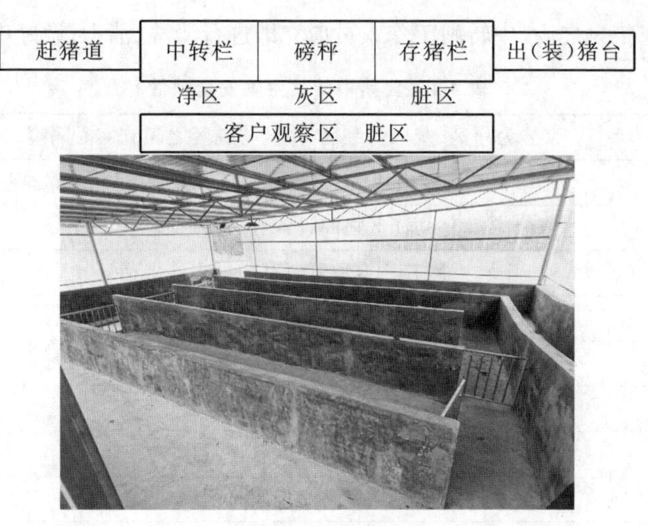

图 4-7　中转区(栏)

4.1.4.4　外围销售中转站管理

外围销售中转站通常设在离猪场 3 km 远的道路边上，也有净区、灰区和脏区之分，中间的转猪台是灰区，靠近场内转猪车一侧是净区，外面来装猪的车辆一侧是脏区，两边用栅栏/隔离墙分开，净区和脏区两侧都有门，可以向两侧移动拉开，猪只从净区向脏区流动。设计时要考虑实用性、科学性和防疫风险。实用性是指考虑设计有可调节高度的装猪设施(装猪台)，方便装猪。科学性和防疫风险体现在对外界和装猪车辆消毒便利，要划分明确的净区和脏区，猪只只能按照净区至脏区的原则单向流动，上车的猪不能返场；外界人员不能进入出猪台，场内人员不能接触外界装猪车。一旦场内工作人员接触到脏区，必须执行人员进场隔离消毒流程后才能回到场内工作。

中转站(图 4-8)是猪场与外界车辆直接接触的设施。销售中转站的生物安全评估方法见表 4-1。

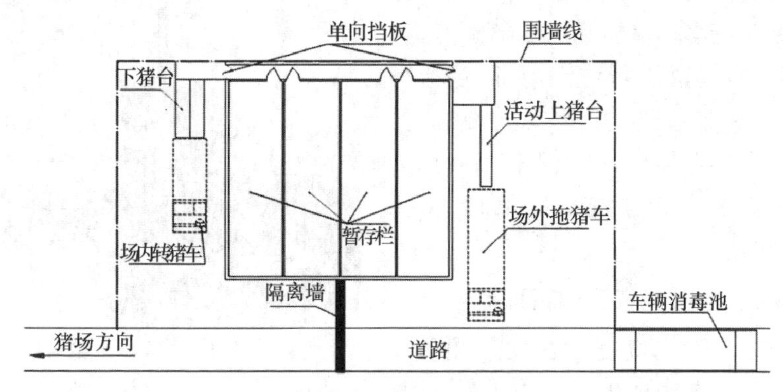

图 4-8　售猪中转站设计

每次卖完猪只之后,中转站工作人员应立即进行清洗、消毒,做好生物安全防范。

表 4-1 售猪中转站生物安全评估

售猪中转站	分为净区、灰区与脏区,净区与脏区之间有实心隔离墙
	中转站区域内地面完全硬化,墙体表面抹灰磨光处理
	功能区之间设置有防猪返回挡板
	暂存栏容积可暂存一批次外售猪只
	污水流向设计:净区→灰区→脏区
	高压冲洗机出水压力≥15 MPa
	配备泡沫清洗设备
	消毒液配备可量化
	中转站周围有围墙
	中转站要有顶棚

4.1.4.5 运猪车辆消毒、管理

从楼房猪舍到场内出猪台,使用场内车辆或出猪通道;从场内出猪台(图 4-9)到销售中转区,从中转区到销售中转站,使用本场车辆;从中转站到屠宰厂或用户,使用社会车辆。本场车辆避免与社会车辆近距离接触,应与外来猪车首尾不见面且路线无交叉。

(1)场内车辆　场内车辆每次使用后当天彻底清洁消毒并晾干,烘干后车厢应全密封。在大环境压力大的情况下,每周检测 1～2 次,使用前一定检测,确保合格后运猪。每次冲洗消毒后,定点停放,场内生物安全员检查,确认合格签字。固定路线,车辆专人负责管理。

(2)场外车辆　各类猪中转车/引种回场车、精液运输车(专用)等穿梭车辆。每次使用后对车辆进行清洗消毒,包括车外表面及内部座椅等,生物安全员检查,冲洗消毒后,定点停放,检测阴性后备用。

种猪/猪苗中转穿梭车使用时,实行一车次一洗消烘。

图 4-9　升降出猪台

4.1.4.6 生猪销售运输管理制度

(1)出栏生猪应检疫合格,方可出售。

(2)在休药期内的生猪不应作为食用生猪销售。

(3)禁止销售病猪、死猪。

(4)运输生猪车辆应在使用前后彻底消毒。

(5)运输途中,不应在疫区、城镇和集市停留、饮水和饲喂。

(6)在境内应凭当地动物卫生监督机构出具的有效期内《动物产地检疫合格证》、出县境应凭《动物检疫合格证》和《出县境动物及其产品运载工具消毒证》运输生猪。

4.1.5　饲料、饮水、物资供应

病原可以通过饲料,饮用水,甚至附着在进场物资上进入猪群并进行传播。

4.1.5.1　饲料入场管理

猪场根据实际需要可设置场外总料塔或料房、场内区域性料塔或料房/中转料塔(图4-10)。料塔/料房周边可设置隔离带,防止鼠患。料车靠近生产区前,对场外料车进行清洗、消毒、烘干。禁止场外料车、人员与场内料车、人员、猪只直接接触。由场内自动料线或料车将总料塔或料房饲料转运至区域性料塔或料房。猪场应定期对料塔/料房检修,确保料线正常运转。及时清除料塔/料房周边杂草和残留饲料,灭蚊、驱虫、灭鼠、驱鸟。

图4-10　中转料塔

4.1.5.2　饲料生物安全风险评估

(1)常见污染饲料的病原微生物　污染源可以是饲料原料、饲料加工过程的环境、运输、其他动物的接触等,污染饲料的微生物除了细菌外,还有噬菌体、霉菌、酵母菌等。常见的细菌主要是产芽孢菌类、李斯特菌属、弯曲菌属、沙门氏菌属等。在疫区,也有被病毒如非洲猪瘟、猪蓝耳病病毒等污染的风险。

(2)饲料病原微生物检测

①细菌培养法:典型微生物学特征的确定方法通常包括收集具有代表性的样

本,接种到稀释管中进行梯度稀释,然后在普通培养基或者针对特定细菌的选择性培养基上进行涂层培养。据此,不仅可以确定微生物种类,还可以判断细菌污染的程度。

②分子学方法:主要步骤为饲料样品收集和准备—微生物直接复苏或富集培养—提取 DNA—特定微生物的聚合酶链反应(PCR)检测。PCR 方法既可用于鉴定,也可用于饲料中细菌的定量检测(Maciorowski 等,2005;Malorny 等,2008)。最初引入的 DNA 微矩阵和最近的全基因组测序的应用进一步提高跟踪和识别饲料厂内外污染源的能力。

③指示生物:Jones 和 Richardson(2004)从饲料厂的饲料原料、粉尘样本和饲料中采集了 800 多个样本,对沙门氏菌和肠杆菌科进行了计数,发现沙门氏菌污染物中肠杆菌科的计数也明显较高。基于此,他们认为肠杆菌科可能是沙门氏菌的指示生物。

④微生物组学:是一种新检测方法。通过微生物组学评估饲料微生物菌群的基本步骤为从饲料样品中提取微生物 DNA—16S rRNA 基因测序—测序数据的生物学分析—微生物分类比对和总结—微生物多样性比较。

4.1.5.3 饮用水生物安全评估与风险管理

(1)生物污染物　现代猪场生物安全中重要的危险因素是水源中病原微生物的持续污染。在养殖过程中,未经处理的水中常含有微生物,包括细菌、真菌、噬菌体、病毒、原生动物、藻类等。常见的有细菌、病毒和寄生虫。

①病原性细菌:大肠杆菌、沙门氏菌和魏氏梭菌,还有志贺氏菌属(假如饮用水源受到污染,极有可能导致水型痢疾的暴发)、霍乱弧菌等。致病性大肠杆菌能引起水泻、呕吐等病症,其中产肠毒素大肠杆菌能产生肠毒素而导致强烈腹泻。

钩端螺旋体存在于已受感染猪的尿液内,能以水为媒介,通过破损的皮肤或黏膜侵入机体,引起出血性钩端螺旋体病。

②病毒:水中可检测到非洲猪瘟病毒、猪伪狂犬病病毒、猪瘟病毒、猪蓝耳病病毒等。70%的非洲猪瘟发病猪场在饮水中检出病毒。国外有研究表明,一头猪通过饮水感染非洲猪瘟的病毒最小剂量为 10^0 $TCID_{50}$,通过饲料途径感染非洲猪瘟的最小剂量为 10^4 $TCID_{50}$;在水中含非洲猪瘟病毒超过 10^4 $TCID_{50}$ 的情况下,猪群感染该病的概率为 100%,在饲料中含非洲猪瘟病毒超过 10^7 $TCID_{50}$ 的情况下,猪群感染该病的概率为 95%。这些数据表明,在同等病毒含量情况下,猪饮用水受污染更容易导致猪群发病。

③寄生虫:溶组织内阿米巴,是阿米巴痢疾的病原体,又称痢疾变形虫。阿米巴痢疾主要通过粪便污染食物和饮用水而传播。

(2)水质检测与分析　为了确保准确评估水质,重要的是水样采集时避免污染，必须按照如下操作步骤。

采样之前，在水转换入口处或饮水设备处用合适的消毒剂进行清洗（如 70%的酒精或 3%的过氧化氢）。

取样之前，让水流淌大概 10 min，然后采用无菌容器收集有代表性样本，要避免接触容器和水源以外的区域。

尽快送至实验室检测。如无法及时送达实验室，可将水样储存于冰箱内过夜。

为了避免水源有害物可能引起的潜在问题，应每年进行常规检测。任何不正常的变化（气味、颜色、味道、动物饮食或饮水习惯、动物机能下降或健康问题），都应立即启动对饮用水检测。

《绿色农业动物卫生准则》中规定畜禽饮用水水质应符合我国颁布的《生活饮用水卫生标准》的要求，以及在《无公害食品畜禽饮用水水质》中也对畜禽饮用水的质量有明确规定，除对饮用水中的各项理化指标及其检测方法做出了具体规定外，对饮用水中微生物的标准分别是：菌落总数≤100 CFU/mL，总大肠菌群不得检出或总大肠杆菌群<3 CFU/L。

我国主要采用氯来对饮用水进行消毒，因此，该标准中对氯消毒的指标也做出了专门规定：游离余氯在与水接触 30 min 后应不低于 0.3 mg/L，管网末梢水中游离余氯不应低于 0.05 mg/L。

在大部分区域，通过大肠杆菌菌落数来评估水的卫生质量，只要有任何大肠杆菌菌落存在（无论它的致病性如何），这都说明水的卫生状况差。通常假设：当水中有大肠杆菌时，存在其他感染性细菌和病毒的风险就很高。

水资源质量受到抗生素残留、重金属超标、有害菌污染等诸多因素的影响，为保证猪只饮水的安全，养殖企业必须综合考虑水源、储存容器、输送管路、饮水管线、饮水器具等各个方面，采取综合措施以保证整个养殖场的饮水安全。

当出于生物安全的考虑需要检测水质时，水污染物的分析目标范围（无论化学分析或生物分析）可能很广，因此建议养殖场寻求兽医的帮助，根据环境和风险分析选择具体的检测项目。

（3）饮用水风险管理　监测饮水中的病原是风险管理策略中的一个重要环节，但是实际上通常采用的鉴定病原的方法至少需要 24～48 h，故不是一个有效的预防工具。实时定量荧光 PCR 可以进行特异性检测，而且 3 h 以内就可以分析出结果。因此，为了在给猪只供应饮水之前对可能的问题及时提供警告，在一些重要的饮水点进行早期预警和预防控制是非常有必要的。

通过监测饮用水中的基本物理化学变化（pH、游离氯、溶解氧以及浑浊度）用于指示微生物的繁殖状况，这些数值可实时测定。任何一个参数的突然偏差可能预示着供水系统存在问题，水未配送至饮水器之前，在大多数情况下供水系统还是很好控制的。毫无疑问，及时鉴别饮水卫生状况的变化具有诸多益处，包括控制病原的传播。

综上所述，从水源到整个配水系统开始，全面、有效的卫生系统必须建立起来。只要通过采取严格的风险管理策略，可有效缓解水的生物安全压力，因此，应严格实施与执行所提供的水卫生措施。

(4)饮用水处理　全球常用的水处理技术包括通过过滤方法去除化学性和生物性污染物，以及运用紫外线或氧化型消毒剂(氯、二氧化氯、氯胺和臭氧)来灭活病原。超滤，尤其是纳米过滤可以有效地去除大部分生物性污染物，但是去除化学污染物和所有生物污染物最有效的方法是反渗透法。高质量的反渗透系统可生产出无病原的、纯度大于99.9%的纯净水。

①消灭携带病原的生物。饮用水风险管控必须从源头抓起，有报道露天水源的水蛭体内非洲猪瘟病毒常温下可存活达140 d，因此，要重视杀灭露天水源的水蛭、蚊子等携带病原的生物。

②消毒。

(a)常规消毒剂消毒：控制猪场饮水系统，包括水塔、水线、饮水器等检验，对猪场饮水水质定期进行检测，必须做好消毒，可用无机酸、有机酸、过硫酸氢钾、次氯酸盐、次氯酸等。可在猪舍水源处加装加药器，以精确控制消毒液浓度。以过硫酸氢钾为例，水线消毒按批次开展，采用0.1%过硫酸氢钾于主管道口注入，打开各个分支末端排放污水，直至排出的水干净。水源消毒可每半年开展1次，选择0.1%过硫酸氢钾处理蓄水池，将内壁污垢等全部清洗干净，更换新鲜水源。

酸化饮用水可以起到清洁饮用水，同时抑制水中细菌生长的作用，让饮用水更安全。据实验室数据显示，水溶性酸化剂将饮水的pH控制在4以下时，可以抑制致病菌繁殖。要防止非洲猪瘟病毒在水中传播，将pH控制在3.4以下，能直接使水中非洲猪瘟病毒快速失活。水中致病菌(如大肠杆菌、沙门氏菌、弯曲杆菌等)的适宜pH环境偏中性或弱碱性，当pH偏低时，不利于其生长繁殖；当pH小于4时，不利于其生存。

夏季水中容易滋生致病微生物，应该经常性定期清理水塔、水箱，并在水中添加能够饮用的、适当浓度的消毒液进行水体和水管消毒。水质应达到人类饮用水标准或达到畜禽饮用水标准。

(b)氧化电位水应用系统消毒：在传统的饮水水塔的入水管部位安装电位水生成供给系统，自动把产生的氧化电位水按照一定的比例注入水塔内，与注入水塔的井水或地表水混合，从而达到杀菌和防止产生细菌生物膜的目的。氧化电位水的生成原理是把供给水塔的水经过简单的过滤后，与微量的食用盐(NaCl)混合后，在专门的电解槽中电解，从而生成具有优良杀菌能力的氧化电位水。由于电位水生成供给系统的原料只有水和微量的食用盐，它与常规的化学消毒剂相比具有安全环保和绿色无污染的特性，适合饮用水的消毒杀菌。

③过滤。以反渗透膜技术为核心的新型膜法净水系统的过滤精度达到 20 nm，能够过滤掉非洲猪瘟、猪伪狂犬病、猪瘟等病毒。非洲猪瘟病毒（175～210 nm）、猪伪狂犬病病毒（150～180 nm）、猪蓝耳病病毒（40～60 nm）、猪瘟病毒（34～50 nm）等都无法通过，只有水分子、矿物质和微量元素等能通过过滤系统。以净水系统与猪瘟活病毒过滤效果验证实验为例，检测部门的检测报告证明净水系统达到了拦截猪瘟活病毒的效果。

以反渗透膜技术为核心的新型膜法水处理系统包括：前置过滤器—PP 棉滤芯—精密过滤器—反渗透膜—后置碳纤维—紫外线灭菌，因采用全自动控制，操作维护方便，故在猪场得以应用。

危害分析与关键控制点（HACCP）是应用于食品产业里以确保生物安全和质量控制的风险评估体系，建议将农场水的卫生消毒流程作为 HACCP 体系的重要组成部分。

4.1.5.4　物资供应管理

（1）设备耗材　在生产过程中，猪场需外购设备耗材，如显微镜、诊疗器械、输精管、臭氧机、置物架、消毒机等。与猪接触的设备应在进入前进行消毒，并要求不同猪场之间的设备禁止交换使用。各种需要与猪群和猪粪接触的设备（如赶猪板或铲子）都可能携带病原体。因此，尽量避免引进新设备，如果引进了新设备，最好先进行消毒。

根据实际情况制定采购计划，由专人负责采购，采购的设备耗材统一放到物料总仓，根据设备耗材属性采取合适的消毒方案对其进行消毒，由配送车将猪场所需设备耗材运送到猪场。运输过程中做好车辆、人员的消毒，按照既定路线配送，严禁改变路线，避开其他养猪场、屠宰场等。设备耗材到达猪场时，在场外洗消点对车辆、人员进行消毒，由猪场内搬运人员将设备耗材转运到储物间，根据设备耗材属性再次消毒，将消毒好的设备耗材放置 3～5 d 后才能送往猪场生产区使用，设备耗材上楼要用专用电梯，并做好使用前后的消毒工作。

（2）生活物资　主要指满足员工的日常所需，如餐食、衣物、洗漱用品等。猪场生活物资采购应有专人负责，由公司每月按需统一集中采购，不得到疫区采购食材，不得采购动物肉制品及成分含动物脂肪的食品，不得采购奶制品及不能浸泡、烘干、高温蒸汽/蒸煮的食材。所有外购的生活物资禁止直接进场，均需要经过多级洗消才能进入猪场，消毒后的物资全面包裹，一部分直接进入生活区，另一部分物资由专用中转车辆转运至猪舍前仓库。外购车辆回场前应先在洗消中心对车辆、人员、生活物资进行洗消干燥，再配送到猪场门岗前，再次对车辆进行消毒，人员通过消毒通道进行消毒，将生活物资搬到门岗处的物料消毒间内进行消毒，完成消毒后放置到生活区生活物资储存间，放置 3～5 d 再发放。

物资洗消室一般跨猪场围墙而建，是物资进入猪场围墙的唯一通道。设有入口、出口两扇门，入口位于猪场围墙外，出口位于猪场围墙内，中间放置镂空的消毒货架，以区分物资洗消室的脏区与净区。物资洗消室主要包括以下几部分：入口、鞋底消毒池、清洗池、液体消毒池、气体消毒架、出口。

物资洗消室要求密闭性良好，可以根据需要进行熏蒸消毒，也可以在置物架的上、中、下三个部位布控紫外灯进行紫外消毒，或者进行喷雾消毒，能耐高温的物资也可以采用加热烘干消毒。

物资洗消室的设计与布局有以下要求：一是分区明显，不同区域之间必须有严格的物理隔绝设施，消毒货架的两端靠墙，以便将物资洗消室的净区与脏区彻底分开；二是单向流动，物资必须通过消毒架消毒后才能进入净区；三是保证洗消时间，无论是浸泡消毒，还是熏蒸消毒，都要保证足够的消毒时间；四是使用对工作人员安全的消毒剂和消毒工具，或对工作人员有足够安全的防护措施（图 4-11）。

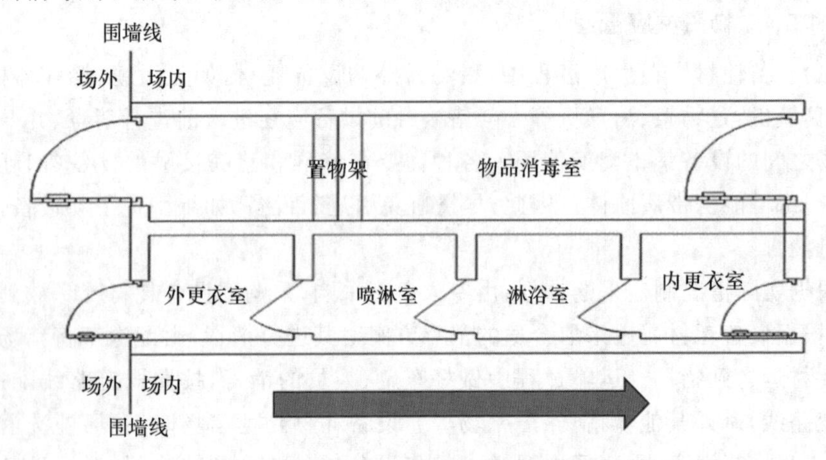

图 4-11　物资、人员入场消毒/洗消通道设计示意

人员消毒流程：进场人员在外更衣室将鞋子放到鞋架上、所有衣服脱下放到消毒桶浸泡，进入喷淋间喷淋消毒，再进入淋浴间洗澡，洗澡淋浴时间持续 10 min 以上，最后到内更衣室更换场内的专用衣服及鞋子，进入生活区。

物品消毒流程：场外人员拆除包装后放到置物架上，待臭氧消毒时间达到后，由场内人员将物品转入场内。

（3）食材采购入场管理　猪场内由专人统一采购蔬菜水果，采购商品来源要清晰，食材生产、流通背景要清晰、可控、可追溯，无病原污染。蔬菜和瓜果类食材无泥土、无烂叶，禽类和鱼类食材无血水。禁止从疫区采购。如有条件，可在场内预留地种植蔬菜，供场内人员食用。采购人员按照品类将蔬菜水果分类包装，由采购车统一配送到猪场。采购车进场前，要先在洗消中心对采购车、人员、蔬菜水果外包装进行消毒，再将蔬菜水果放到物料消毒间内进行臭氧消毒，最后由厨房人员对蔬菜水果进行浸泡消毒，完成以上消毒工作后将蔬菜水果转入储藏室。禁止任何个人直接从外部采购任何食品，可在外围设置中央厨房，统一配送干货、熟食。

①食材消毒：食材消毒主要包括臭氧熏蒸、紫外照射、柠檬酸浸泡和擦拭 4 种方式。首先将外购食材分类，然后按类型进行消毒。

茄子、辣椒、鸡蛋等为代表的食材可采用 2.5%柠檬酸液浸泡 15 min。

米面油等为代表的食材可选择 0.5%过硫酸氢钾擦拭。

鸡蛋、调料等为代表的食材可选择 50 mg/m^3 臭氧熏蒸 1 h。

散装馒头、大葱等为代表的食材可选择紫外照射 30 min。

②食材进场流程：集中采购（原则上 1 周 1 次），专车配送。

所有采购食材必须先检测合格后进入场外中转点消毒，然后专车送至猪场。

在外置饭堂煮熟后通过密封车再送进生活区或生产线。

③食物传递窗：猪场员工的一日三餐由猪场外围的厨房烹煮，通过设置于猪场围墙上的食物传递窗传递。

食物传递窗由箱体、高温消毒设施、双开门组成。食物传递窗的要求：一是内部材料表面平整光洁，转角为拐角设计，便于清理消毒；二是双门互为连锁，不能同时打开，设有电子或机械连锁装置，有效阻止交叉污染；三是定时高温消毒，有定时定温消毒程序，并且与开门装置相关联，不进行完有效的消毒程序不开门。

（4）兽药、耗材消毒　由于猪场布局不同，在此统一推荐“两次周转＋三次消毒”。又根据物资种类进行分类，采取不同消毒方式。具体流程如下。

①第一道防线：洗消中心/猪场大门——生物安全橙区。

留样：用浸润纱布擦拭物资表面，排查非洲猪瘟病毒（ASFV）。

去包装：拆除第一层外包装，可能是薄膜、纸壳或者没有。

消毒：按照消毒方式将物资进行分类，采取 0.5%戊二醛或碘制剂或过硫酸氢钾室外喷洒或第一消毒缓冲间（洗消中心或猪场大门口）紫外照射 30 min 或臭氧熏蒸 1 h 开展第一次消毒工作，随后转入第一库房。

第一库房存放的物资，待 ASFV 核酸结果阴性后方可转入猪场内（一次周转）。

②第二道防线：猪场内——生物安全黄区。

再去包装：拆除第二层外包装，可能是纸壳或者没有。

二次消毒：参照前面方法于室外或第二消毒缓冲间（场内生活区或办公区）开展第二次消毒工作，随后转入第二库房。

第二库房每周使用浸润纱布擦拭随机取样排查 ASFV。根据实际需求，将物资配送至各区域猪舍(二次周转)。

③第三道防线：猪舍内——生物安全绿区。

物品最小单元化：再次拆除第三层外包装，可能是纸壳或者没有，直至物品最小单元化。

三次消毒：参照前面方法于室外或第三消毒缓冲间(舍内)开展第三次消毒工作，随后转入第三库房待用。

第三库房每周使用浸润纱布擦拭随机取样排查 ASFV。根据平时需求派发给各位技术负责人或员工。

(5)疫苗消毒　外购疫苗到达洗消中心或猪场大门口，选择 0.5%戊二醛或碘制剂或过硫酸氢钾喷洒保温箱和箱包装外表六面，拆除箱包装后放于第一库房冰箱保存。转至第二库房时使用场内专用保温箱配送，到达第二库房时保温箱再次使用 0.5%戊二醛或碘制剂或过硫酸氢钾喷洒消毒，取出盒包装使用 0.5%过硫酸氢钾擦拭外表六面，然后置于第二库房冰箱保存。使用专用保温箱转至第三库房，拆除盒包装最外层，使用 0.5%过硫酸氢钾擦拭瓶包装最外层，然后置于第三库房冰箱保存。最后转入舍内使用时，去除瓶包装外壳，经 0.5%过硫酸氢钾擦拭瓶体后装入专用保温箱待使用。

(6)库房消毒　库房消毒对象包括库房环境、摆放工具和储存物资。摆放工具一般以网状或其他漏空板为主，以便开展六面消毒。储存的物资经前置消毒处理并拆除外包装转入库房，分类进行摆放。库房消毒方式主要有紫外灯照射、臭氧熏蒸和烟雾熏蒸。

①紫外灯照射：紫外灯照射是利用 C 波紫外线杀菌作用效应，其有效距离为 1 m 范围，最长不超过 1.5 m，一般紫外灯辐射强度不低于 70 $\mu W/cm^2$，普通 30 W 直管紫外灯辐射强度为 90 $\mu W/cm^2$。发射的 200～280 nm 波长紫外线可照射空气和物体表面达到杀菌消毒作用，波长在 210～260 nm 时效果最佳，目前已经采用 254 nm 的紫外线辐射作为灭活传染性病原的标准波长。紫外线照射时间应不少于 15 min，通常维持30 min。选择紫外照射消毒一定要注意紫外灯的辐射强度要达标，定期对紫外灯管外表进行擦拭。

②臭氧熏蒸：臭氧消毒的原理主要是氧化分解酶、破坏细胞器和 DNA 或 RNA，以及改变通透性，从而达到杀灭细菌或病毒的目标。臭氧可用于水源、空间和物资六面的消毒，通常以臭氧浓度达 50 mg/m^3 维持 1 h 方可发挥杀灭病原的作用。选择臭氧消毒空间的密闭性一定要强，物资六面均可接触到臭氧，臭氧浓度要合格，消毒结束后应继续保持密闭，并注意防止人员中毒的安全问题。

③烟雾熏蒸：烟雾熏蒸主要是利用烟熏剂产生的甲醛气体杀灭病原微生物，一

般可用于养殖猪舍、库房等密闭空间。通常烟熏剂的使用剂量为 1 g/m³，然后维持 12 h。结束后可以打开风机或排风扇通风换气，以减轻刺激性。

(7)场外物资中转仓负责人　安排送检及消毒：按照物资进场流程，负责安排监督物资采样送检及消毒等。

接送物资：物资进场前对接猪场场外生物安全专员，安排并监督物资中转车转运物资至猪场大门口。

(8)物资中转仓监督、执行双岗制

①物资中转仓监督人员岗位职责：监督执行人员更换工作服、换鞋、戴手套；监督物资消毒时间即浸泡消毒 1 h、高温 60～80 ℃后关闭电源等待 40 min；物资摆放完毕，确定熏蒸间密封性再开启臭氧消毒机并记录好熏蒸时间；处理完物资监督中转仓库清洗消毒；监督执行人员采样完毕后对衣服进行浸泡消毒清洗；监督物资中转车及司机的采样过程，确保物资中转前采样合格。

②物资中转仓执行人员岗位职责：检查所有采购物资是否严格全面包裹；物资到达中转仓库，进行登记，并对外包装进行采样(注意交叉污染，做好防护)送检，采样过程拍照；工作人员更换工作服、换鞋、戴手套去掉外包装，高温烘干消毒/雾化或臭氧熏蒸消毒后，以批为单位进行储存；储存期间雾化或熏蒸消毒，物资经检测合格后，由专人专车定期配送至猪场；填写相应的消毒记录卡。

4.1.6　空气传播疾病风险的控制

一般的病原可通过空气在短距离(＜2 km)内进行传播，因此要特别关注附近的猪场。

4.1.6.1　气溶胶疾病传播的风险

已有大量在实验室和田间环境中进行的病毒气溶胶传播的试验，以测试特定病毒在通过气溶胶传播后的生存能力、可传播距离以及携带病毒的颗粒。

有报告总结了空气传播猪繁殖与呼吸综合征(PRRS)病毒，猪流行性腹泻(PED)病毒和甲型猪流感病毒(IAV-S)的粒径分布。数据显示，6 个彼此没有直接接触的猪场暴发了 PRRS，每个毒株都是相同的，它们唯一的联系是猪场之间的相对位置。在研究了这些发生模式和时间之后，研究人员得出结论，当病毒扩散时，它会从原始来源呈扇形向外扩散。另一个重要的测试领域是病毒能传播的范围及其在这一点上的生存能力。已知口蹄疫在陆地上可传播 60 km，在海上可传播 100～280 km，猪伪狂犬病病毒则可传播1.3～1.8 km。同一研究小组在 2009 年和 2010 年进行的两项研究证实，PRRS 病毒在传播 9.2 km 后，仍具传染性。然而，9.2 km 是感染场所周围试验场的外部范围，因此 PRRS 病毒仍有可能传播更远的距离，尽管病毒可能无法在如此长距离的传播中存活下来。2014 年，美国一项关于 PED 病毒传播的研究发现，在距离感染地点下风向 10 英里（1 英里≈1.609 km）的地方发现了 PED 病毒的遗传物质，但该病毒仅在该地点 1 英里以内的地区存在活性。研究人员认为，太阳光线、温度或紫外线辐射可以使病毒在 1 英里以外便失去活性。

研究显示，2 km 范围内，呼吸道疾病的发生频率随着猪场数量的增加而显著提高；在养殖密集地区，猪群中的猪肺炎支原体、猪流感病毒和猪伪狂犬病病毒血清阳性率有所增加；与邻近猪场的距离和该地区的猪群密度是猪瘟传播的主要风险因素。

4.1.6.2 空气过滤

诸如 PED 病毒、甲型猪流感病毒和 PRRS 病毒等的气溶胶传播是猪场间疾病传播的重要途径，目前需要面临的是如何更好地解决这个问题。高性能的空气过滤系统可以防止或减少病原体通过空气进入猪舍。研究者发现，通过空气过滤和标准的生物安全程序，可以防止猪繁殖与呼吸综合征病毒向易感猪群传播，并且空气过滤可将新型猪繁殖与呼吸综合征病毒的引入风险降低约 80％，这表明在猪密集地区生物安全良好的大型猪场中，大约 4/5 的猪繁殖与呼吸综合征的暴发是由气溶胶传播引起的。另外，空气过滤也有助于防止猪流感和猪肺炎支原体等病原体侵入。楼房猪舍饲养密度大、楼层间距小、楼层间或栋与栋之间通过空气传播疾病的概率高，空气过滤的意义比平层的要大得多（详见第 5 章 5.2 节）。

4.1.6.3 气溶胶病原“消杀”

紫外线辐射能够使病毒失活，在一项研究中，为了灭活 PRRS 病毒，对 12 种常见的猪舍材料进行了紫外线照射。每种材料的其中一个样品暴露在紫外线下，另一个暴露在白炽灯下 24 h。在紫外线下照射 10 min 后，所有材料样品 PRRS 病毒检测结果为阴性，而 12 个样品中在白炽灯下 1 h 后有 5 个样品仍为阳性，12 个样品中有 1 个在照射 24 h 后仍为阳性。灯的设计和性能是灭活病毒的关键，使用一种媒介或高压多色灯泡能显著提高其灭活效率。尽管已经证明紫外线在降低微生物浓度方面是可行的，但它依然需要与其他技术（如光催化或过滤）结合使用，以完全灭活悬浮微生物。

4.1.6.4 气溶胶病原捕获与检测

猪蓝耳病、猪口蹄疫、猪伪狂犬病、猪瘟、猪流行性腹泻、猪流感、猪肺炎支原体等病原都具有通过生物气溶胶传播的能力，那如何捕获它们并进行实验室检测呢？这需要借助生物气溶胶核酸监测系统，由便携式气溶胶采集器和一体化高灵敏核酸检测仪两部分组成（图 4-12）。

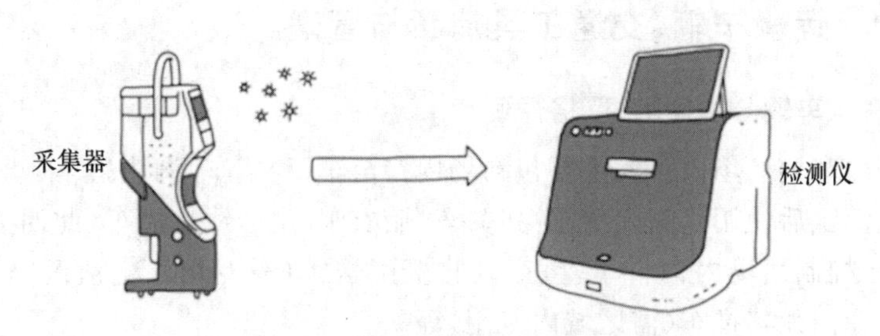

图 4-12　气溶胶采集器、病原检测仪

采集器有一个漏斗状开口，把空气吸进来，中间是一个特殊设计的空腔，吸进来的空气会在其中形成一个迷你龙卷风。

病原能够通过气溶胶传播，而这个迷你龙卷风就像洗衣机的甩干桶一样，能把气溶胶等颗粒物都甩出来，外边有个采集管把它们都接住。甩完气溶胶的空气被放走，采集管内慢慢地就把气溶胶搜集完毕，再进入测量环节。

采集管内装有 4 mL 病毒灭活液，若采到的样本中有病原，那就能保证直接灭活再检验。

采集管中的溶液经过浓缩后仅剩 2 mL，用移液枪取出 1 mL 转入样本管，剩下 1 mL 封存，一旦出现阳性再进行复检。

样本管被装入检测仪比手掌还小的芯片卡盒，通过下方一些头发丝粗细的管道流入核酸捕获滤膜中，核酸被富集在一起，液体则流入废液池。

然后清洗液清洗，反应试剂也会流到滤膜那里，对核酸进行扩增并通过荧光检测仪读取，检测结果直接显示在屏幕上。空气采样、检测流程见图 4-13。

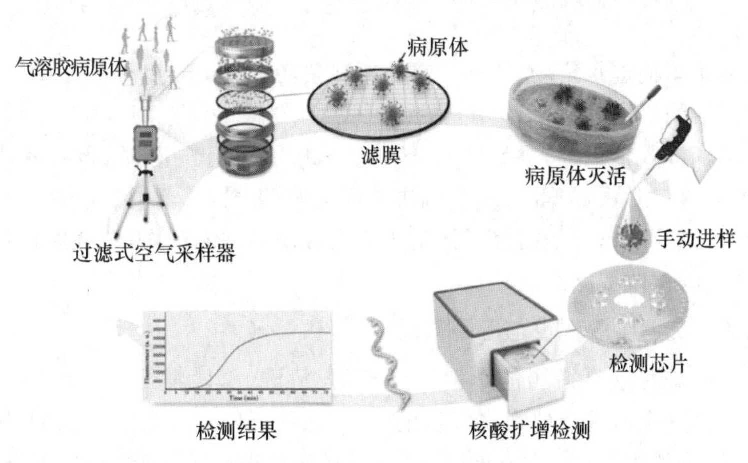

图 4-13　空气采样、检测流程

4.1.7 运输车辆、交通工具消毒与管理

4.1.7.1 车辆分类使用，严格管理

(1)场内车辆　场内车辆主要包括场内猪苗车/种猪车/淘汰猪车(此三类可共用，但需洗消烘后使用)、病死猪车/猪粪车/胎衣车/生产线垃圾车(此四类可共用，但需分净污控制)、场内饲料车、生产区物资配送车(需专用)、生活区物资配送车(需专用)、舍内死猪推车(需区域内专用)等。

场内车辆每次使用后当天彻底清洁消毒并晾干，烘干后车厢应全密封。

猪车、去粪池粪车每周检测1～2次(猪车使用前检测)，其他车辆每月抽检1～2次。

固定路线，专人负责。

每次冲洗消毒后，定点停放，场内生物安全员检查，确认合格签字。

(2)场外车辆　场外车辆主要包括场外饲料车、隔离缓冲区人员中转车(专用)，场外物资中转车、各类猪中转车/引种回场车、精液运输车(专用)等。

饲料车定期采样检测，合格后前往饲料厂装料。饲料车到达猪场消毒(烘干)中心，清洗消毒，备样检测，运送至中转料塔处打料，打完料后，在下料口采样送检。需等待外来料车下料口检测合格后，再往场内分料塔打料。

每次使用后对车辆进行清洗消毒，包括车外表面及内部座椅等，生物安全专员检查，冲洗消毒后，定点停放，检测阴性后备用。

(3)其他车辆　其他车辆主要包括公司员工车辆、拜访车辆、施工车辆等。

公司员工车辆到场区大门口时，必须经过严格消毒才能进入生活区，并停靠在指定区域。

严禁拜访车辆进入猪场，统一停靠在距离猪场1 000 m以外的指定地点，并做好车辆与人员的消毒。

施工车辆进入猪场前，要统一在车辆洗消中心进行洗消、干燥后才能靠近猪场，到达场区入口时，由门卫对车辆再次进行洗消、干燥，车辆通过场区入口消毒池进入场内，司机及随车人员需经过沐浴更衣换鞋才能进入场内，车辆应按照指定路线行驶，不得随意改变路线。

4.1.7.2 洗消中心建设与应用管理

洗消中心是对进出猪场的车辆进行清理、清洗、杀菌消毒、烘干的专门设施。根据猪场生物安全需求可建设多级洗消中心，从猪场外远端到猪场近侧，按顺序至少分为：一级洗消中心(预洗消＋烘干)→二级洗消中心(精洗消＋烘干＋中转)→三级洗消中心(进猪场的消毒系统)。

(1)选址　洗消中心应分为场内车辆洗消中心和社会车辆洗消中心。场内车

辆洗消中心选址应在 1 km 防疫区内距离猪场 500 m 以外区域；社会车辆洗消中心应选在 1 km 防疫区外，同时距离其他动物养殖场(户)大于 1 000 m。设计符合“单向流动”原则，保证脏区和净区分离，避免交叉污染。考虑风向、排水等具体细节，保证脏区处于下风向，外部排水由净区排向脏区，并设置污水处理区。

(2)规划布局　洗消中心分为 3 个区域：预处理区、清洗区和高温杀毒区，功能单元包括值班室、洗车房、干燥房、物品消毒通道、人员消毒通道、司乘人员休息室、动力站、硬化路面、废水处理区、衣物清洗干燥间、脏区停车场及净区停车场等。

设立 1 个移动监测实验室，对水质、消毒剂等洗消工具进行检测，同时对消毒效果进行监测评估，以此确保洗消效果。

(3)建筑设计　北方地区洗消中心建筑要具备冬季保温能力以及自动排空防冻、防腐蚀功能。清洗车间内置防腐铝塑板或其他耐腐蚀材料，设置清洗斜坡(5%坡度)便于车厢内部排水；北方地区烘干车间要做好保温及密封，保证高效烘干。烘干车间两侧建耳房，便于热风流通循环。

设置脏区、净区；净区位于脏区常年主导风向的上风处，脏区、净区之间以围墙或绿化带隔离，车辆、人员和物品严格实行由脏区进入洗消中心到净区出去单向流动的洗消流程。洗消中心的清洗车间和烘干车间设计平面图分别见图 4-14 和图 4-15。

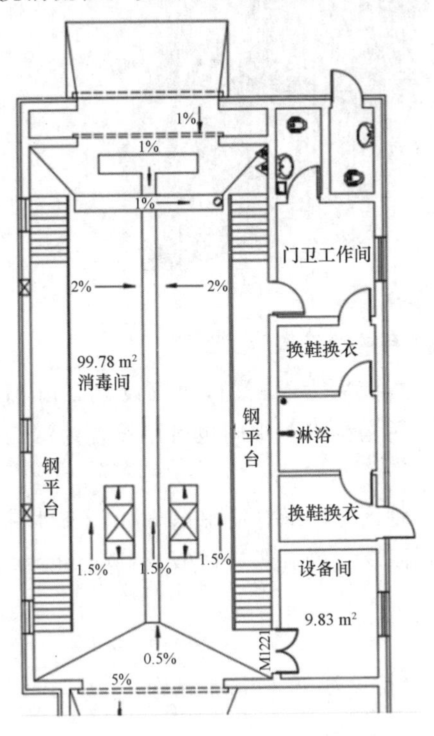

图 4-14　清洗车间平面示意

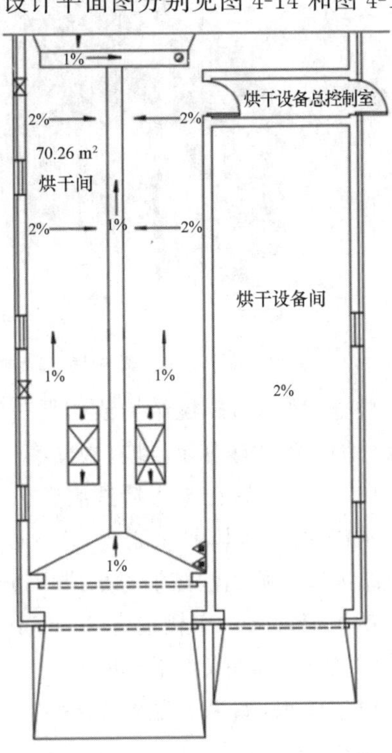

图 4-15　烘干车间平面示意

(4)建设要求

① 预处理区

功能单元建设车辆洗消中心入口、值班室、物品消毒通道、人员消毒通道、动力站、硬化路面、脏区停车场等。

②清洗区

功能单元:建设司乘人员休息室、洗车房、硬化路面、废水处理区、衣物清洗干燥间及停车沥水区等。

设备设施:配备热水高压清洗消毒机、清洗平台、沥水台、底盘清洗机、清洗吹风机、真空吸尘器、臭氧消毒机等。

通道建设标准:按照服务猪场的每天最大车流量来评估和核算车辆洗消中心洗车房(图 4-16)的通道数量,设计单通道、双通道或多通道。单通道洗车房内部尺寸为 18 m×7 m×6 m(长×宽×高),多通道根据通道数量按比例增加洗车房的宽度。

图 4-16 洗消中心洗消车间(洗车房)

注意:墙体为砖混结构或砖混+钢构结构,前后为卷帘门,两侧设置 2 m 高洗车架,地面两边向中间放坡,中间有 30 cm 宽明沟排水。中间也可以设置为深沟配套台阶,供人员站在沟底清洗底盘。

清洗要求:水压要保证 13 MPa 以上,北方地区冬季最好使用 40～45 ℃热水冲洗防止结冰。可喷洒泡沫消毒剂或用过硫酸氢钾、戊二醛、2%柠檬酸、2 000 mg/kg 次氯酸钠等消毒剂对车辆消毒 30 min 以上。

③高温灭菌区(烘干车间)

设计要求:如果加温到 60～65 ℃,需要维持该温度 1 h;加温到 70 ℃时,维持该温度在 30 min 以上。

设备选型要求:假设烘干车间尺寸为 20 m×4.5 m×5 m,要求外墙和屋顶均采用不燃烧材料，墙体传热系数不大于 0.35，屋顶传热系数不大于 0.23，大门传热系数不大于 4.0 W/(cm^2·K)。

建设要求：清洗车间和烘干车间，要结合车辆尺寸建设。清洗车间与烘干车间间距一般在 20 m 以上，中间设置车辆沥水区，减少脏区与净区的交叉污染。

功能单元：建设烘干房、物品消毒通道、人员消毒通道、动力站、硬化路面、净区停车场、车辆洗消中心出口和监测实验室等。

设备设施：配备大风量热风机、热水高压清洗消毒机、液压升降平台、循环风机、臭氧消毒机、检测仪器设备等。

有燃气条件选购燃气热风机，没有燃气条件可以选购大风量燃油热风机。

(5)洗消中心操作技术规程

①车辆检查、采样(二维码 4-2)、登记流程

(a)车辆到达洗消中心前需要先在外面初洗，精洗，开具合格证明。

(b)检查车辆清洗情况和上一节点洗消合格证，确认无猪粪、猪毛和泥沙。

(c)对驾驶室、车厢、底盘、轮胎等多点采样。

(d)登记。

②清洗流程(二维码 4-2)

(a)工作人员引导车辆进入洗消中心，到达洗消间。

(b)司机下车，按指定路线前往人员消毒通道，洗澡、洗头。换衣鞋，前往休息室等待。

(c)工作人员将专业泡沫清洁剂按比例稀释后，用高压发泡装置喷洒车厢内外、轮胎、底盘等。

(d)全面覆盖无死角，驾驶室脚垫拿出清洗，浸泡 15 min。

(e)50～60 ℃高压热水冲洗，底盘清洗机冲洗底盘。

③消毒流程(二维码 4-2)

(a)车体沥水至无积水和滴水。

(b)用消毒液浸泡的毛巾，对方向盘、前车窗、仪表台、座椅、靠背、脚踏板、两侧车窗，两侧车门内侧热擦拭消毒，对驾驶室内部可喷雾消毒。

二维码 4-2　车辆采样、清洗和消毒

(c)用高压清洗机对全车里外喷淋消毒，重点为车厢内死角部分、轮胎、底盘等。

(d)打开驾驶室门和车厢后门，关闭洗消间大门，在全密闭情况下对车辆自动喷淋消毒 1～2 min，喷雾消毒 2～3 min。开启弥雾熏蒸消毒机，喷药 20～60 s，密闭熏蒸 1 h。

④烘干流程

(a)消毒结束后，将车开往烘干间。

(b)打开驾驶室门和车厢后门。

(c)将车厢温度计探头放入车厢,并检查其他 3 个温度计探头。

(d)关门密闭烘干间,开启加热设备。

(e)待 4 个温度计升到 70 ℃之后开始计时,持续烘干 30 min 以上。

⑤采样、开具证明、放行流程

烘干结束对车辆采样,检测合格,开具证明放行。

(6)管理措施　洗消中心建成后,监督管理措施十分重要。监督管理不到位,洗消中心就会形同虚设。有的地方消毒监管不严,惩处措施不到位;有的猪场存在车辆消毒不规范、不彻底的问题,车厢、轮胎还残留着动物粪便等污物,即不清理干净,进行消毒程序,起不到真正消毒的作用。

首先,猪场自身要承担起防疫主体责任,充分认识到清洗消毒的重要作用。

一是要建立精细化管理制度,制定洗消程序和效果验收标准,以达到科学管理、规范洗消的目的。

二是要健全组织、执行、检查、奖惩、培训等方面的规章制度。

三是健全领导机制,建立专门监督管理,通过明确责任、建立专人巡查登记等工作机制,抓好监督检查落实。

其次,建立第三方监管机制,就是委托一个第三方机构进行定期监督管理。要完善车辆消毒效果的评估标准和处罚标准,以做到评估处罚有据可依。将车辆洗消证明纳入动物检疫合格证明管理中,实行全链条监管,以达到消毒灭病的目的。

4.1.7.3　洗消中心负责人职责

(1)一级洗消点清洗、消毒监督。

(2)对进入中心、消毒后定点停放区车辆的采样检测。

(3)消毒/烘干中心清洗、消毒、烘干流程监督。

(4)定点停放监督,洗消登记、发证等。

4.1.7.4　洗消中心监督、执行双岗制

(1)洗消中心监督人员岗位要求

①检查猪车驾驶室是否贴有封条;②监督车辆的干净程度是否达到要求;③监督进入烘干通道后司机冲淋更衣;④监督执行人严格按照车辆清洗消毒流程操作;⑤监督热水水温调至 60 ℃左右、消毒药水温 20～30 ℃之间以及消毒水浓度配制(戊二醛 1∶200),臭氧浓度 30～60 mg/m^3;⑥填写消毒凭证,放行车辆;⑦认真、如实填写消毒记录表、采样记录表、检查记录表等相关报表;⑧申报本区域的物资需求,由洗消中心提供;⑨按照要求针对本区域定期进行采样检测。

(2)洗消中心执行人员岗位要求

①执行人佩戴好手套、水靴、帽子、口罩、眼镜等劳保用品;②确保清洗水温

60 ℃左右、消毒药水温 20～30 ℃，戊二醛浓度 1∶200；③用清水遵循从上到下、从前到后、从里到外的顺序彻底清洗严格；④所有的个人物资和消毒物资必须报计划给猪场，由猪场分配，不得私自购买物资。

4.1.8　猪粪便、污水、废气、胎衣和尸体处理

病原可通过粪便、尿液、废气、胎衣、死胎和尸体等方式进行传播。

4.1.8.1　猪粪处理

严禁未经处理的猪粪外排、外售，严禁猪粪饲养其他动物，猪粪要严格按照《畜禽粪便无害化处理技术规范》进行无害化处理。楼房猪场每层或每个生产单元均要配套单独的粪污收集系统，降低交叉污染的风险。同时，猪场要根据实际情况配套猪粪处理设施设备，如沼气池/塔、沉降池、堆肥场、粪污管道、搅拌、泵送、运输等设施设备。制定猪粪处理操作程序，定期对猪粪处理人员进行培训，要严格遵守国家相关法律法规。需设置猪粪处理人员专用通道，避免交叉污染。猪粪采用第三方集中处理时，严禁与拉粪人员、车辆等发生接触，避免交叉污染。猪粪还田时，可通过专用管道或运输车转运至田间、林地、果地等，管道与运输车必须专用且猪粪要就近还田。如果猪场发生疫情，按照要求对猪粪进行消毒，且在规定时间内不得搅动猪粪。

4.1.8.2　污水处理

严禁未经处理及处理不达标的污水外排，污水处理要严格按照国家有关法律执行。楼房猪场污水来源主要有生产污水、生活污水等。猪场可从以下 4 个方面减少污水的产生：一是节约用水，从源头上减少污水产生；二是雨污分流，杜绝雨水进入污水系统；三是优化工艺，从生产过程中减少污水排放；四是固液分离，从末端加大污水资源化利用。楼房猪场不论采取干清粪工艺还是尿泡粪工艺，都可从源头、过程、末端 3 个方面着手减少污水排放。猪场应在下风向或侧风向配套建设储污池，做防雨、防溢、硬化、防渗处理，收集猪场产生的污水；配套污水处理设施设备，如沼气工程、种植基地、深度处理工程、污水管道、罐车等。总之，不断优化处理工艺，实现减排增效。

4.1.8.3　废气处理

猪场废气主要指来源于猪的呼吸、消化、泌尿、污水堆放过程中产生的气体，如二氧化碳、硫化氢、氨气、一氧化碳、二氧化硫等有害气体。楼房养猪可以从以下 4 个方面对废气进行处理：一是在设计楼房养猪时，应充分考虑废气处理工艺，配套有害气体传感器模块，完成对有害气体数据的收集、分析，通过通风换气系统控制舍内环境；二是设置废气收集通道，将舍内废气通过风机抽到收集井道

或管道，利用物理除臭与化学除臭相结合的方法，将废气经过废气处理设施设备处理后排出舍外，如生物质过滤墙、臭氧发生室、除臭池，除臭塔、除臭湿帘等；三是优化粪尿处理工艺，如机械刮粪可降低粪污中污水含量，有效降低有害气体的产生；四是优化猪群日粮结构，在饲料中适度增加玉米和高粱比例，添加非淀粉多糖、益生素、酸化剂、植物提取物等饲料添加剂，提高饮用水温度，能够提高猪群对饲料的消化吸收率，降低猪群排泄物中水的含量及有害气体产生（详见第5章5.3节）。

4.1.8.4　胎衣、死胎、木乃伊胎处理

胎衣、死胎、木乃伊胎等的处理需严格按照《病死及病害动物无害化处理技术规范》《病死畜禽和病害畜禽产品无害化处理管理办法》等相关法律法规及技术规范执行。应及时收集胎衣、死胎、木乃伊胎等污物，用事先消毒好的打包袋对其进行打包、密封，对打包袋表面消毒。通过专用电梯或转运管道/滑道将胎衣、死胎、木乃伊胎等转到一楼，由场内专用车辆运到场内无害化处理区做无害化处理（如焚烧、化制、生物降解等），或放到场内冷藏暂存间内，由场外无害化处理中心/场派专车到场外污物中转点将胎衣、死胎、木乃伊胎等污物转至无害化处理中心/场做无害化处理，车辆要经过严格消毒才能转运。转运过程中，严禁污物外漏，禁止车辆改变行驶轨迹，禁止场内转运车辆、人员与场外无害化处理中心/场车辆、人员接触。转运结束后，对转运过程中涉及的电梯、转运管道/滑道、场地、道路、用具、车辆、环境等进行消毒，场内转运人员要沐浴更衣，对衣物、鞋子进行浸泡消毒、烘干。

4.1.8.5　尸体处理

病死猪的处理必须按照《病死及病害动物无害化处理技术规范》《病死畜禽和病害畜禽产品无害化处理管理办法》等相关法律法规及技术规范执行，禁止出售、食用。楼房猪场的病死猪务必要对病死猪尸体进行封闭处理，并用专用电梯或转运管道/滑道（图4-17）将病死猪转运到一楼，再用转运车辆转运到无害化处理区，做好病死猪涉及区域、人员、电梯或转运管道/滑道及用具消毒。楼房猪场最好在场内建设病死猪冷藏暂存间（储存冷冻柜见图4-18）或无害化处理区，场区内设置专用通道，配备专用转运车辆及消毒设备。病死猪最好在本场内无害化处理区进行无害化处理；没有无害化处理区的猪场，需将病死猪存放在冷藏暂存间内，并在场外建设病死猪中转点，由无害化处理中心/场派专用车转运病死猪。在转运病死猪的过程中，需对病死猪做包裹处理，防止污物外漏而污染环境；由专人专车通过专用通道将包裹好的病死猪转运至场内无害化处理区或场外病死猪中转点，中转病死猪过程中，禁止转运车辆、人员与无害化处理区车辆、人员或场外无害化处理中心/场车辆、人员接触；其他人与车辆不得参与，沿途不得撒漏；转运结束后，对转

运车辆、用具、通道及周边环境进行清洗与消毒；转运人员将衣物进行浸泡消毒或将防护服做无害化处理，转运人员需沐浴更衣；场外无害化处理中心转运车辆离开后，对中转点区域进行严格清洗与消毒；同时场外无害化处理中心转运车辆靠近中转点前，要对车辆及人员进行清洗消毒，并保证行驶轨迹没有发生改变。

图 4-17　病死猪滑道

图 4-18　病死猪储存冷冻柜

病死猪处理一般流程：①采样检测：非洲猪瘟阳性，启动应急预案。非瘟阴性，正常死猪处理流程。②死猪出舍：尾部出栏，口鼻包裹，过道铺彩条布，指定路线出猪舍至指定点。③专车运输：全封闭通道运送至无害化处理点。④无害化处理：降解机或焚化炉，车辆、地面等全面冲洗消毒。⑤人员隔离：专用洗涤消毒房换洗、采样检测、生活区隔离、阴性放行。

尸体存放点应设在猪场外围，避免内部人员接触运尸车从而引入病原。猪场最好配备一个尸体低温储存室，这样既可以避免尸体腐烂产生的臭味，也可以减少运尸车的运输频率。此外，低温储存室的冷却系统通常也是完全密封的，可有效防止害虫接触尸体。

死猪尸体和粪液必须始终通过污道运送，并且所用的桶、手推车等工具应在彻底清洗消毒后，才可交还净区。此外，建议猪场主使用猪场专用排污管道，以防止接触到其他猪场的粪便。所以猪场应该使用清晰的净区、脏区标识，并图示净区一脏区规则，从而起到警示作用。

4.1.8.6　生活、生产废弃物处理

(1)生活区垃圾及餐厨垃圾　定点存放，转运至猪场大门口外指定点。场外垃圾车到达指定地点，将垃圾运走。垃圾要密封，不得开放、暴露。注意车辆消毒，

内、外人员不接触。

(2)生产区垃圾　生产区生产和生活等废弃物严禁随意丢弃,线内定点存放,定期中转至指定地点。

猪场根据实际需要可配套生活/生产垃圾处理设施设备,如焚烧炉、生活垃圾暂存车/区,该区域应建在猪场生产区、生活区外,并建立围墙。

4.1.9　人员的进入

人与感染的动物接触后,会成为重要的机械传播媒介。因此,要尽量减少进入猪场的人数。所有人员包括场内人员和访客,要进入楼房猪舍(饲养区)一般要求经过 3 次隔离 24 h(共 72 h),4 次洗澡更衣,最后经非洲猪瘟核酸检测阴性后方可进入。

4.1.9.1　隔离点及采样点的设置

人员隔离点分别设在 3 km 缓冲区(第一隔离点),1 km 防疫区(第二隔离点)以及核心区中的场内管理区(第三隔离点)。每个隔离点设置洗消更衣房。

第一隔离点应在洗消更衣房前端设置人员待检区(图 4-19),以便对人员进行采样后,让其在待检区休息室等待检测结果,在确保非洲猪瘟核酸检测阴性后,允许进入洗消、更衣、隔离。

图 4-19　人员待检区(休息区,洗手间)

最后一个隔离点应在洗消隔离房的后端设置人员待检区,用于对在经过一系列洗消更衣隔离后的人员进行采样并等候检测结果,确保在进入生产区前最后一次,也是最关键的一次检测,保证安全。

4.1.9.2　人员洗消更衣房布局

洗消更衣房的总体布局如图 4-20,主要有脱鞋袜处、过渡通道、脱衣间(外更衣室)、喷淋间、淋浴室、内更衣间。从脱衣间到喷淋间、淋浴室、内更衣间,每间之应均设置单向门,只能前进、不能后退。每个功能间之间设立实心的隔断(实心长凳),以避免人员随意跨跃,同时防止脏区、灰区的水流向净区。因此每个房间均应有独立的排水口。不要认为更衣间就可以不用排水口。因为房间还要清洗消毒,所有房间的水只能独立地排向外面,进行无害化处理。

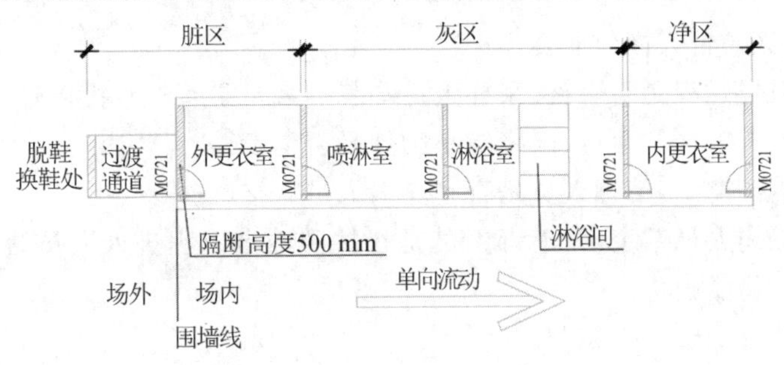

图 4-20　洗消更衣房布局

4.1.9.3　员工回场前管理

所有回场人员,在入场前 7 d 内严禁接触其他来源的猪只、生猪肉产品及其他偶蹄类动物(牛、羊)等。不得前往其他猪场、市场、屠宰场等高危地方。入场前,不得在猪场外围,如出猪台、污水处理场所、病死猪处理场所等地停留。

4.1.9.4　场外隔离人员操作流程

所有进场人员到达场外第一隔离点后,管理人员使用纱布或一次性棉签在人员的手心、手背、头发、指甲缝隙等部位和随身携带手机、戒指、手表、电脑等密切接触物品,以及所穿鞋底等处采样,样品编号与入场登记表一一对应。采样完毕后进场人员在待检区休息室等候。如果非洲猪瘟核酸检测结果阳性,遣返,启动应急预案,清洗消毒阳性人员接触过的所有地方、物品以及人员,防范病毒传播。

当非洲猪瘟核酸检测结果为阴性时,进入人员洗消更衣房,实施洗消更衣流程。随身携带的物品除一定要带入生产区的必需品外,其他物品交由公司保管。要带入生产区的必需品根据物品特性进行清洁或清洗、浸泡、消毒。

通过人员洗消更衣房应遵守以下步骤:①管理人员监督其剪短指甲(不超过 1 mm),清理指甲缝隙内污垢,洗手消毒;②脱掉鞋袜,通过过渡通道跨过长凳进入外更衣室;③脱掉全身衣服,放入消毒桶内;④跨过长凳,进入喷淋室和淋浴室喷淋消毒、洗澡,淋浴用沐浴露和洗发水,持续淋浴时间不低于 10 min;⑤人员淋浴后,使用清洗、高温烘干后的浴巾擦干;⑥跨过长凳进入内更衣室穿上消毒干净的隔离人员专用衣服、鞋子;⑦进入隔离房,人员隔离期间,除到取餐窗口领取饭菜外,其余时间只允许在自己的房间内，禁止聚众聊天。

隔离人员在场外隔离 24 h，非洲猪瘟核酸检测结果为阴性后，由隔离场所管理人员专车密闭送至第二隔离点；隔离结束后，隔离场所管理人员对隔离点环境、床上用品、洗澡间进行全面消毒。

4.1.9.5 隔离区监督、执行双岗制

(1)隔离区监督人岗位职责

①监督采样过程是否合格，采样人员和隔离人员是否有直接接触。

②监督所有人员的手机、眼镜等小物件是否消毒。

③监督隔离期间，消毒人员是否和隔离人员有接触。

④监督隔离人员结束后，消毒人员是否按照消毒流程进入人员缓冲间净区进行消毒，采样，物品归位。

⑤检测消毒记录是否完善。

(2)隔离区执行人岗位职责

①在脏区隔离人员要先剪指甲，再进行采样监督，执法记录仪要进行录像。

②隔离人员的手机、身份证、银行卡、少量零钱的钱包、钥匙、眼镜、治疗药物等小件物品必须进行消毒。

③采样后在检测等待区等待检测结果，不得离开。检测合格后，员工换鞋后走专道进入隔离缓冲区。

④隔离区单向流程冲淋更衣。

⑤人员进入猪场隔离区宿舍隔离 1 天 1 晚。期间餐饮食宿皆由隔离区负责人安排。

4.1.10 野猪、害虫和鸟类控制

一些病原可能直接或间接地通过野猪、啮齿类动物、蚊、蝇、鸟类、犬和猫从猪场外到猪场内或猪场的不同圈舍之间传播。这些动物也可能是特定病原的携带者，使得病原在猪场中持续存在。另外，啮齿类动物和鸟类会损害设备和猪场建筑，并且造成饲料的浪费(图 4-21)。

图 4-21 料塔周边留有饲料，鸟类飞入觅食

因此，所有猪场都应该有一个有效的害虫控制方案，这通常需要与专业公司合作。方案中的重点是清除猪舍附近植物、隐蔽场所(如成堆的垃圾等)，防

止害虫在猪舍附近定居。门窗加纱网可阻挡害虫飞入。

苍蝇容易通过任何车辆(尤其是粪车、肉菜车、饲料车、各类猪车)机械搬运到场形成污染。根据苍蝇活动范围为100～200 m,车辆距离猪场200 m外应进行车内外、上下驱蝇用药(使用菊酯类),避免将苍蝇带回猪场区。

通过安置灭蚊器控制蚊子。场内可以栽植一些低矮灌木,如桉树、银杏、松柏、樟树等;也可栽植一些具有驱蚊蝇作用的低矮植物,如艾蒿、万寿菊、七里香、驱蚊草、逐蝇梅、玫瑰、薄荷、夜来香、食虫草等。

猪场也应注意灭蜱,可用40%辛硫磷浇泼溶液、氰戊菊酯溶液等药物加以控制。

饲料应存放在封闭的仓库/料塔内,避免鼠或飞鸟接近。猪舍安装防鸟网以防止鸟进入。

宠物作为病原的携带者或机械载体也应该远离猪舍,不能通过饲养猫、犬达到控制鼠患的目的。

直接或间接接触野猪可能导致如非洲猪瘟、猪瘟和猪伪狂犬病的传播,即使猪只被关在圈舍,野猪也不应接近猪场,以避免传染病的间接传播(如通过空气,其他媒介,接触储存的饲料等传播)。一般可通过设置铁网来防止野猪进入猪场。

楼房周边可建围墙,实心墙体。墙体严密且无排水管口,高1.5 m以上,地基需埋入地下至少50 cm,各类门为实心无缝门,阻止猫、犬、鼠、人进入。围墙内外用直径小于19 cm的石子铺设80～100 cm宽、15 cm厚防鼠隔离带。围墙上安装智能驱鸟器(图4-22),围墙内外放置捕鼠器具、诱饵。

图4-22　驱鸟器

4.1.11 环境卫生与评估

猪场须每季度(最长不超过半年)对周围养殖环境进行调查评估,了解周围及场内生物安全风险,制定针对性防控措施。

4.1.11.1 内、外环境的净区与脏区概念

净区与脏区是相对的概念,生物安全级别高的区域为相对的净区,生物安全级别低的区域为相对的脏区。净区和脏区不能有交叉,必须有明确的分界线,严禁逆向流动,猪场应该使用清晰的净区、脏区标识,并图示净区-脏区规则,从而起到警示作用。

与净区和脏区相对应的是"净道"和"污道",猪场要坚持"净道和污道分开原则",保证猪场洁净和污染(危险)部分之间明确区分,提高环境卫生管理水平。

4.1.11.2 环境防尘

猪舍防尘:尽可能密闭猪舍。针对靠近社会大路边的猪舍:水帘外边增加空气过滤罩,公猪站配套亚高效、高效空气过滤。

风机:增加防尘防蝇回风布袋罩。

道路防尘:针对可能带来尘土污染的道路(尤其是环场社会车流干道),定期(如饲料车行驶前)进行冲洗,或定期开启喷淋装置。

区域防尘:主要是大门口、外来车打料区域、出猪台、总粪池外区域等。可定期冲洗、自动喷淋。

4.1.11.3 道路消毒

道路消毒主要是针对车辆和人员在相关水泥或砂石路面行经后所采取的控制措施,一般每天需开展 1 次。若出现以下情况,应考虑增加道路消毒。

(1)发生淘汰猪转运车、拉粪车等高风险事件时,作业结束后应立即增加道路消毒 1 次,以降低病原交叉传播风险。

(2)突发大风、暴雨等异常天气时,待天气好转后应开展 1 次全面的道路消毒,以控制气溶胶和雨水等外部生物安全传入风险。

操作人员佩戴护目镜、护脸装备、手套等防护工具开展道路消毒工作,采用 2%烧碱喷洒,消毒量 500 mL/m^2,消毒顺序应遵循由净道向污道,若驾驶消毒车,应以不超过 5 km/h 的匀速行驶。结束后消毒车或工具使用 0.5%戊二醛喷洒和擦拭消毒,然后停放于指定地点。操作人员应淋浴更衣返回生活区,雨鞋使用 0.5%戊二醛冲洗消毒置于指定地点晾晒。

4.1.11.4 雨天猪场环境卫生管控

雨天半静默式生产,暂停人员、物资、饲料等入场。针对下雨时污水可能流回

场内造成污染，需要进行适当引流处理。针对出猪或打料，可能存在下雨天车辆带污水入场，需要对场内做好引水沟。可安装视频监控及报警系统、电子围栏等加强猪场边界保护。

4.1.11.5 眼观检查

猪场清洗消毒后，眼观检查是常用的方法，如果没有可视性有机物质则评估清洗有效。当肉眼看不到清洗残留有机物质，需要再使用琼脂接触平板、拭子或三磷酸腺苷(ATP)方法对清洗消毒效果进行检测。

4.1.11.6 细菌学监控

清洗消毒后，猪场应该对卫生状况进行监测，从而评估清洗消毒方案的效果。无论是进行例行检查还是应对卫生危机，都可用以下几种方法对卫生程度进行监测，如琼脂接触板(ACP)、拭子样本、空气样本、ATP 分析和眼观检查。监测表面、空气样品的细菌污染水平，就可以对卫生状况进行大致分析。

(1)琼脂接触平板(ACP) 琼脂接触平板是一种表面凸起的、可直接按压在接触表面取样的平板。在清洗之前使用琼脂接触平板取样会导致菌落过多甚至连接成片，最终造成结果无法分析。通过 ACP 可以快速地评估接触面是否清洗消毒彻底。按压平板取样可对环境中的细菌进行测量和定量。在猪场，样本一般是在某生产阶段结束后进行常规采集(用于评估清洗和消毒程序是否合理)或者在猪场周边发现特定病原体时，由政府进行采样。

某些特定位置(如地板、墙壁、料斗、饮水系统)样本的细菌学分析通常使用 ACP。对菌落计数后，对每个平板进行打分，评分区间在 0～5 分，之后计算平均得分。每个平板的结果以菌落形成单位(CFU)表示。这种检测流程常被称为“卫生微生物”的判定。如果接触面或某个区域不适合接触平板取样，可以使用拭子或琼脂试管取样检测。

(2)拭子取样 在消毒前，对物体表面采样。被采样品的表面积＜100 cm^2，取全部表面；被采样品的表面积≥100 cm^2，分 4～5 处，取 100 cm^2。采样方法是用浸有灭菌水的拭子 1 支放在被检物体表面，横竖往返各涂抹 5 次，并随之转动拭子。将采完样的拭子放入装有 10 mL 灭菌水的试管中送检。消毒前采样检测可以更好地了解清洗前细菌的数量。目前已经有多种拭子类型和检测方法，检测方法可以是直接在琼脂上划线，也可以先用膜过滤，而后在琼脂上划线。不同的检测方法有着不同的敏感性。不同的表面可选用不同质地的拭子如棉花、人造纤维、尼龙、泡沫等。对于运输车辆(如卡车)微生物检查，由于车辆表面积大，可以使用特殊的湿巾或海绵(雪纺布)来增加取样的表面积。

冲洗消毒后进行细菌学的监测，主要是对需氧细菌进行计数或特定病原体的检测。除需氧菌总量计数外，各种特定的指示性微生物也要检测，如大肠杆菌、肠球菌属、沙门氏菌和耐甲氧西林葡萄球菌等，这些细菌也用于评估猪舍的卫生状况。

现已证明，大肠杆菌可以作为监测沙门氏菌的指示性微生物。指示性微生物应易于培养和鉴别，在样品培养过程中指示性微生物应为生长优势微生物，样本没有指示性微生物的生长就可以确定没有目标病原体。目前几种用于大肠杆菌的快速检测方法已经建立起来。

凭借这些新的检测方法，猪场工作人员可以使用它们来监控本猪场不同地点的卫生情况。肠球菌属是粪便污染地面的卫生指示微生物，相比于有囊膜结构的病毒，革兰氏阴性细菌对消毒剂有着更强的抵抗力。因此，如果革兰氏阴性大肠杆菌被消毒剂彻底杀灭，那么相同剂量或者更低剂量的病毒将会被消毒剂灭活。如果大肠杆菌在消毒后仍有存活，那么小的无囊膜的病毒也可能在消毒后仍然存活（比革兰氏阴性菌更耐消毒剂）。

4.1.11.7 三磷酸腺苷(ATP)洁净度监控

对于清洗后的卫生状况，还有一种定量的监测方法，称为 ATP 分析。食品产业广泛使用这个方法，但迄今为止在养猪生产中使用较少。ATP 是一种细胞代谢过程中参与能量转换的分子，广泛存在于真核及原核细胞。这种方法基于这样的原理：将裂解液、荧光素、荧光素酶混合成溶液，再添加到拭子样品中。裂解液会裂解有机物而释放出 ATP。释放的 ATP 分子与荧光素形成复合物，再与荧光素酶发生反应，从而产生生物发光反应。对由此产生的发光可以使用特定的仪器进行测量。ATP 检测常在清洗后进行。通过 ATP 分析可以获得生物残留物水平的信息（真核细胞和部分原核细胞是土壤中的一部分），用于确定清洗后的动物房是否干净或清洗未达标区域。Luyckx 等研究表明，3 个 log 值的相对光单位（RLU）是 ATP 法检测的警戒值。

4.1.11.8 监控猪场清洗和消毒效果时需要考虑的问题

（1）难以清洗消毒的位置　对猪舍和设备冲洗消毒不足是导致新病原进入猪场的重要途径。排水口和地面裂缝是难以清洗消毒的位置。这些位置因为不好清洗并且经常有水的残留，从而导致消毒效果不佳，最终影响清洗消毒的效果。

在保育猪单元内，由于特殊的结构和较多的棱角，漏粪地板和饮水鸭嘴是清洗和消毒的关键位置。饮水杯和鸭嘴携带的病原体可导致猪只直接经口感染病原体，因此使用受污染的水碗和水嘴对猪群健康有重大的影响。除了确定清洗消毒关键位置外，由于猪舍设计的区别较大，每个猪舍都有自己特定的死角需要特殊的处理。

（2）残留的有机物　残留的有机物可以阻止消毒剂与细菌的接触，影响消毒剂效果，同时这些有机物可以为残存的细菌提供营养。因此，猪场应该对地板裂缝进行定期修补和填补，排水孔在猪舍清洗后进行针对性的清洗，确保冲掉所有残留有机物质。此外，有研究证明，对诸如沙门氏菌等病原体，两次消毒比一次消毒效果更好，因此建议对以上地点进行两次消毒。

(3)积水　一些饮水器或料槽清洗后有积水，消毒过程中消毒剂被稀释。因此在消毒前要清理掉饮水器或饲料槽里的水。

(4)建筑材料和损毁的水泥地面　圈舍建筑材料和设计不尽相同，因此，它们是否易于清洗将影响清洗消毒的效果。水泥地面受多种环境因素影响，如动物或车辆造成的机械性破坏及饲料和粪便造成的化学性降解，都会造成水泥地面难以清洗和消毒。

通过模拟病原物作为示踪剂，了解病原进入猪场以及在猪场内部传播的轨迹，反映猪场生物安全的漏洞，对生物安全水平的提高有重要指示作用。

方法：涂抹病原示踪剂于生物安全环节的重点部位，经过猪场常规操作后，在紫外灯照射下，示踪剂呈荧光，以了解“模拟病原”的传播路径和清洗效果，从而发现猪场生物安全的漏洞(二维码 4-3)。

二维码 4-3　病原示踪剂及示踪剂荧光

总之，环境卫生与生物安全评估是猪场确定本场疾病预防水平，提高生物安全水平，寻找生物安全漏洞的重要手段。

4.1.12　建立外部生物安全检查制度

对猪场外部的生物安全进行检查，可以清楚猪场是否存在潜在的风险。及时发现工作中存在的生物安全漏洞。可以参考表 4-2 中的检查项目，及时做出防控方案的更改，确保猪场的安全。

表 4-2　外部生物安全检查评分表

<table>
<tr><th>项目</th><th>序号</th><th>类别</th><th>检查情况</th><th>分数</th><th>单项</th><th>评分</th><th>备注</th></tr>
<tr><td rowspan="6">猪场周边风险检查</td><td>1</td><td>屠宰场、无害化处理厂、粪污消纳点等高风险场所</td><td>有　无</td><td rowspan="6">15</td><td>2</td><td></td><td></td></tr>
<tr><td>2</td><td>周边 3 km 内猪场数量</td><td>3 个以上　3 个以下　无</td><td>3</td><td></td><td></td></tr>
<tr><td>3</td><td>周边野猪情况</td><td>有　无</td><td>2</td><td></td><td></td></tr>
<tr><td>4</td><td>周边猪场非洲猪瘟疫病情况</td><td>有　无</td><td>2</td><td></td><td></td></tr>
<tr><td>5</td><td>地理位置距离交通主干道</td><td>500 m 内　0.5～1 km　1 km 以上</td><td>3</td><td></td><td></td></tr>
<tr><td>6</td><td>距离周边居民情况</td><td>500 m 内　0.5～1 km　1 km 以上</td><td>3</td><td></td><td></td></tr>
<tr><td colspan="2">风险等级</td><td colspan="2">高(0～4 分)　中(5～7 分)　低(8～12 分)　无(13～15 分)</td><td colspan="2">合计</td><td></td><td></td></tr>
</table>

续表 4-2

项目	序号	类别	检查情况	分数	单项	评分	备注
猪场硬件设施情况检查	1	猪场是否有设立实心大门、实心围墙	有　无	30	2		
	2	猪场大门是否有监控器、警示牌	有　无		2		
	3	猪场大门是否有设立消毒池、车辆消毒设施	有　无		2		
	4	猪场大门是否有设立物资消毒房(熏蒸、烘干)	有　无		3		
	5	猪场大门是否有人员进场洗消房	有　无		3		
	6	猪场外环境、可控道路是否定期消毒,并且定期更换消毒药	是　否		2		
	7	猪场是否生活区与生产区分开	是　否		2		
	8	猪场内粪污处理区、病死猪无害化处理区是否远离生产区	是　否		2		
	9	猪场是否建设车辆洗消房、烘干房	是　否		2		
	10	有专门的死猪、粪污运输设备	有　无		2		
	11	猪场水源来源	自来水　地表水 地下水　其他		4		
	12	猪场是否有饮用水净化消毒设施	是　否		2		
	13	猪场是否建设有引种隔离舍	是　否		2		
风险等级		高(0～10 分)　中(11～20 分)　低(21～29 分)　无(30 分)		合计			
场外卖猪中转台生物安全检查	1	是否装有监控器及明显的警示牌	是　否	25	2		
	2	中转台是否有围墙,防止动物、陌生人员等进入	是　否		2		
	3	中转台是否有脏区、净区、灰区的明显界限,且用实体墙分隔	有　无		3		
	4	猪只单向流动且中转台设有隔断门	有　无		3		
	5	中转台赶猪是否为三段式赶猪	是　否		2		
	6	中转台赶猪工人是否为猪场内员工	是　否		2		
	7	装猪台污水不能回流	是　否		3		
	8	中转台配有相应的高压清洗设备	是　否		2		
	9	每次卖完猪是否及时对中转台进行清洗消毒并有消毒记录	是　否		2		
	10	中转车司机禁止下车,一定要下车必须穿戴一次性防护服	是　否		2		
	11	中转车从中转台卸猪后,是否经过彻底清洗消毒后才返回猪场	是　否		2		
风险等级		高(0～10 分)　中(11～19 分)　低(20～24 分)　无(25 分)		合计			

续表 4-2

项目	序号	类别	检查情况	分数	单项	评分	备注
人员进场流程检查	1	人员是否未经批准随意进出猪场	是　否	40	2		
	2	休假员工不得去菜市场、农产品贸易区等高风险场所	是　否		2		
	3	进场人员在场外隔离房隔离 48 h，专人送饭，饭具是否有消毒	是　否		2		
	4	到达隔离房后，洗澡更换隔离工作服，且此操作无交叉污染，随身物品由专人负责消毒、处置	是　否		2		
	5	隔离人员外穿的鞋子是否留在场外	是　否		2		
	6	进场人员除手机、电脑等必需物品外禁止其他物品进场	是　否		2		
	7	隔离后人员进行非洲猪瘟检测	是　否		3		
	8	检测结果阴性后专人、专车送至猪场门口进行洗消更衣	是　否		2		
	9	场内（生活区）二次隔离 24 h，专人送饭	是　否		2		
	10	生产区大门洗消更衣进场，并有记录	是　否		3		
	11	所有洗澡间有脏区、灰区、净区三个区域且有隔断分开	是　否		2		
	12	洗澡间内有明显的标识指引	是　否		2		
	13	洗澡间人员单向流动（单向门）	是　否		2		
	14	洗澡间内水不会互相流动，且向场外流动	是　否		2		
	15	洗澡间内设施齐全，员工乐于洗澡（水温、水压、环境）	是　否		2		
	16	人员是否按批次隔离、不同批次隔离人员不交叉	是　否		2		
	17	隔离人员的衣服、床上用品是否有清洗、消毒	是　否		2		
	18	每批次隔离完及时对洗澡间和隔离房进行清洗消毒并有记录	是　否		2		
	19	禁止隔离人员与场内人员有直接接触	是　否		2		
风险等级		高（0～15 分）　中（16～29 分）　低（30～39 分）　无（40 分）		合计			

续表 4-2

项目	序号	类别	检查情况	分数	单项	评分	备注
物资进场流程检查	1	物资是否中转消毒后再进入猪场	是　否	25	2		
	2	物资进场有专人检查是否违禁物品	是　否		2		
	3	中转物资车是否为密闭车厢	是　否		2		
	4	所有物资是否拆除外包装最大限度按照最小单位消毒	是　否		3		
	5	物资消毒过程是否有人监督，消毒药浓度、消毒时间是否符合要求，是否有记录	是　否		2		
	6	物资是否分类存放、分类消毒(蔬菜与生产区物资不能在同一消毒房中消毒)	是　否		2		
	7	物资消毒间架子是否为镂空	是　否		2		
	8	物资消毒间是否以架子为界限区分净区、脏区，物资单向流动	是　否		2		
	9	物资消毒间为 AB 门，物资进出不交叉	是　否		2		
	10	建筑材料、大件物资等是否提前到场消毒，消毒是否彻底，是否通过长时间存放的方法来延长隔离	是　否		2		
	11	食材消毒完经非洲猪瘟检测合格后才能进入场内	是　否		2		
	12	专车运送食材，定期检测运输食材车	是　否		2		
风险等级		高(0～9分)　中(10～19分)　低(20～24分)　无(25分)		合计			
车辆进场清洗消毒检查	1	除料车外，外来车辆原则上不进场，进场前需要经过至少 2 次彻底清洗消毒后才能进入，并有车辆进场消毒记录	是　否	50	2		
	2	进入洗车点前车辆是否粗洗清除大块粪便	是　否		2		
	3	清洗完后是否使用发泡型消毒剂	是　否		2		
	4	消毒剂是否按照正确的比例稀释	是　否		2		
	5	发泡剂附着车体时间是否达到 30 min	是　否		2		
	6	是否使用高温高压清洗设备(温度 60 ℃)	是　否		2		
	7	车辆冲洗完是否将地面及墙面冲洗干净	是　否		2		
	8	车辆洗消房是否设计为倾斜角度	是　否		2		
	9	车辆洗消房灯光是否明亮	是　否		2		

续表 4-2

项目	序号	类别	检查情况	分数	单项	评分	备注
	10	车辆洗消房地面是否设计为桥型	是　否		2		
	11	车辆洗消房是否有洗车梯或洗车桥	是　否		2		
	12	车辆清洗完成是否有专人检查清洗效果	是　否		2		
	13	车辆清洗消毒完成后是否进行烘干	是　否		3		
	14	烘干设备正常使用，烘干时间达到70 ℃ 30 min以上	是　否		4		
	15	烘干房鼓风设备是否正常使用	是　否		2		
	16	车辆烘干时驾驶室门是否打开	是　否		2		
	17	驾驶室是否干净、经过擦拭或喷雾消毒	是　否		2		
	18	车辆清洗干净后是否进行采样	是　否		2		
	19	车辆采样检测流程是否规范	是　否		3		
	20	检查人员和采样人员是否踩踏已经清洗消毒干净的车辆	是　否		2		
	21	洗消人员防护装备是否齐全	是　否		2		
	22	司机是否洗澡更衣后上车	是　否		2		
	23	车辆进入猪场司机不得下车，窗户是否贴封条	是　否		2		
风险等级		高(0～15分)　中(16～39分)　低(40～49分)　无(50分)		合计			
饲料的进场转运检查	1	中转料塔位置是否在猪场内部围墙边	是　否	10	2		
	2	饲料的配送方式	包袋料 吨袋料 散装料		2		
	3	饲料车是否清洗、消毒、烘干	是　否		2		
	4	运料车烘干时，司机下车必须穿防护服、换鞋子	是　否		2		
	5	运料车进场后司机不下车，驾驶室贴封条	是　否		2		
风险等级		高(0～4分)　中(5～7分)　低(8～9分)　无(10分)		合计			

4.2 楼房养猪内部生物安全

4.2.1 猪群流动管理

4.2.1.1 全进全出

执行严格的批次间全进全出，有条件的可实现单栋全进全出。转群时，避免不同猪舍或不同生物安全等级区域的人员、工具交叉。转群后，对猪群经过的道路及相关区域进行清洗、消毒，对栋舍进行清洗、消毒、干燥及空栏。

4.2.1.2 转群管理

猪场内涉及转群的生产环节包括断奶仔猪转群、断奶母猪转群、妊娠母猪转群、保育猪转群、育肥猪转群等。猪场在转群前要制订转群计划，确定转群时间，安排转群人员，设置转群通道，准备转猪用具。楼房养猪涉及不同楼层间猪群转移，可通过电梯或者赶猪坡道进行转群，转群前做好电梯或者赶猪坡道的清洗消毒。转猪前除转入楼层入口打开外，其他楼层猪群入口均需关闭。同层猪群转移前要先设置转群通道，做好检修、清洗、消毒，确保转猪通道顺畅。转猪过程中涉及 3 类人员，即转出方、转入方、洗消人员，严禁这 3 类人员出现交叉情况。转猪结束后，及时清理电梯、转猪通道、车辆、用具，做好清洗、消毒。参与转猪人员要进行消毒、沐浴更衣、消毒，所穿衣物、鞋子要进行浸泡消毒。

4.2.1.3 场内网格化管理

将场、线等区域按照实际情况划分若干独立区，通过流程管理，达到区域管控、网格独立不交叉的生产状态。猪场大栏之间使用实体墙物理隔绝，避免不同栏舍的交叉。

以单一楼层、单一生产线、单栋或单元、大跨度单栋里的若干排设置为一个网格，实行大小网格管理，网格内独立运作，人员、物资做好划分，工具（扫把、赶猪板等）不交叉，网格间有明显标识和警戒线。

4.2.1.4 病猪管控

楼房猪场每层、每个单元、每个阶段猪群均需设置病猪栏。加大猪场兽医人员培训，提高临床实战水平。加强猪群日常巡视与健康检查，及时发现健康状况欠佳或患病猪只，第一时间将患病猪只转到病猪栏隔离出来，做好环境消毒与转栏通道消毒，加强治疗与日常护理，降低疫病传播风险，加快患病猪只康复。经过治疗康复的猪只可以放回原来猪栏。经过治疗仍无法恢复健康的猪只或无治疗价值的猪只，可通过专用电梯、通道转运出该楼栋做无害化处理，做好病猪栏、人员、电梯、通道、用具的消毒。

三早原则落实到位。①早发现：针对新出现精神差、突然不愿活动、发烧、减料、全身或耳朵发绀、便血、突然站立颤抖、呕吐等异常猪只，早发现早汇报。②早诊断：一旦上报，排除是老旧反复病猪（或已检测过）后，应立即组织人员现场采样。③早处理：针对全身发绀、急性死亡、突然站立颤抖等特殊危险症状，一旦发现，应考虑就地隔离不动。一旦检测阳性，若 CT 值较高，快速安排重新采样复检，复检阳性，立即启动应急预案，实现阳性猪快速安全离开。

尸体是重要的传染源。猪只往往死于感染，因此尸体具有高度散毒能力，可传播大量的病原微生物。因此，病死猪的尸体应尽快无渗漏从猪舍中移走（图 4-23），运送过程中不污染通道，避免蚊、蝇接触，然后对病死猪尸体无害化处理。处理时要特别小心（在剖检尸体时使用手套）并将其存放在低温和封闭的地方，取出后应彻底清洗和消毒储放场所。

对于病死猪所在的猪栏应彻底消毒、清洗、消毒。工作人员应戴上一次性手套，以确保自身安全，并避免病原体进一步传播。

图 4-23　尸体无渗漏移出猪舍

对病死猪进行非洲猪瘟实验室检测诊断。①采样检测：非洲猪瘟病毒阳性，启动应急预案；非洲猪瘟阴性，正常死猪处理流程；②阳性尸体出舍：尾部出栏，口鼻包裹，过道铺双面毛毡布以保护过道免受污染，指定路线出猪舍至指定点（图 4-24）；③专车运输：全封闭通道运送至无害化处理点；④无害化处理：降解机或焚化炉。车辆、地面等全面冲洗消毒；⑤人员隔离：专用冲淋房换洗，采样检测，生活区隔离，检测阴性者放行。

图 4-24　非洲猪瘟病死猪清除移动时用双面毛毡布隔离出移出通道

4.2.2　猪精液管控

猪场要加大猪精液生产流程管理、规范

操作，定期开展健康监测，及时淘汰猪精液品质不达标、长期健康状况欠佳、患病久治不愈的公猪，确保猪精液质量。

4.2.3 猪群健康监测

根据《中华人民共和国动物防疫法》及其配套法规有关要求，猪场应制定符合本场实际的猪群健康监测计划。猪群健康监测是掌握猪群疫苗免疫效果及流行病发生、发展和流行趋势与规律的重要手段，是评估疫病防控措施是否有效的重要依据，是调整猪场免疫程序的重要措施，是猪群疫病净化的重要方法。猪群健康监测对猪群疫病的早期预测、预防具有重要作用，是制定科学防疫策略的依据，可以最大限度缩小疫情影响和降低猪场经济损失。猪场要积极配合国家、省、市、县四级动物疫病监测系统完成年度动物疫病监测；同时猪场要根据实际开展猪群健康监测，制定监测计划，按要求完成样品采集、运输；有条件的猪场可建立自己的动物疫病监测实验室，或者委托有资质的第三方监测机构检测。样品采集与检测方法按照国家有关标准执行，样品采集数量严格按照存栏量在 2 000 头以下采集 20 份、存栏规模在 2 000 头以上的按存栏量的 1%采集(最多不超过 50 份)。

4.2.4 场内人员管理

4.2.4.1 进入生产区管理

场内生产人员到生产区外入口时，对双手清洗、消毒，修短指甲，对指甲盖下方清洗消毒；对手机、眼镜、钥匙等物品擦拭消毒后放入传递消毒柜中消毒。脱掉鞋子，通过过渡通道跨过长凳进入外更衣室；脱掉全身衣服，放入消毒桶内，跨过长凳，进入喷淋室和淋浴室喷淋消毒、洗澡，淋浴用沐浴露和洗发水，持续淋浴时间不低于 10 min；人员淋浴后，使用清洗、高温烘干后的浴巾擦干；接着跨过长凳进入内更衣室穿上消毒干净的生产区专用衣服、鞋子；进入人员待检区，采样并等待检测结果；结果阴性方可通过人员消毒通道进去生产区域(图 4-25)。

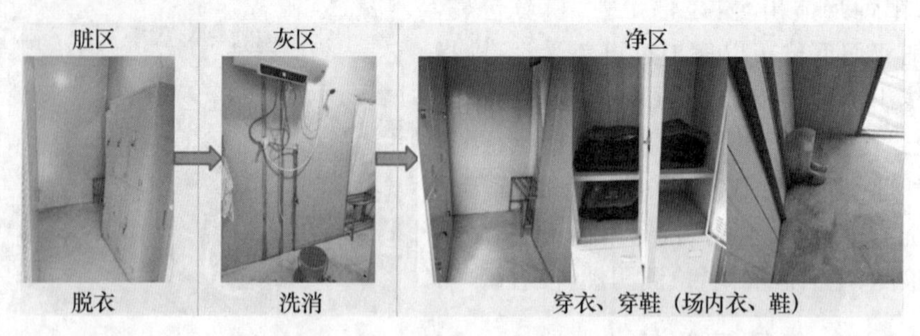

图 4-25 人员进生产区洗消流程

4.2.4.2 进入猪舍管理

楼房猪场涉及同楼层、不同楼层工作人员进入工作区，要根据实际情况配套相应电梯，如同楼层人员或同一生产单元人员共用一条路线，减少不同楼层、不同生产单元人员之间的交叉。每层入口与出口处均须设置手部消毒盆、鞋底消毒池、喷雾消毒间等，每个生产单元入口与出口也须设置鞋底消毒池，配置鞋底刷。场内所有人员应按照既定路线进入各自工作区，未被允许禁止到其他区。进入猪舍前应对手部、鞋底进行洗刷、清洗、消毒，或更换该栋专用工作鞋。进入猪舍后沿固定路线巡视猪群、治疗、饲喂、清粪等。出猪舍后，对鞋底洗刷、清洗、消毒。离开生产区时，将需清洗的工作服、鞋子、帽子等放到清洗、消毒间浸泡清洗、消毒等。

4.2.5 建立猪场内生物安全检查制度

建立场内生物安全检查制度，可以对生物安全工作进行监督，及时发现生物安全工作中存在的漏洞，提高内部生物安全防控水平（表 4-3）。

表 4-3 场内生物安全检查表

项目				检查情况		分值	得分
				完成	未完成		
1	场内隔离区	1	场内独立区域隔离 24 h			4	
		2	配置独立的淋浴、洗衣、晾晒区和食堂			4	
2	进猪场物资消毒	3	悬挂物资进场规范流程			2	
		4	配置高温烘烤房			2	
		5	配置物资熏蒸间			2	
		6	配置镂空货架、消毒桶			2	
3	门卫人员消毒间	7	三段管理，脏区、缓冲区、净区			2	
		8	脏区内部配置脚踏、洗手消毒盆，雾化消毒机、衣柜、鞋架			2	
		9	缓冲区内部安装热水器、浴霸			2	
		10	净区内部配置放场内干净消毒的衣柜、鞋架			2	
		11	进入生活区穿工作服和场区鞋子			2	
4	食堂	12	不同物资浸泡或熏蒸消毒并记录			2	
		13	有独立储物间，生熟食品分开，分类摆放			2	
		14	每天餐后用过硫酸氢钾对厨房加工台面和地面擦拭消毒，每天晚上开臭氧机熏蒸消毒；厨余垃圾及时清除			2	
5	生产区淋浴间	15	鞋架、衣柜、防滑垫，毛巾每天消毒登记			2	

续表4-3

项目				检查情况		分值	得分
				完成	未完成		
		16	配置鞋架、衣柜			2	
		17	沐浴间严格分区，禁止员工、衣物等区域的交叉			2	
		18	洗手盆、脚踏池每天更换一次消毒液			2	
		19	手机、手表等私人物品严禁带入生产区；工作服每天清洗、消毒			4	
6	猪舍入口脚踏、洗手消毒盆	20	每栋猪舍入口设置脚踏消毒盆，洗手消毒盆			2	
		21	消毒桶内水不可低于 15 cm，消毒盆内水必须能浸泡双手			2	
		22	消毒盆，消毒桶内的消毒水每天更换一次			2	
		23	洗手盆、消毒桶有责任人、更换登记			2	
7	进猪舍物资消毒	24	悬挂物资进场规范流程			2	
		25	配置高温烘烤房			2	
		26	配置物资熏蒸间			2	
		27	配置镂空货架、消毒桶			2	
8	7S管理、防疫隔离墙和挡鼠板	28	完善围墙，确保猪场与外界彻底隔断			2	
		29	做好“三区”划分管理，构筑生活区与生产区、生产区与环保处理区防疫隔离墙			2	
		30	清理，打扫隔离墙，栏舍周边，确保环境卫生整洁			2	
		31	挡鼠板埋地下不低于 20 cm，地面高度不低于 50 cm			2	
9	中转料塔	32	安装中转料塔			2	
		33	中转料塔周边每天打扫清洁消毒			2	
		34	中转料塔悬挂警告标识除拉料车及司机外，严禁他人进入			2	
10	防蚊蝇纱窗	35	非密闭式猪场安装纱窗，防蚊蝇进入猪舍			2	
		36	密闭式猪舍在水帘、风机、猪舍入口安装防蚊蝇纱窗，防止蚊蝇进入猪舍			2	
		37	18 目的防蚊网，定期检查维修			2	
11	栏舍实体隔墙	38	母猪水槽隔断			2	
		39	大栏用实体墙隔断			2	
12	安装监控设施	40	生活区到生产区入口、猪舍门口、环保区			2	
		41	每周的查漏补缺，监督监管			2	
13	病死猪无害化设施	42	病死猪用袋子封好，用专用车辆运输，不得有排泄物和血水流出，做无害化处理			2	

续表4-3

项目				检查情况		分值	得分
				完成	未完成		
		43	病死猪处理区域干净整洁,白化消毒			2	
		44	悬挂操作流程及要点说明			2	
14	生物安全管理专员和应急小组	45	1名内部生物安全专员和若干人组成的应急小组			2	
		46	每周开展生物安全例会,自查,查缺补漏			2	
		47	定期关键环节采样监测、结果反馈			2	
	合计					100	
	检查人: 检查时间:						

4.3 楼房猪场清洗消毒体系

4.3.1 猪舍的清洗消毒

被粪便感染的猪栏、食槽和设备可以造成感染的循环。新进猪感染后分泌病原体,会造成环境的重新污染。因此通过对生产更替间的猪舍彻底清洁和消毒打破这种感染循环。

一个完整的清洗和消毒规程包括7个步骤:①清理去除所有有机物质;②用洗涤剂浸泡所有表面;③高压水清洗,清除所有污垢。如果之前浸泡步骤执行到位,本步骤将更容易、快捷和有效;④干燥猪舍以避免下一步使用的消毒剂被稀释;⑤对猪舍进行消毒,以达到进一步降低病原浓度的目的;⑥干燥猪舍确保猪不会接触到存留的消毒水;⑦通过材料表面取样检测消毒有效性。

4.3.1.1 清洗前预处理

清理清扫是预处理的重要步骤,该项工作是在猪群转出后发生,其主要目标是降低或消除局部空间病原循环传播风险,通过火焰灼烧、精准分类、拆卸、移除等方式清除病原载体,为高效发泡做准备。

4.3.1.2 移除工具或设备

猪群转出结束后,将舍内的工具或设备分为可重复利用类和不可重复利用类,不可重复利用工具或设备直接打包分类销毁处置,可重复利用工具或设备可考虑拆卸、拆分后处置。

(1)不可重复利用工具的销毁　塑料注射器、隔离服、兽药疫苗瓶等一次性物资耗材和毛巾、拖布、扫把、雨鞋、装胎衣塑料桶等消耗性耗材为不可重复利用工具，将其归类后采取高温焚烧、深埋、按医疗垃圾处置等方法进行销毁，销毁必须遵循“绿色环保、科学高效”的原则。

(2)可重复利用工具或设备的清理　金属注射器、连续注射器、断尾钳、耳标钳、耳号钳、A/B超、测定器、补料槽、冲洗机等为可重复利用的工具，将其归类后，部分可进行拆分为多个零部件，然后采取消毒液浸泡、擦拭、煮沸或高压进行处理。

4.3.1.3　清理擦拭风机、湿帘、进风口、房屋吊顶

每栋、每单元猪群转出后，需要将风机的百叶和铁网、湿帘蜂窝缝隙、进风口扇叶以及房顶或吊顶处等正常进出风位置的设备进行拆卸、擦拭、清扫，以达到初步清理效果，可以杜绝因通风灰尘和空气携带病原的风险。

4.3.1.4　清除粪便及尘土

(1)移除大量粪便至粪沟　待猪群转出后，人工用铁铲将粪便通过漏粪地板缝隙推扒至粪沟，实心水泥地面将粪便打包运走，于粪便堆积棚平铺暴晒晾干或直接用于还田，从而达到有机肥有效利用、绿色环保的目标。

(2)清扫并打包残余粪渣及尘土　大颗粒或团絮状粪便初步移除后，使用扫帚清理地面和缝隙处的粪渣、泥土、粉尘等轻小型杂质装入饲料或垃圾袋，再运输至室外专用区域处置。此步可有效避免因冲洗将细泥沙冲至粪沟，长时间沉积的泥沙堵塞粪沟，同时还能减轻粪污处理压力。

4.3.1.5　发泡清洗

发泡与清洗是洗消环节的重要组成部分，清洗质量直接影响消毒效果以及后期转入的猪群感染相关病原风险。在发泡清洗过程分为发泡和冲洗两个步骤，其最终目标是去除环境中99%的杂质载体，以确保后期消毒效果。

(1)产床、围栏的发泡　舍内的产床、栏杆、水料槽是猪只直接频繁接触的设备，其表面容易黏附皮脂、残余饲料或粪尿，该处可能存在病原。尽量选择挂壁时间长的表面发泡活性剂，按所需比例进行稀释，用高压清洗机对舍内产床、栏杆和水料槽充分喷雾湿润，浸润时间为1～2 h，其主要目标就是能够轻松将残留污渍冲洗掉。

(2)地面发泡　该步骤重点针对猪只饲养或转猪通道等粪污较多的水泥地面区域，猪群转出后没有及时处理的区域则需要更长的发泡时间。已稀释好的发泡活性剂用高压清洗机对地面和墙面进行喷雾湿润，浸润时间为1～2 h，期间确保地面和墙面始终为湿润状态。

4.3.1.6　高压冲洗

经发泡活性剂浸润处理后，可直接用清水进行高压冲洗，也可以用3%烧碱水进行高压冲洗，冲洗时由上到下，由里到外。冲洗必须两人一组，一人拿高压枪一人负责电源轮流操作。冲洗人员要做好防护，穿工作靴，戴手套、口罩、护目镜和帽

子，以不暴露皮肤为原则。看护电源人员佩戴绝缘手套以确保安全。

4.3.1.7 精准消毒

猪舍经发泡清洗后，可以选择多种组合方式进行消毒，现在此列举两种空舍消毒方式。

（1）烧碱＋戊二醛＋烟熏剂　首次使用2%烧碱往待消毒物体表面进行喷雾，使用剂量为300 mL/m^2；待干燥后（凭肉眼判断表面是否湿润，通常为0.5 d）使用0.5%戊二醛进行喷雾，使用剂量为500 mL/m^2；当天晚上使用烟熏剂熏蒸过夜，使用剂量为1 g/m^3；根据生产实际情况空舍干燥数日。此方法适合于未发生非洲猪瘟疫情的正常生产运营猪场。

（2）烧碱＋戊二醛＋过硫酸氢钾＋氯制剂＋热气蒸/火焰＋烟熏剂　在发生非洲猪瘟疫情后，复养过程非常注重猪只直接接触的饲养环境的处置，具体消毒处置为，首次使用3%烧碱将待消毒物体表面进行喷雾，使用剂量为500 mL/m^2；次日使用0.5%戊二醛进行喷雾，使用剂量为500 mL/m^2；第三日使用0.5%过硫酸氢钾进行喷雾，使用剂量为500 mL/m^2；第四日使用5%氯制剂（工业级“84”）进行冲洗，使用剂量为800 mL/m^2；将猪舍密封用柴油热风机往舍内吹热风，使舍内温度达到60 ℃，维持30 min；空舍干燥数日后，于进猪前2 d使用烟熏剂熏蒸过夜，使用剂量为1 g/m^3。

4.3.1.8 火焰烤

水泥地面、漏粪地板、赶猪通道、钢铁产床、栏杆、料槽等可能携带病原的载体，适合使用火焰高温烤。火焰烤的目的就是消除因冲洗可能漂浮于空间中的毛絮等轻微性杂质。

产床等猪只直接接触的设备使用1～2个喷头的液化气火焰喷枪灼烧。钢铁产床、栏杆、料槽等直接接触性设备上面可能沾有的残留猪毛和粉尘，每个点位停留3 s，需重点关注设备链接缝隙处。

舍内地面与墙面选择2～8个喷头的液化气火焰喷枪，对猪舍内和转猪通道的水泥地面、离地高80 cm墙面、漏粪地板等处进行高温灼烧，每个点位停留3 s。

4.3.2 带猪消毒

猪群状态稳定情况下，尽量减少液体带猪消毒频次。在实际生产中，应结合现场需求展开舍内的带猪消毒工作，其具体操作步骤如下。

（1）选择过硫酸氢钾、碘酸制剂、戊二醛等刺激性较小的消毒药。

（2）将消毒药浓度稀释为0.5%备用或直接使用加药器调节至0.5%稀释比例。

（3）建议轮换关停部分风机或减少风机开启数量。

（4）使用喷枪45°角朝上方喷雾，压力不超过2 MPa，雾化液体消毒药由上至下自由飘落，每平方米液体消毒药用量大致为 300 mL。

(5)作用 5～10 min 重新开启所需要的全部风机等环控设备，按正常设置运行。

带猪消毒是一种选择性杀灭病原微生物的方式，其需要因地制宜、因时制宜，如南方炎热的夏季开放式猪场不建议选择带猪消毒，因为带猪消毒会增加饲养环境的湿度，更容易助力细菌性疾病的发生概率。而干燥的北方秋冬季密闭式猪场却可以适当选择带猪消毒，既可以杀灭相关病原又可以适度增加湿度，有利于猪群生长。

4.3.3 靴子清洗和浸泡消毒

为了避免靴子上沾有病原体，鞋刷和消毒池应放置在不同的生产单位之间。有效的消毒要先通过洗刷和洗(最好添加洗涤剂)消除靴子上的污垢和粪便，然后把靴子放入干净的消毒液中浸泡。严格遵守消毒剂手册中规定的消毒剂浓度和清洗时间说明。如果浸泡消毒不当会无意中增加靴子上的病原体数量，造成大量时间和金钱的浪费，也增加了疾病传播的风险。然而，在进入另一个区域之前，必须在消毒池中站立数分钟，这不实用也很不方便。这种不便可以通过在每次浸泡消毒时提供一双额外的靴子来解决。此外，浸泡消毒会提醒员工和访客重视猪场的生物安全。

4.3.4 生活区、办公区消毒

生活区和办公区主要包括宿舍、食堂、活动室、办公室、走廊等区域，一般选择 0.5%过硫酸氢钾对相关区域进行消毒，其中走廊等处的地面采用喷雾消毒，剂量为 200 mL/m^2；门把手选择 0.5%过硫酸氢钾擦拭消毒；食堂选择 0.5%过硫酸氢钾喷雾、擦拭和紫外照射相结合的消毒方式；宿舍选择 0.5%过硫酸氢钾擦拭和清洗烘干的消毒方式。

4.3.5 车辆消毒

车辆是携带病原微生物风险最高的载体，因此在进入猪场前，车辆必须进行严格的清扫、冲洗和消毒。控制车辆传播风险尤为重要。

(1)内部转猪车消毒　内部转猪车辆是指公司或猪场自用拉猪车辆，其主要用于猪场内部转群、售猪调运环节。二级洗消烘干房仅供猪场内部使用，是内部转猪车辆洗消的主要场所。二级洗消烘干流程如下。

①清洗与消毒流程：清洗是处置车辆的第一步，能够去除大量粪污毛脂等载体，消毒更能进一步杀灭车体表面与缝隙残留病原。因此，清洗和消毒是维持车辆合格不可或缺的环节。

转猪结束后，参与转猪所有人员换掉送猪专用鞋，以避免交叉污染洗消房。

车辆驶入洗消房后，保持适度坡度倾斜。

车厢、车体、车轮、底盘等高压冲洗残留的粪渣，直到肉眼不可见。

将加药器调至0.5%，选用戊二醛或碘制剂全方位喷洒消毒，剂量为500 mL/m^2，车厢、车体、车轮、底盘等是重点消毒位点。

驾驶室处置：选用0.5%过硫酸氢钾液擦拭坐垫、方向盘等位点，取出脚垫冲洗消毒，结束后打开臭氧机，臭氧浓度达50 mg/m^3，熏蒸1 h。

驾驶员和送猪人员：更换工作服，淋浴，工作服和雨鞋用0.5%过硫酸氢钾浸泡清洗晾干或烘干。

结束后，洗消房地面及周围环境也需要全面消毒处理。

②烘干流程：干燥是杀灭病原最好的方法，因此车辆烘干更能保证车辆绝对干净安全。

洗消结束车辆倾斜干燥，车辆开始烘干。

烘干条件为：温度达到70 ℃维持30 min以上。

烘干结束后，驾驶员需穿干净工作服和鞋或一次性鞋套将车辆开出。

③车辆采样检测ASFV，合格后停放于指定区域。

驾驶员及相关后勤人员沐浴更衣后，返回生活区。

烘干房每周清理一次，保证无尘。

(2)社会拉猪车消毒　社会拉猪车辆是指物流公司或个体户提供拉猪服务的车辆，该类车辆活动范围较广，运输猪群来源错综复杂，交叉携带病原微生物风险较高，故该类车辆应重点控制。一级洗消烘干房供社会拉猪车辆使用，社会拉猪车辆需在社会洗车店开展初步冲洗与消毒，然后前往一级洗消中心，具体洗消烘干步骤如下。

①清洗与消毒流程：使用发泡剂初步去除粪污毛脂等载体，以及车体表面与缝隙残留病原。具体步骤如下。

采集车体、车厢、轮胎、驾驶室和驾驶员样品，检测ASFV合格后方可驶入一级洗消房。

使用发泡剂对车厢、车体、车轮、底盘等进行冲洗，重点清除残留的粪渣，直到肉眼不可见。

将加药器调至0.5%，选用戊二醛或碘制剂全方位喷洒消毒，剂量为500 mL/m^2，车厢、车体、车轮、底盘等是重点消毒位点。

驾驶室处置：选用0.5%过硫酸氢钾擦拭坐垫、方向盘等位点，取出脚垫冲洗消毒。

结束后，洗消房地面及周围环境也需要全面消毒处理。

②烘干流程：干燥是杀灭病原最好的方法，因此车辆烘干更能保证车辆绝对干净安全。

洗消结束车辆倾斜干燥，车辆开始烘干。

烘干条件为:温度达到 70 ℃维持 30 min 以上。

烘干结束后,驾驶员需穿一次性隔离服和鞋套,持车辆 ASFV 检测合格证明前往指定地点装猪。

烘干房每周清理一次,保证无尘。

(3)饲料车消毒　饲料车运输饲料返回猪场,其消毒流程如下。

①首先于场外第一洗消点初步喷洒消毒,选择 0.5%戊二醛或碘制剂或过硫酸氢钾,小型车消毒时间不少于 10 min,大型车消毒时间不少于 15 min。

②将饲料车开往二级洗消中心,置于烘干房 70 ℃维持 30 min 以上。

③若不能执行第 2 步,可将饲料车置于密闭性较好的室内空间,选择烟熏消毒,烟熏剂的使用剂量为 1 g/m^3,维持 12 h 或停放过夜。结束后通风将车辆开至饲料中转塔进行打料。

④打料结束后,再次使用 0.5%戊二醛或碘制剂或过硫酸氢钾消毒,小型车消毒时间不少于 10 min,大型车消毒时间不少于 15 min,最后停于指定区域。

4.3.6　人员消毒

人员消毒主要包括喷雾、浸泡、淋浴和桑拿 4 种方式。人员消毒需关注以下几点。

各关口淋浴间务必是单向无交叉,净区—灰区—脏区严格标识划分,每周采样监测。

大门旁通道可以安装喷雾系统,0.5%过硫酸氢钾喷雾 2 min。淋浴时间不少于 10 min。

3%烧碱浸泡雨鞋不少于 1 min。1%过硫酸氢钾浸泡洗手不少于 1 min,随后不建议使用清水冲洗。

工作服每日更换清洗消毒,1%过硫酸氢钾浸泡 15 min,60 ℃ 烘干 1 h。新招聘职工、外来学习参观实验人员、返场需进入生产区员工等,必须严格执行公司隔离人员精准化操作流程,合格后方可进入猪场生产区。有条件猪场,返场员工可选择蒸桑拿,50 ℃维持 20 min。后勤人员、司机每次售猪、转猪结束后,要求立即淋浴更衣。

4.3.7　常见的消毒方式及应用范围

消毒是落实生物安全措施常用方式之一,能够阻止外源性病原微生物进入猪场,也能杀灭场内病原微生物循环传播。消毒药种类和消毒方式丰富多样,不同消毒药对病原的杀灭效果也不一样,针对不同区域、部位、消毒对象和功效应该选择不同类型的消毒药和消毒方式可达到效率最大化。精准消毒要求工作更细致,部分工作应该前置,对消毒对象进行精准分类,并根据实际生产需求选择最佳的消毒方式、消毒药品种、浓度、时间等。精准消毒能够达到每个空间、区域、单元、点位所存在的病原微生物最小化，保证饲养环境的相对安全(表4-4)。

表4-4 常见的消毒方式及应用范围

方式	适用对象及消毒方法
液体喷洒	①车辆、猪舍、出猪台、升降台、道路、连廊通道、液化气罐、五金品、大量不规则物资等、具备防水功能的箱体：0.5%过硫酸氢钾、0.5%戊二醛、0.5%碘酸制剂、0.5%氯制剂、3%烧碱 ②猪群、兽药、疫苗保温箱：0.5%过硫酸氢钾、0.5%戊二醛、0.5%碘酸制剂 ③去核酸：5%氯制剂
液体浸泡	①部分食材：2.5%柠檬酸液 15 min ②工作服、洗手盆、少量小体积配件耗材等：1%过硫酸氢钾 15 min ③雨鞋：3%烧碱，脚踏盆停留至少 1 min
液体擦拭	①手机、手表、眼镜、电脑等私人物件：75%酒精＋紫外照射 ②米面油等部分食材、仪器等其他不适合喷洒的消毒对象：1%过硫酸氢钾
熏蒸消毒	①部分食材、劳保办公用品、库房/消毒间等适合六面消毒对象：臭氧，50 mg/m³ 维持 1 h ②饲料、猪舍：烟熏剂，1 g/m³ 维持 12 h
高温烘烤	①车辆、猪舍：烘干，70 ℃维持 30 min 以上 ②衣服鞋：烘干，60 ℃维持 1 h ③升降台、地面、墙面、栏杆设备等有死角且耐高温的消毒对象：火焰烤，位点停留 3～5 s ④返场人员：有条件的猪场可选择 50 ℃蒸桑拿 20 min
紫外照射	手机、手表、眼镜、电脑、实验室环境等少量物资表面：1.5 m 范围内表面消毒，照射时间至少 15 min
干粉喷撒	各阶段猪舍环境、产房仔猪：环境改良剂，5 g/m²

4.4 猪场生物安全评估和持续改善

生物安全与猪群健康管理是兽医工作的两个重要环节，健康管理必须依赖生物安全体系，同时生物安全的落实必须依靠健康管理来进行评估，两者相辅相成。借助实验室检测手段来对生物安全落实到位程度展开评估，其主要可以做到以下3个方面：①外源性风险预警，如拉猪车辆是否携带高风险病原；②管理到位情况，如场内、舍内消毒效果；③猪群健康管理，采集仔猪处理液(仔猪、脐带、断尾时的组织渗出液)、母猪群唾液等，对猪群感染状态提前知晓。

4.4.1 定期监测评估

4.4.1.1 五级分区各个关键位点

生物安全橙黄蓝绿区执行网格化管理，将跨区关口处和相应区域定位固定监测点，所有关键位点选择纱布滚轮或擦拭方式采集样品，纱布使用生理盐水浸润，每块纱布采集面积为 10 m^2，每 10 个样品混为一份提取核酸，荧光定量 PCR 检测相关病原核酸，根据结果评估生物安全效力。

4.4.1.2 水源

作为猪群直接饮用的水源，其质量至关重要。按生产批次监测水源质量，收集各阶段饮水，以水线为单位，检测水中病原微生物含量，根据结果判定是否达标。

4.4.1.3 饲料

饲料与水源是直接通过消化道进入猪体内的必需品，也是疾病经口传播的两大重要风险载体，因此保证高质量的饲料和水源十分必要。以料线和料批次为单位，随机收集下料口处饲料，荧光定量 PCR 检测 ASFV 核酸。

4.4.1.4 舍内粉尘、空气

粉尘与空气是猪繁殖与呼吸综合征病毒(PRRSV)和 ASFV 等常见病原传播的主要媒介，利用浸润纱布悬挂于风机口、吊顶下方等处，可以有效收集舍内的粉尘和空气，然后经实验室处理与检测 PRRSV 和 ASFV 核酸，从而判断是否存在通风和气溶胶传播风险，并指导现场工作。

4.4.1.5 猪群健康监测

猪群健康是管理之根本，可以通过拭子、仔猪处理液、唾液、精液、血清等样本检测 PRRSV、ASFV、猪圆环病毒(PCV)等相关病原，从而评估猪群健康状态。

①拭子采样：采集猪只咽喉、鼻、肛门拭子样品(图 4-26)，展开流行性病原进行监测，及时评估感染风险。

②仔猪处理液收集：收集仔猪脐带、断尾等组织，对组织渗出液进行处理，监测母猪健康状态。

③唾液采集：对生长猪群进行群体采样(图 4-27)，连续定期监测病原感染，排查生物安全漏洞。

图 4-26　拭子样品

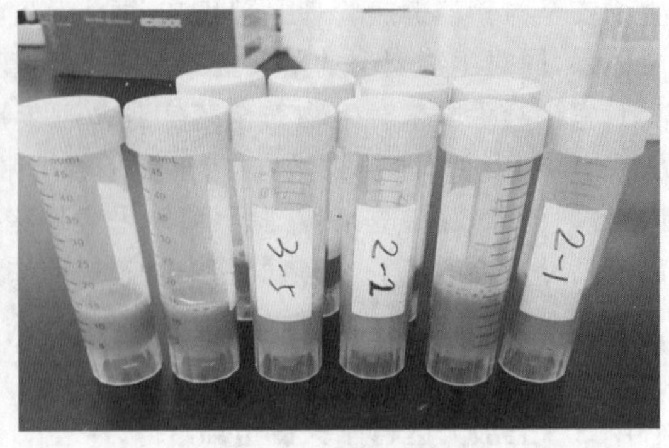

图 4-27　唾液样品

④精液监测：定期对精液展开病原和细菌监测，阻断垂直传播途径。

⑤血清学监测：采集前腔静脉血、耳根血、尾根血开展抗体监测，凭借经验值利用抗体结果进行风险分析。

上述所有方法均可作为猪群监测与评估的手段，只有依靠评估结果，才能知晓生物安全是否有效执行。

4.4.2 即时监测评估

4.4.2.1 进场物资

外购物资属于高风险载体，发生比较频繁，需要严格管控。每次外购物资转运至猪场大门或洗消中心第一消毒处理点时，选择用生理盐水浸润的纱布对所有进场物资的外表面进行擦拭采样，荧光定量 PCR 检测 ASFV 核酸以评价风险。

4.4.2.2 进场人员

进场人员是指即将进入生物安全橙区以内区域的人员，只要进入必须采样，通常采样点设在橙区关口处，使用生理盐水浸润的纱布和棉签采集头发、脸部、手、指甲缝、服装和鞋，荧光定量 PCR 检测 ASFV 核酸。

4.4.2.3 转猪车辆、饲料车辆

车辆是与外部频繁接触的高风险载体，每次前往待售区、转猪结束、返场时要求采集样品，使用生理盐水浸润的纱布和棉签采集车体、车轮、车厢、驾驶室脚垫坐垫方向盘、脚踏板等关键位点，每辆车用 10 块纱布和 10 个棉签，混成 1 份后检测 ASFV 核酸，持车辆 ASFV 检测合格证明前往指定地点装猪或结果阴性方可安排下一步工作。

4.4.2.4 异常猪只

非洲猪瘟流行严峻阶段，猪场生物安全员每日巡查后发现异常猪只应该安排采样。选择专用采样棒收集异常猪只的咽喉拭子，普通长棉签浸润后采集肛拭子和鼻拭子，在切实需要的前提下，经执业兽医师批准后可采集尾根血或前腔静脉血，以猪只为单位混样提取核酸，荧光定量 PCR 检测 ASFV 核酸，也可以开展 ASFV 抗体检测，来判断 ASFV 感染风险。

此阶段严禁猪场内随意解剖病死猪，若感染 ASFV 可能因解剖污染环境，加速场内病原的传播。另外选择采集尾根血或静脉血时，需要注意血液的交叉污染问题。

4.4.2.5 待用的空猪舍

空猪舍经清洗消毒处理后，采取网格化采样方法，将猪舍分为若干个 20 m^2 的方格，每 10 个方格为 1 个单元，生理盐水浸润纱布，采取滚轮法或擦拭方式采集地面、墙面、栏杆表面、水槽等环境样品，每块纱布采集 1 个方格，每个单元的 10 个样品混

为一份提取核酸，荧光定量 PCR 检测 PRRSV 和 ASFV 核酸，结果阴性方可进猪。

总之，消毒是生物安全措施的重点之一，其执行效率直接决定生物安全的效力，生物安全需要全面落实与监督，最后依靠检测结果和生产成绩来综合评估，能够真实、有效地反映生物安全体系在防控疾病、保障猪群健康方面所发挥的作用。

4.4.3　猪场生物安全评估与持续改善的总原则路线

4.4.3.1　评估计划

设置疫病防控持续改善工作专班，每月底制定下个月的检查方案，采取随机抽查与定期检查相结合的方式进行，确保每个月对所有猪场各个生物安全风险点至少检查 1 次。

4.4.3.2　组织实施

根据猪场各生产环节特点及生物安全防控风险点制定疫病防控持续改善检查记录表，检查内容应涉及抗体检测结果、猪群免疫记录、日常消毒记录等资料，同时对猪场消毒操作流程、车辆洗消操作流程、人员进场消毒流程、转猪规范操作等现场检查，并对检查情况打分、拍照留档。

4.4.3.3　效果检查

为确保各工作岗位对猪场生物安全防控措施的有效落实，体现疫病防控持续改善工作专班检查的公正性，疫病防控持续改善工作专班按照本单位兽医研究部门制定的生物安全防控风险点检查方案现场抽样，及时送到检测中心进行检测，根据检测结果对疫病防控持续改善工作专班监督。

4.4.3.4　整改方案

每月检查结束后，疫病防控持续改善工作专班及时撰写检查报告，在每月底召开猪场生产例会时告知猪场疫病防控持续改善检查得分情况，将检查报告印发给猪场，内容应包含检查结果得分情况、扣分原因、整改建议、整改时限等，指导猪场撰写整改方案，督促其限期完成整改。

思考题

1.简述楼房猪场生物安全的重要性和分区多色管理。

2.简述洗消中心建设要求。

3.猪场进行猪群健康监测的意义是什么？

4.简述如何做好楼房猪舍的清洗与消毒。

5.简述楼房猪场生物安全评估与绩效改善的总原则路线。

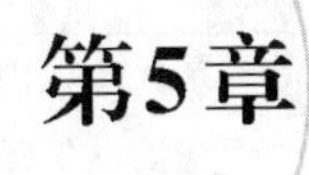

第5章

楼房养猪的环境控制

【本章提要】猪舍的环境决定了猪的健康和生产性能发挥的程度，楼房猪舍由于其高度集约化、楼层间的间距小，猪舍环境控制不仅影响猪舍内部的环境质量，更影响整个楼房猪场区域的环境质量，因此猪舍环境控制的意义十分重大。本章系统介绍楼房猪舍不同模式的通风降温系统、空气过滤系统、废气收集和除臭模式以及冬季供暖方式等环境控制系统，较为全面地介绍楼房猪舍普遍采用的、有效的、实用的通风换气、降温、供暖、废气收集除臭以及光照等环境控制的模式和技术方法。

猪舍环境是影响生猪生产的重要因素。养猪环境是指影响猪群繁殖、生长、发育等方面的生活条件，它是由猪舍内空气的温度、湿度、光照、气流、声音、微生物、设施、设备等因素组成的特定环境。在养猪生产过程中需要人为地进行调节和控制，让猪群生活在符合其生理要求和便于发挥高生产性能的气候环境内，从而达到高产的目的。

近几年来，随着我国养猪业的快速发展，在猪场的规划设计中，猪舍的通风模式、空气过滤、降尘除臭、光照设计扮演着特别重要的角色，也是整个猪场的设计及管理的核心。良好的舍内环境不仅可以给猪提供舒适的环境条件，提高猪群的健康水平和生产水平，降低疾病的发生，而且还能降低饲养管理成本，为猪场生产达到事半功倍的效果。表 5-1 至表 5-3 展示猪舍内环境主要指标通用的技术参数。

表 5-1　猪舍内空气的温度和相对湿度

猪舍类别	温度/℃			相对湿度/%		
	最适范围	高临界	低临界	最适范围	高临界	低临界
种公猪舍	15～20	25	13	60～70	85	50
空怀妊娠母猪舍	15～20	27	13	60～70	85	50
哺乳母猪舍	18～22	27	16	60～70	80	50
哺乳仔猪保温箱	28～32	35	27	60～70	80	50
保育猪舍	20～25	28	16	60～70	80	50
生长育肥猪舍	15～23	27	13	60～70	85	50

表 5-2　各阶段猪舍通风量与风速

猪舍类别	通风量/[m^3/(h·kg)]			风速/(m/s)	
	冬季	春秋季	夏季	冬季	夏季
种公猪舍	0.35	0.55	0.70	0.30	1.50
空怀妊娠母猪舍	0.30	0.45	0.60	0.30	1.50
哺乳母猪舍	0.30	0.45	0.60	0.15	0.80
保育猪舍	0.30	0.45	0.60	0.20	0.60
生长育肥猪舍	0.35	0.55	0.65	0.30	1.50

注:此表以华北地区为例。

表 5-3　猪舍空气质量标准

猪舍类别	氨气(NH_3)/(mg/m^3)	硫化氢(H_2S)/(mg/m^3)	二氧化碳(CO_2)/(mg/m^3)	细菌/(万个/m^3)	粉尘/(mg/m^3)
种公猪舍	25	10	1 500	6	1.5
空怀妊娠母猪舍	25	10	1 500	6	1.5
哺乳母猪舍	20	8	1 300	4	1.2
保育猪舍	20	8	1 300	4	1.2
生长育肥猪舍	25	10	1 500	6	1.5

5.1　楼房猪舍的通风降温系统

5.1.1　负压通风湿帘降温系统

负压通风湿帘降温系统(图 5-1)也称隧道式通风湿帘降温系统,由湿帘、风机、循环水路和控制装置组成。在猪舍靠近夏季主风向的一端安装湿帘及配套的水循环系统。在另一端安装负压轴流风机,整个猪舍密闭,除湿帘外不应有其他的进风口。外部空气经过湿帘一侧进入猪舍。湿帘的面积、轴流风机的功率应根据猪舍空间大小、猪舍对温度的需求，以及当地的气候条件等因素确定，由专业人员计算，以达到最佳的通风降温效果。

负压通风湿帘降温系统的工作原理为：水泵将水箱中的水经过上水管送至喷水管中，喷水管的喷水孔把水喷向反水板（喷水孔要朝上），从反水板上流下的水再经过特制的疏水湿帘，确保均匀地淋湿整个降温湿帘墙，从而保证与空气接触的湿帘表面完全湿透。剩余的水经集水槽和回水管又流回水箱中。安装在猪舍另一端的轴流风机向外排风，使舍内形成负压区，舍外空气穿过湿帘被吸入舍内。当空气通过湿润的湿帘表面时，湿帘上的水分蒸发而使空气温度降低、湿度增加。降温后的湿润空气进入猪舍后使舍温降低，舍内空气湿度增大。在通常情况下，使用负压通风湿帘降温系统可使舍温降低 3～7 ℃。值得注意的是，降温效果与空气相对湿度密切相关。空气相对湿度越低，降温效果越好，过帘水的温度也会一定程度上影响湿帘的降温效果。当空气湿度小于 70%时，稍高的过帘水温度，蒸发量比较大，降温效果好。而空气湿度大于 90%时，由于水分基本不蒸发，此时降温完全靠水自身热量物理传递降温，过帘水的温度越低效果越好[水的比热容 4.2 kJ/(kg·℃)，水的汽化热为 40.8 kJ/mol，相当于 2 260 kJ/kg]。

负压通风湿帘降温系统在为猪舍降温的同时还能够通过湿帘的过滤而净化进入猪舍的空气。但在母猪舍（包括妊娠舍、分娩舍）应注意保护靠近湿帘处的母猪，可用挡板或麻袋固定在栏架上，避免长时间相对较大湿度的高速风直接吹在猪身上而造成伤害，尤其是哺乳母猪和仔猪。

负压通风湿帘降温系统的特点是系统设备简单、能耗低、降温效率相对较高、便于安装、运行可靠。但也有自身的一些缺点，在猪场使用过程中湿帘容易长青苔，停运期间灰尘会造成湿帘的堵塞，还有一些虫害和鼠害等。因此发现湿帘形成水垢后需要经常更换，且猪舍内的湿度相对较大。另外负压通风对猪舍的密闭性要求较高，如果猪舍密闭性不好则表现的降温效果也不理想，舍内湿帘近端和远端的空气湿度、温度有明显差别。

图 5-1 负压通风湿帘降温系统

5.1.2 正压通风湿帘降温系统

正压通风湿帘降温系统同样由湿帘、风机、循环水路和控制装置组成。在猪舍靠近夏季主风向一侧安装湿帘及配套的水循环系统，同时在与湿帘墙的合理距离墙体上安装正压风机。水泵将水箱中的水经过上水管送至喷水管中，喷水管的喷水孔把水喷向反水板（喷水孔要朝上），从反水板上流下的水再经过特制的疏水湿帘，确保均匀地淋湿整个降温湿帘墙，从而保证与空气接触的湿帘表面完全湿透。剩余的水经集水槽和回水管又流回水箱中。安装在湿帘同侧的风机，将外界热空气经过湿帘降温后送入猪舍。增大舍内大气压，使猪舍内的大气压高于舍外。舍内的空气通过对面一侧的出风口排出舍外，形成正压通风湿帘降温系统。

正压通风湿帘降温系统的特点是将猪舍外部自然的空气经过过滤和水帘降温后，通过风机源源不断送入猪舍，将猪舍内部的氨气、硫化氢等有害气味以正压的形式通过出风口排出，确保猪舍有一个洁净、清新的环境。但在同样风量的情况下，与负压通风湿帘降温系统相比，正压通风湿帘降温系统风阻较大，装机功率需要更大，猪舍内通风不易均匀。

5.1.3 联合通风湿帘降温系统

联合通风湿帘降温系统也称混合通风湿帘降温系统。与负压通风湿帘降温系统一样，降温湿帘安装在猪舍纵向墙上，而风机则安装在湿帘相对一侧的墙上，在高温季节，当外界温度高时随着风机的运转可以将猪舍内的污浊空气抽出到舍外，外部新鲜清洁的空气经过湿帘进入，从而达到降温换气的目的。在寒冷季节，不需要湿帘降温、仅需要通风换气时，进气方式有以下 2 种。

(1)吊顶进气小窗进风　根据最低进气通风量的需求计算进风口的面积，将猪舍全部或部分吊顶密封作为进风道，在吊顶上合适的位置安装自动调节的进气小窗（图 5-2)。当寒冷季节，进气口转换为吊顶上方的通风道进风，然后从进气小窗进入猪舍。

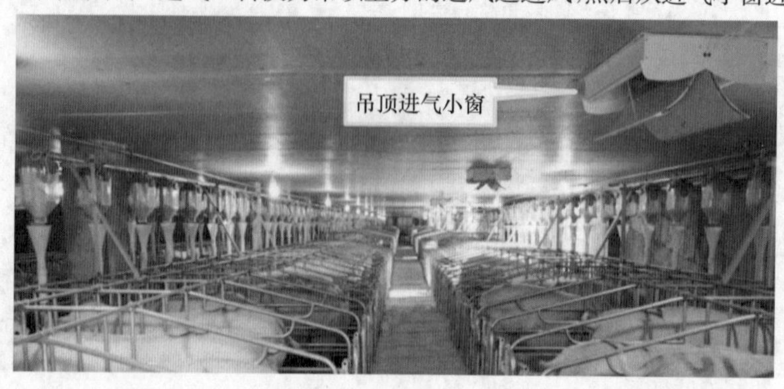

图 5-2　吊顶进气小窗

（2）通风管通风　猪舍不吊顶，根据通风量在猪舍的天花板上安装适当大小的管道。在管道的侧面打孔，形成通风管，管道可以是PVC材料的硬管，也可以是帆布袋式的软管（图5-3）。

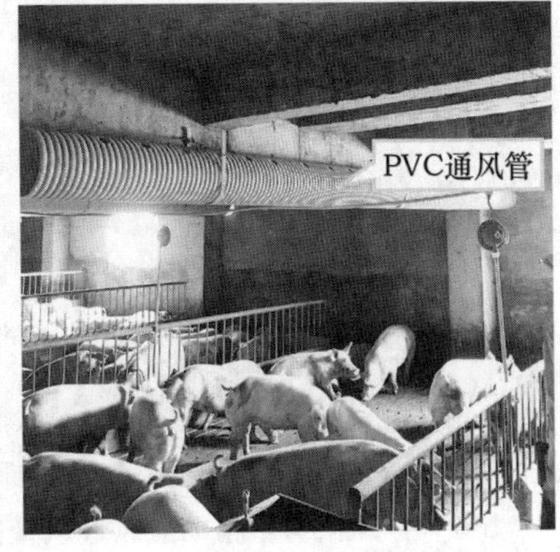

图5-3　通风管

吊顶进气小窗进风和通风管通风，根据猪舍的长短和面积可选择正压送风、负压抽风和正压＋负压通风换气方式。

正压送风：即在水帘同一侧天花板吊顶上的进风道入口或通风管口位置安装冬季猪舍需要满足通风量要求的正压风机，往通风道或通风管送风，新风经进气小窗或通风管孔进入猪舍，对猪舍形成正压，实现换气。

负压抽风：利用高温季节的负压通风湿帘降温系统的风机，通过变频方式调节风机的运行功率，形成猪舍负压，关闭湿帘的进风口，引导新鲜空气从吊顶通风道或通风口管孔进风，实现通风换气。

正压＋负压通风换气：对于猪舍长度较长，单一的正压或单一的负压均难以实现均衡通风换气时，可将正压和负压通风换气方式协同使用，以达到最佳的通风效果。

5.1.4　精准通风湿帘降温系统

精准通风湿帘降温系统是指将舍外的新鲜空气经过湿帘，通过专用进风管道（图5-4，二维码5-1）均匀送到舍内指定区域，实现需求重点突出、送风精准、通风高效的通风降温模式。

5.1.4.1　精准正负压协同通风湿帘降温系统

精准正压通风湿帘降温系统，指在猪舍靠近夏季主风口一侧安装湿帘及配套的水循环系统，与湿帘同侧一定距离的猪舍隔墙安装正压风机，在猪舍楼板下猪栏上方靠两侧墙体位置安装专用进风管道，进风管道下方对着猪栏有利于为猪只提供舒适空气的位置设置不同口径的出风孔。母猪舍在栏位上方位置正对着每头母猪的颈部实行单点分布，使新鲜空气直接吹到母猪颈部；公猪舍、保育舍及育肥舍在栏位上方位置实行多点分布，使整栋猪舍一直处于一个微正压的状态，然后垂直地通过猪的身体后经过漏粪板进入粪沟内，粪沟端口安装负压风机，舍内废气经粪沟排出。猪舍的进风管道的截面积和出风孔的大小和位置分布，应根据猪舍的面积、楼层的高低、饲养猪的类型科学设计，以实现准确通风降温的目的。

图 5-4　精准通风进风管道

二维码 5-1　精准通风设计剖面图

该系统的特点是气流在猪舍中上下流动，出风口在每个栏舍的正上方与猪舍内原有空气相遇、混合，完成混合后向下流到猪只的活动区域。由于抽风机和重力的作用，使得猪只活动区的空气向下流动，并通过漏缝地板的间隙流入粪槽中，再被抽风机抽出，排到舍外，每个栏舍进入的新鲜空气在整个猪只活动区分布均匀，基本无死角，且粪槽中粪便产生的有毒的气体和热量被抽风机直接排出舍外，降低了有害气体的浓度，为猪只提供了更加舒适的生长环境。假如某个猪栏中的某只猪出现了病情，将病菌传播到空气中，带病菌的有害空气会沿着气流方向直接流入粪槽中，被风机抽走，排到室外，从而大大减少了猪舍内病菌大面积传播的风险。

5.1.4.2　精准负压通风湿帘降温系统

精准负压通风湿帘降温系统的设施、设备组成与精准正负协同湿帘降温系统基本相同。区别在于风机安装在猪舍与湿帘对面的墙体上构成负压通风结构，不安装正压风机。其他如进风管及其下方出风孔的设置和安装，地沟风机的设置和安装与正压系统相同。当系统运行时，风机（含地沟风机）向外排风，使舍内形成负压，舍外新风经过湿帘后进入进风管内。通过进风管下方的出风孔准确地吹入指定位置，实现精准通风降温。

5.1.5　其他通风降温系统

5.1.5.1　通风＋滴水降温系统

通风＋滴水降温系统由滴水和通风两部分组成，水直接滴到猪的颈部、背部；结合通风，实现蒸发降低体温的目的，通风方式可以是正压通风，也可以是负压通风。该系统与正压通风湿帘降温或负压通风湿帘降温系统的区别在于不安装湿帘，改为安装滴水系统，滴水部分由过滤器、电磁阀、恒温器、控制器、水管和滴头组成。水平位置距猪栏头端栏面大约 32 cm。滴头通常为可选用普通的喷灌滴头，滴头应有自动补偿装置避免漏水，根据国外经验每个滴头提供的水量为 2～3 L/h。滴水量应将滴头流量和滴水时间结合起来调节，滴水量以动物体不要过湿为原则。该系统的运行不需要加压，普通的自来水供应即能满足运行需要。为了避免堵塞，需要在进水端加装过滤器。供水管的安装高度以避免动物撕咬为宜，饲养网面上方 1.2～1.5 m，该系统为局部降温方法，用水量小，投资低。但该系统只适合于单体定位的哺乳母猪与妊娠母猪，对于活动的保育和育肥不是很适合。同时，产房滴水流速不能过大，否则易造成哺乳仔猪拉稀。

5.1.5.2　通风＋喷雾降温系统

通风＋喷雾降温系统指在猪舍内一定高度安装合适密度的高压喷头构成高压喷雾系统，结合正压或负压通风系统构成的通风降温系统。喷雾系统由过滤器水箱、水泵、电磁阀、控制器和喷头等组成。高压喷头将水滴雾化成直径 80 μm 以下的雾滴，使水滴落到猪体或地表面以前就完全汽化，从而吸收舍内热量，结合正压或负压通风达到降温目的。在夏季，室外相对湿度 55%～60%，干湿球温差 6～8 ℃的常见情况下，集中细雾降温装置可将进入舍内的空气气温降低 5～6 ℃，舍内气温比舍外低 4 ℃左右，舍内相对湿度一般不高于 80%。此方法在湿度较大的环境下达不到好的降温效果。

喷雾降温系统(图 5-5)的雾粒大小取决于系统的压力，压力越大，雾粒越小。喷雾蒸发降温系统的压力通常不大于 700 kPa，如果系统的压力超过 690 kPa 则称为细雾降温，细雾降温系统使用的水压为 690～10 350 kPa，细雾降温系统产生的雾粒非常小，能悬浮于空气中，能保证在落到地面之前发生蒸发，但系统的投资和运行费都高。根据文献报道，通常使用的喷雾降温系统的压力常小于 690 kPa，但不低于 200 kPa。在实际生产和应用中，细雾降温也统称为喷雾降温。

图 5-5　喷雾降温系统正在喷雾

5.1.6　楼房猪舍的通风降温系统示例

以广东地区 1 200 头母猪舍为例，说明不同系统模式下的通风降温设计和风机湿帘的配置。

(1)区域气候条件　广东地处中国大陆最南部，属于东亚季风区，从北向南分别为中亚热带、南亚热带和热带气候。年均气温在 11.4～24.3 ℃，且由北向南升高。广州市以南的大部分地区年均气温达 22 ℃及以上，其次是肇庆、清远南部、河源等广东省中部地区气温在 20～22 ℃。

(2)楼房猪舍的工艺和建筑尺寸　该母猪舍采用大栋小单元设计，每单元 200 头，共 6 单元，母猪舍每头体重为 150 kg；猪舍设计尺寸：34.3 m×13.5 m×2.2 m(最大梁底至猪舍楼面板的高度)。

5.1.6.1　负压通风湿帘降温系统设计示例

(1)设计总风量＝13.5 m×2.2 m×1.7 m/s(设计截面风速 1.7 m/s)×3 600 s/h＝181 764 m^3/h。

(2)春秋过渡季节总风量计算：200×70＝14 000 m^3/h。

(3)负压风机选型见表 5-4。

表 5-4　负压风机选型

风机型号	55 寸负压风机	48 寸负压风机	36 寸负压风机	24 寸负压风机
风机最大负压/Pa	50	50	50	50
风量/(m^3/h)	44 300	33 000	19 900	7 900

出风口风机选型：2 台 55 寸轴流风机、1 台 48 寸轴流风机、3 台 36 寸轴流风机、1 台 24 寸轴流风机。

(4)水帘设计

水帘过帘风速设计标准为：1.5～2 m/s。

该舍水帘面积设计为：配置总风量 181 764÷2÷3 600＝25.2 m^2，根据实际情况配置 25.2 m^2 水帘(二维码 5-2)。

二维码 5-2　负压通风湿帘降温系统立面示意图

5.1.6.2　正压通风湿帘降温系统设计示例

(1)设计总风量＝13.5 m×2.2 m×1.7 m/s(设计截面风速 1.7 m/s)×3 600 s/h＝181 764 m^3/h。

(2)春秋过渡季节总风量计算：200×70＝14 000 m^3/h。

(3)正压风机选型见表 5-5。

表 5-5 正压风机选型

风机型号	55 寸正压风机	48 寸正压风机	36 寸正压风机	24 寸正压风机
风机最大负压/Pa	75	75	75	75
风量/(m^3/h)	45 200	35 100	19 700	9 900

出风口风机选型:2 台 55 寸轴流风机、1 台 48 寸轴流风机、2 台 36 寸轴流风机、2 台 24 寸轴流风机。

(4)水帘设计

水帘过帘风速设计标准为:1.5～2 m/s。

该舍水帘面积设计为:配置总风量 181 764÷2÷3 600＝25.2 m^2,根据实际情况配置 25.2 m^2 水帘。

二维码 5-3 正压通风湿帘降温系统立面示意图

(5)空滤设计

规格为 610 mm×610 mm,每块初效过滤纸最大通风量为 1 400 m^3/h。配置初效空滤总数量 181 764÷1 400＝130(块)(二维码 5-3)。

5.1.6.3 联合通风湿帘降温系统设计示例

(1)设计总风量＝13.5 m×2.2 m×1.7 m/s(设计截面风速 1.7 m/s)×3 600 s/h＝181 764 m^3/h。

(2)春秋过渡季节总风量计算:200×70＝14 000 m^3/h。

(3)吊顶风道设计

吊顶风道风速设计标准为 4～6 m/s。

该舍吊顶风道设计为 2 条,单条通风量为 7 000 m^3/h,风道高度设计为 0.6 m,风道宽度为 0.8 m,及风道风速为:7 000÷0.6÷0.8÷3 600≈4.1 m/s。

(4)吊顶风道出风口设计

吊顶风道风速设计为:6 m/s。

吊顶风道口径为:110 mm。

吊顶风道出风口风量为: 270 m^3/h。

吊顶风道出风口数量为:7 000÷270＝26 个,根据猪舍实际情况配置 26 个。

(5)联合通风风机选型见表 5-6。

表 5-6 联合通风风机选型

风机型号	55 寸负压风机	48 寸负压风机	36 寸负压风机	24 寸负压风机	710 高负压风机(变频)
风机最大负压/Pa	50	50	50	50	150
风量/(m^3/h)	44 300	33 000	19 900	7 900	12 400

出风口风机选型：2 台 55 寸轴流风机、1 台 48 寸轴流风机、3 台 36 寸轴流风机、1 台 24 寸轴流风机、710 高负压风机(变频)2 台。

(6)水帘设计

水帘过帘风速设计标准为：1.5～2 m/s。

该舍水帘面积设计为：配置总风量 181 764÷2÷3 600 s/h=25.2 m^2，根据实际情况配置 25.2 m^2 水帘(二维码 5-4)。

二维码 5-4 联合通风模式立面示意图

5.1.6.4 负压精准通风模式示例

(1)风量计算：200×250=50 000 m^3/h。

(2)精准通风高负压风机选型见表 5-7。

表 5-7 精准通风高负压风机选型

风机型号	450 高负压风机	550 高负压风机	710 高负压风机	910 高负压风机	7 101 楼房风机
风机最大负压/Pa	150	150	150	150	150
风量/(m^3/h)	1 364	3 900	12 400	19 200	1 100
洞口尺寸/mm	ϕ 510	ϕ 610	ϕ 780	ϕ 1 000	ϕ 850

出风口风机选型：4 台 710 高负压风机、1 台 550 高负压风机。

(3)吊顶风道设计(二维码 5-5)

二维码 5-5 精准通风模式示意图

吊顶风道风速设计标准为 4～6 m/s。

该舍吊顶风道设计为 4 条，单条通风量为 12 500 m^3/h，风道高度设计为 0.9 m，风道宽度为 0.7 m，及风道风速为：12 500÷0.9÷0.7÷3 600 s/h≈5.5 m/s。

(4)吊顶风道出风口设计

吊顶风道风速设计为：6 m/s。

吊顶风道口径为：110 mm。

吊顶风道出风口风量为：270 m^3/h。

吊顶风道出风口数量为：50 000÷270=185 个，根据猪舍实际情况配置 200 个。

(5)水帘设计

水帘过帘风速设计标准为：1.5～2 m/s。

该舍水帘面积设计为：50 000÷1.8÷3 600 s/h=7.7 m^2，根据实际情况配置 7.7 m^2 水帘。

5.2　楼房猪舍的空气过滤系统

病原体最主要是通过空气和接触传播，其中空气传播是造成养猪业大面积感染疫病的常见原因。猪主要病原体的直径极小(表 5-8)，本身无法自主飞行传播，需依附在载体上才能实现传播。而此载体即为直径 0.3～1 μm 的尘埃颗粒或生物气溶胶。

楼房猪舍是高度集约的新型养猪模式，有限空间中猪只的密度大，楼层间间距一般不会超过 4.0 m，防疫间距小，上下层甚至整栋楼的空气均难以避免地存在不同程度的交叉。病原通过空气传播的风险比平层养殖模式呈倍数递增，楼层间的通道难以隔绝，转猪过程等生产流程均存在进空气传播的风险。

空气过滤系统过滤的并非是病毒或细菌本身，而是过滤、捕捉这些携带病原体的尘埃颗粒或气溶胶，从而将进入猪舍的空气中的病原含量降低到致病浓度以下。

表 5-8　猪病常见的病原体及直径

病原体名称	直径/μm
猪流感病毒	0.08～0.12
猪繁殖与呼吸综合征(蓝耳病)病毒(PRRSV)	0.05～0.065
猪瘟病毒(CSFV)	0.04～0.05
伪狂犬病病毒(PRV)	0.15～0.18
口蹄疫病毒(FMDV)	0.022～0.03
猪气喘病毒(MHYO)	0.30～0.90

5.2.1　空气过滤系统的组成和工作原理

猪舍空气过滤系统(图 5-6)一般由空气过滤器、机械通风湿帘降温系统以及相关的控制系统构成，是猪舍空气过滤及通风降温联动的完整系统。主要的空气过滤装置为空气过滤器。空气过滤器是通过多孔过滤材料的作用，对空气中的不同粒径的粉尘粒子进行捕捉、吸附，使空气质量提高，使气体得以净化的设备。空气过滤系统通常在过滤器外侧进气口位置加装金属防蚊防虫网，先过滤掉树叶、絮状物、蚊虫等，延长过滤器的使用寿命和提高使用效率。通风系统增加空气过滤后，会增加通风的阻力，导致室内外静压差增大，过大的静压差一方面会降低风机的运行效率，另一方面会增加未过滤的空气通过猪舍缝隙进入舍内的风险，所以总的静压差不要超过 50 Pa，但这样就会增加需要过滤器的数量。增强猪舍的密封性是需要做的另一方面工作，尤其是门边、窗边、吊顶墙面接缝等，要确保密封，风机的倒流也需要考虑，可以采用防倒流百叶或者风机外罩布袋，这样会最大程度地降低疾病的传播。

图 5-6 空气过滤系统

5.2.1.1 空气过滤器的分类

国内通风过滤器主要分为粗效、中效、亚高效、高效、超高效过滤器等级别，与欧洲和美国分级标准类似(图 5-7)。欧洲的分级标准主要有粗效过滤器(G1～G4 级别)、中效过滤器(F5～F9 级别)、HEPA 过滤器的高效过滤器(H10～H14)、ULPA 过滤器(U15-U17)的超高效过滤器。

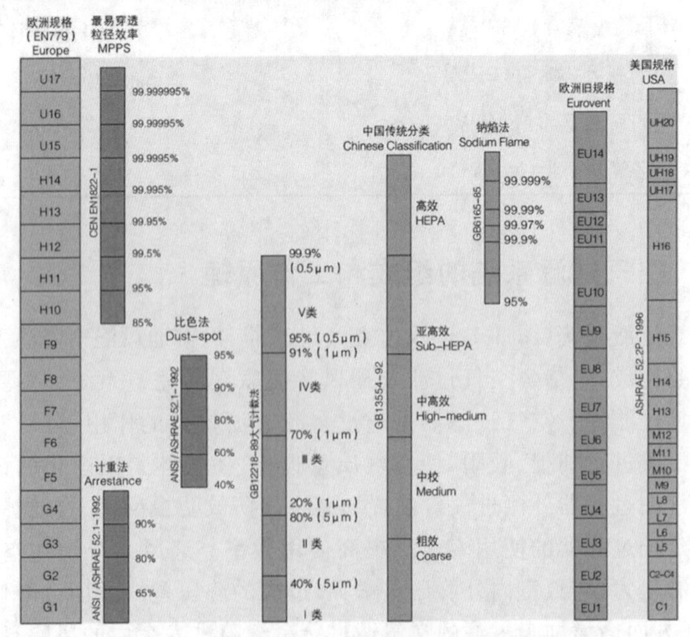

图 5-7 欧洲、美国、中国过滤器效率等级参照图

(1)粗效过滤器　粗效过滤器,去除≥5 μm 的尘埃粒子,初阻力≤50 Pa,在空气净化系统中作为预过滤器保护中效和高效过滤器以及其他配件,以延长它们的使用寿命。粗效过滤器计径效率见表 5-9。

表 5-9　粗效过滤器计径效率

编号	粒径范围/μm	平均粒径/μm	初始效率/%
1	0.30～0.40	0.35	6
2	0.40～0.55	0.47	12
3	0.55～0.70	0.62	17
4	0.70～1.00	0.84	23
5	1.00～1.30	1.14	32
6	1.30～1.60	1.44	39
7	1.60～2.20	1.88	46
8	2.20～3.00	2.57	56
9	3.00～4.00	3.46	65
10	4.00～5.50	4.69	73
11	5.50～7.00	6.20	79
12	7.00～10.00	8.37	84

注:实验风量为 0.278 m^3/s

(2)中效过滤器　中效过滤器,去除≥1.0 μm 的尘埃粒子,初阻力≤80 Pa,在空气净化系统中作为中间过滤器减少高效过滤器的负荷,延长高效和其他配件的使用寿命。

亚高效过滤器,去除≥0.5 μm 的尘埃粒子,初阻力≤120 Pa,在空气净化系统中作中间过滤器,在低级净化系统中可作为终端过滤器使用。中效、亚高效过滤器计径效率见表 5-10。

表 5-10　中效、亚高效过滤器计径效率

编号	粒径范围/μm	平均粒径/μm	初始效率/%
1	0.30～0.40	0.35	88
2	0.40～0.55	0.47	90
3	0.55～0.70	0.62	92
4	0.70～1.00	0.84	95
5	1.00～1.30	1.14	98
6	1.30～1.60	1.44	98
7	1.60～2.20	1.88	98

续表5-10

编号	粒径范围/μm	平均粒径/μm	初始效率/%
8	2.20～3.00	2.57	99
9	3.00～4.00	3.46	99
10	4.00～5.50	4.69	99
11	5.50～7.00	6.20	100
12	7.00～10.00	8.37	100

注：实验风量为 0.944 m^3/s

(3)高效过滤器　高效过滤器，去除≥0.3 μm 的尘埃粒子，初阻力≤220 Pa，在空气净化系统中的终端过滤器，高级别洁净室中(0.3 μm 洁净室)必须使用的终端净化设备。

超高效过滤器，去除≥0.1 μm 的尘埃粒子，初阻力≤280 Pa，在空气净化系统中的终端过滤器，高级别洁净室中(0.1 μm 洁净室)必须使用的终端净化设备。高效过滤器计径效率见表 5-11。

表 5-11　高效过滤器计径效率

编号	粒径范围/μm	平均粒径/μm	初始效率/%
1	0.30～0.40	0.35	95
2	0.40～0.55	0.47	96
3	0.55～0.70	0.62	97
4	0.70～1.00	0.84	98
5	1.00～1.30	1.14	99
6	1.30～1.60	1.44	99
7	1.60～2.20	1.88	99
8	2.20～3.00	2.57	99
9	3.00～4.00	3.46	99
10	4.00～5.50	4.69	99
11	5.50～7.00	6.20	100
12	7.00～10.00	8.37	100

注：实验风量为 0.944 m^3/s

5.2.1.2　空气过滤器的工作方式

(1)拦截效应　当某一粒径的粒子运动到纤维表面附近时，其中心线到纤维表面的距离小于微粒半径，灰尘粒子就会被滤料纤维拦截而沉积下来。

(2)惯性效应　当微粒质量较大或速度较大时，由于惯性而碰撞在纤维表面而沉积下来。

(3)扩散效应　小粒径的粒子布朗运动较强而容易碰撞到纤维表面上。

(4)重力效应　微粒通过纤维层时,因重力沉降而沉积在纤维表面上。

(5)静电效应　纤维或粒子都可能带电荷,产生吸引微粒的静电效应,而将粒子吸到纤维表面上。

5.2.1.3　空气过滤器选择

(1)空气过滤器阻力　在整个通风过滤系统中,由空气过滤器产生的阻力峰值将占整体阻力值的50%左右。所以在保证过滤效率的同时,尽可能地选择低阻力、高通风量的过滤器设备或方案,这对平衡风阻和能耗非常有益。

(2)空气过滤器的效率　预过滤器和主过滤器应同时配套使用,前段采用预过滤器进行防尘处理,后端采用主过滤器对生物气溶胶进行高效拦截。预过滤器的过滤效率为MERV8,主要用途为拦截3～10 μm的大颗粒灰尘以保护主过滤器。在公猪站,核心母猪群区或疫病风险区(风险时期) MERV15A(16)级的主过滤器应优先考虑使用,以提供足够的保护率。

(3)空气过滤器的材质　与传统医疗、卫生及其他工业多级过滤、配套大功率通风设备和户内使用环境不同,而猪场环境中的空气过滤系统在户外暴露面积大,高灰尘浓度、冬季低温、高湿度及腐蚀气液体等苛刻环境因素,决定了在猪场里使用的过滤器的滤材需具备防水、耐腐蚀及抗物理损伤等特性。

常见的滤材有以下4种:①合成纤维高效滤材,集合了玻璃纤维滤材的所有优点,过滤效率和阻力与同等级的玻璃纤维滤材不相上下,弥补了玻璃纤维滤材脆弱的缺点,后端处理可完全焚烧填埋,残渣对环境无污染。相对具有较高的经济适用性,非常适合畜牧业等大规模场景。②玻璃纤维高效滤纸,其过滤效率相对最高,过滤原理为筛网拦截式,使用效率无衰减,初阻力最大,随着时间延长阻力逐渐增大,对风机要求较高。使用寿命为复合滤纸的几倍;劣势是后期处理是全球性难题,无法焚烧,就地掩埋会污染土壤及地下水;极易破损。常规玻璃纤维过滤器因吸水、易损及高风阻等特性,在猪场这种苛刻的环境中应用普及程度不大。③复合滤纸(PP和PET),结合了PP和PET的优点,既能保证滤材的过滤精度,又能保证滤材的挺度。阻力最小,对风机要求较低,初始效率正常,随着使用时间,其静电消失后过滤效率下降较快,使用寿命较低经济性较差,不是用于畜牧业的理想材料。④无纺布(G2,G4),粗效过滤的主要材料,分为热风棉和针刺棉等工艺,具有较大的容尘量,主要拦截1～5 μm的可能携带病毒的大颗粒粉尘、体积极小的飞虫等生物。

目前全球大部分使用的是低风阻高过滤效率合成纤维滤材。合成纤维滤材具备防水耐腐抗损的特性,从全球猪场应用的平均数据来看,在同等条件应用环境下,低阻合成纤维的过滤面积仅需常见玻璃纤维过滤器的50%。

5.2.1.4 空气过滤器更换

无论是预过滤器还是主过滤器,均是耗材,需定期更换。过滤器的更换频率与通风类型、空气过滤系统初终阻力设定及周边工况有直接的关系。主过滤器的价格要远高于预过滤器,但使用寿命比预过滤器要长。主过滤器可使用3~5年,因国内猪场自2010年开始规模化装备空气过滤器,迄今为止尚未发生大规模地更换主过滤器的情况。预过滤器视具体场址及工况,结合通风系统不同模式切换的时间,一般6~12个月需进行更换。

侦测过滤器是否需要更换,可定期使用压差计对静压进行监测,压差的变化可直观地反映过滤器容尘堵塞程度,这样可以避免因过滤器堵塞引起通风量不足的现象。

除监测压差变化外,还要定期检查过滤器滤芯是否会遭老鼠破坏,过滤器表面是否有因固定边框生锈而吸进的锈屑。玻璃纤维过滤器在初始安装的时候容易留下指纹,定期检测过程中需观察该指纹是否有扩大的趋势。防回流,负压通风过滤系统对栏舍的密封要求甚为严格。在栏舍系统中,地沟风机及抽粪管、办公室入口及淋浴区、窗户和转猪通道、闲置风机和其他裂缝地方均需要进行检查处理。对于各个潜在回流位置可进行如下措施进行防止空气回流和旁路泄漏:①修补密封破损门窗;②粪池开口安装池盖;③封闭不必要的门,防止操作工人误开启;④耳房开口和檐口进风口安装防鼠网;⑤进出通道和转猪通道采用双门缓压操作;⑥闲置风机加装百叶墙或风机盖防回流;⑦修补吊顶漏孔。

5.2.2 空气过滤系统的分类

(1)完全过滤设计 栏舍各种气候通风模式下均进行空气过滤。公猪站、核心场或疫病风险区(时期),全过滤方案可作为蓝耳病阴性场的必选措施。负压通风全过滤方案,要求对夏季进风口(炎热天气)和吸顶进风小窗进风口(寒冷天气)都加装空气过滤器,通过过滤,猪群在任何时候均处于洁净空气的保护状态。完全过滤设计也是综合生物安全规范所推荐的一部分。

(2)季节性过滤设计 每年的秋冬到次年的春季期间是呼吸道疾病的高发季节,春节的湿度及温度尤为适合蓝耳病病毒的存活及传播。针对秋冬春期间进行空气过滤防疫,可只用全过滤方案数量35%的滤器。依地区而定,采用季节性过滤方案的猪群每年有6~8个月时间处于空气未过滤状态,所以目的仅在于在疫病高发季节进行过渡保护,并在原有的防疫措施基础上提高防疫效果。季节性过滤不适用于蓝耳病阴性群体生物安全规范和养殖密度高区域。

空气过滤系统是防止空气传播疾病的一种有效措施,目前业界的重心将其应用于蓝耳病和气喘病等呼吸道疫病的防疫。使用高效低阻的过滤器、平衡通风系统静压影响和防止空气回流泄漏，这些措施可以保证系统高效地运作。空气过滤系统并不是万能的，它只是作为综合生物安全措施中的关键部分，猪场使用空气过滤系统后，始终严格地执行生物安全规范是最为至关重要。

5.2.3 楼房猪舍通风降温和空气过滤系统应用面临的问题和对策

绝大多数楼房猪舍规划设计时未将空气过滤系统纳入整体规划，导致后期添加空气过滤系统时将受到极大的客观条件限制，甚至增加不必要的资金投入。例如：在没有预留建设空间时，添加空气过滤系统，因无法向外延扩展，可能需要占用和牺牲部分栏位空间作为空气过滤系统的建设，此外对风道的布局和施工也增加了不可预测的难度。

因此，在楼房猪舍设计中，除了需要在整体规划设计时考虑通风模式的结构和风机静压需求之外，以下 5 点需要在设计中优先考虑。

(1)以区域气候大数据为依据，进行"一对一"方案设计，将区域气候、温度对过滤系统的影响降到最低。如考虑冰冻、雨水、台风、高温、高湿气象等，合理规划通风需求与温度需求，对四季温差大的标的项目应该设计、设置精准的风量调节措施，且按需选择过滤器材质。

(2)在猪场整体规划设计时，应考虑周边环境对猪舍的影响。要充分考虑外部自然季风/气流走向是否会造成倒灌，吸风口风向是否会增加风机工作负担，废气排放方向与外部气流是否会形成合流影响吸风品质等。

(3)风道的设计需合理利用建筑空间，比如下层通风管道与上层排粪通道共用同一个建筑平层。

(4)充分考虑空气过滤的检修更换操作空间，空气过滤数量按需规划，不宜过多，检修通道尽可能便捷，但不可过度占用空间，同时为操作人员提供登高作业安全防护措施。

(5)需要考虑便捷的物料上楼通道或措施。

5.2.4 楼房猪舍空气过滤系统设计案例

(1)以广东地区 1 200 头母猪舍为例。

(2)该母猪舍采用大栋小单元设计，每单元 200 头，共 6 单元，母猪舍每头体重为 150 kg。

(3)猪舍设计尺寸：34.3 m 长×13.5 m 宽×2.2 m 高(主梁梁底高度)。

(4)广东地处中国大陆最南部，属于东亚季风区，从北向南分别为中亚热带、南亚热带和热带气候。年均气温为 11.4～24.3 ℃，且由北向南升高。广州市以南的大部分地区年均气温达 22 ℃及以上，其次是肇庆、清远南部、河源等广东省中部地区气温在 20～22 ℃。根据该气候特点设计总风量＝13.5 m×2.2 m×1.7 m/s（设计截面风速 1.7 m/s）×3 600 s/h＝181 764 m^3/h。春秋过渡季节总风量计算：200×70＝14 000 m^3/h。

(5)空气过滤器的设计参数见表 5-12，空气过滤器选型见表 5-13。

表 5-12　中效(亚高效)过滤器(M15/M16)的设计参数

指标项目	指标品牌参数要求
滤芯材质	玻璃纤维，克重≥70 g
热熔胶	采用环保无气味 EVA 热熔胶
AB 胶	低气体释放量环保密封胶
侧面密封胶	环保白乳胶
外框材质	ABS
金属网	8 mm×16 mm 菱形护网
密封条	低气味 EVA，扣装链接
尺寸	592 mm×592 mm×292 mm(4V 型)
初始效率	MERV15：粒径 0.3～1 μm，效率，≥90%；粒径 1～3 μm，效率≥95% MERV16：粒径 0.3～1 μm，效率≥95%；粒径 1～3 μm，效率≥97%
初阻力/风量	MERV15：≤23 Pa/1 000 m^3/h MERV16：≤28 Pa/1 000 m^3/h
滤纸面积	≥23 m^2/PSC (滤芯高度≥28 mm)
胶距	≤26 mm(环保无气味热熔胶)
密封垫	法兰前后有密封垫，密封垫尺寸：宽度 2 cm 以上；厚度 5 mm 以上，粘贴时沿框架外侧为基准贴附；密封垫片相互扣接密封
防护网	高效过滤器最外两侧带防护网
内包装	塑料薄膜密封，完好无破损
外箱包装	箱体四周密封良好，确保运输及消毒过程中无灰尘、消毒液等颗粒进入
使用环境	农村大气环境，温湿度范围：温度－45～70 ℃，湿度 30%～90%；要求 3 年内过滤器滤纸无塌陷脱落现象；阻力无短时间暴增现象(24 h 增加大于 50%)
检测报告	检测报告内容包括：MERV15 和 MERV16：风量(250 m^3/h、500 m^3/h、750 m^3/h、1 000 m^3/h、1 250 m^3/h、1 500 m^3/h)阻力曲线，不同风量(250 m^3/h、500 m^3/h、750 m^3/h、1 000 m^3/h、1 250 m^3/h、1 500 m^3/h)不同粒径效率曲线 MERV8 粗效需提供 1 000 m^3/h 风量下不同容尘量与阻力测试曲线；1 000 m^3/h 不同粒径效率测试

表 5-13　空气过滤器选型

空气过滤器型号	规格/mm	风量/(m^3/h)	风阻/Pa
中效(亚高效)过滤器(M15/M16)	610×610	1 000	35

空气过滤器配置:181 764(设计总风量)÷1 000(通风量)=182 块。

5.3　楼房猪舍的臭气治理

猪场的臭气主要的成分为含氮化合物(主要为 NH_3)、含硫化合物(主要为 H_2S)、挥发性脂肪酸、挥发性脂类化合物、含硫有机物、芳香族化合物、二氧化碳、一氧化碳等。其中 NH_3、H_2S 以及挥发性有机物是臭气的主要组成成分,猪舍内干饲料饲喂过程会扬起大量的细小颗粒,加上猪的皮屑等形成灰尘颗粒,这些灰尘颗粒吸收、吸附臭气成分,构成猪舍废气(臭气)排到环境中,污染空气环境,影响周边环境质量,刺激人的感官,威胁人的身心健康,这已经成为养猪业可持续健康发展亟须解决的问题。

楼房养猪模式属于高度集约化的养殖模式,与平层养殖相比,将大量的猪只集中在一个有限的空间饲养,其单位容积的排放量和排放浓度是平层养殖模式的几何倍数。如果不进行有效的处理,首先造成楼房猪舍周边空气环境整体质量不断下降,这些质量差污染严重的空气会从进风口重新被吸入猪舍内,如此形成恶性循环,使猪舍内空气质量长期处于不良状态,严重影响猪只的健康。其次由于楼房猪舍都有一定的高度,臭气排出后部分会通过气流的作用飘散到更远的地方,造成空气环境污染的范围扩大。因此,楼房养猪的臭气治理比传统的平层养殖更加紧迫,更有意义,十分必要。

猪场臭气的防控综合治理主要有 3 种方法:源头减量,过程控制和治理,末端减排治理。

(1)源头减量　源头减量主要包括使用氨基酸平衡的低蛋白日粮,以减少氮的排泄;添加可发酵碳水化合物(纤维素、半纤维素、果胶、乳糖等低聚糖)。通过改变肠道和排泄物中的微生物及其发酵过程,改变粪尿的理化特性,从而减少臭气的产生;添加微生态制剂、酶制剂改善肠道环境,提高饲粮的消化率。添加植物提取物及中草药添加剂等,提高饲料的利用率减少臭气的排放。

(2)过程控制和治理　过程控制和治理主要包括加强管理,及时清理猪舍中的粪尿,使舍内保持清洁干燥,防止粪便在舍内堆积。粪尿通过密封的管道输送,避免暴露在空气中,减少臭气排放。在猪舍中投放或喷洒微生物、物理、化学除臭剂,以吸附、分解臭气中化学成分，减少臭气排放。过程控制和治理也可称为猪舍内治理。

(3)末端减排治理　末端减排指猪舍的排气端的臭气减排治理，也有称为猪舍外治理。

臭气的综合治理也简称臭气处理或简称除臭。目前猪舍内的除臭工艺主要有猪舍内喷雾除臭剂除臭，猪舍外的除臭工艺主要有排风端水洗降尘除臭、屋顶集中喷淋(喷雾)降尘除臭、屋顶集中水洗降尘除臭等。常用除臭剂主要有活性酶除臭剂、微生态除臭剂、植物精油除臭剂等。水洗降尘除臭主要通过雾化出来的水溶液或喷雾到水帘上的水溶液，以及水帘顶部均匀布水流下来的水溶液吸收、溶解废气中部分臭气的主要成分，溶解吸附有臭气成分的粉尘颗粒，使排出气体臭味尽可能地减少，达到不影响人们的身心健康，不造成空气污染，实现除臭、减排综合治理的目的。喷雾的水和水帘过帘的水溶液流入配套的水槽中并通过水泵接入喷淋或水帘布水系统管道，实现循环利用以减少水的费用。

整个水洗除尘除臭系统主要由通风系统、喷雾系统、水帘及水循环系统构成。其中关键的设施是除臭水帘(又称除臭滤墙)。除臭水帘的材料主要为聚丙烯材料(PP材质)，呈蜘蛛网孔状结构，网状孔道为45°，孔道侧壁呈三角形透水孔，三角孔道高度为40 mm，此结构的湿帘片便于通风及水的渗透，有着良好的除臭效果。除臭水帘的厚度为15～45 cm不等。如果只使用一道除臭水帘一般要求厚度应达45 cm，使用多道除臭水帘时每道水帘的厚度15 cm即可，应根据预期的除臭效果由专业人员设计。

5.3.1　楼房猪舍的舍内臭气治理模式

楼房猪舍内臭气治理简称舍内除臭，主要采用工艺为“喷雾系统＋除臭剂除臭模式”(图5-8)。在猪舍中安装高压微雾系统设备，将活性酶除臭剂或微生态除臭制剂或植物精油除臭剂等，以合理浓度的水溶液雾化后均匀分散在猪舍内空气中，直接作用在猪只体表、地面、粪沟等位置，有效吸附空气中的臭气分子，并与臭气分子发生聚合和分解等化学反应，使之降解生成对人和猪无害、无味的产物，实现降尘除臭目的。

该模式所用高压微雾系统，即使不添加活性酶或微生态制剂等除臭剂，直接用水喷雾吸附舍内粉尘，也可以起到除尘除臭的作用，但效果稍差些。该系统也可同时用于猪舍的雾化消毒以及与机械通风系统联动组成喷雾＋通风降温系统。因此，该高压微雾系统可以集除臭、消毒、除尘、雾化降温4种功能于一体。

该除臭方式应与通风系统智能化联动控制，在喷雾除臭剂时必须暂停通风系统，特别是负压通风，否则除臭剂会很快被排出舍外，失去作用并造成浪费，暂停时间应既能保证除臭剂与臭气的充分作用时间，又能不影响舍内温度环境。该除臭方式的缺点是会增加猪舍湿度，尤其在高湿度地区影响较大，同时需要长期使用除臭制剂。

图 5-8　喷雾系统＋除臭剂除臭模式

5.3.2　楼房猪舍的舍外臭气治理模式

楼房猪舍的舍外臭气治理模式是指在猪舍外安装除臭设施，猪舍内的废气排出猪舍后，经过舍外除臭设施处理后排放。包括单栋楼房猪舍每层独立通风除臭模式、单栋楼房猪舍屋顶集中除臭模式、单栋猪舍屋顶（面）集中通风除臭模式、两楼房猪舍合并集中通风除臭模式、多栋楼房猪舍组合集中除臭模式。

5.3.2.1　单栋楼房猪舍每层独立通风除臭模式

该模式包括“排风端除臭水帘水洗”模式和“排风端除臭水帘水洗＋侧面喷雾”模式。该模式的优点是每个楼层甚至每个楼层的每个单元除臭系统独立运行互相隔断，有效防止尾气互串、倒灌等交叉感染。缺点是增加通风系统的风阻，必须加大风机的功率，造成电耗成本增加，同时需 24 h 运行，水的耗量大。

（1）排风端除臭水帘水洗除臭模式　在每层猪舍的排风端设置除臭水帘。猪舍内的臭气排出时，经过除臭水帘上不断流动的重力水流时，通过水洗或酸洗（在水中加酸性溶液），实现降尘除臭的目的。该模式由除臭水帘、水泵、集水池等组成的水循环利用系统，并与通风系统联动，实现智能化自动控制。该模式的风机和水帘有两种设置方式，一种为风机在除臭水帘的前端，另一种为风机在除臭水帘的后端。不管是风机在除臭水帘前端或后端，整个系统风机功率的配置一定要充分考虑除臭水帘造成的风阻（过帘风速），务必经过专业科学的计算，避免影响通风效率和除臭效果。

①风机在除臭水帘的前端：即猪舍-风机-除臭水帘（图 5-9），该方式不影响猪舍内通风，但风机和除臭水帘之间的间距非常重要，间距大小应根据风机的规格、功率、排风量科学计算，同时对风机和除臭水帘间空间的密封要求较高，以保证臭气能够压过水帘。

图 5-9 排风端除臭水帘水洗除臭模式（猪舍-风机-除臭水帘）

②风机在除臭水帘的后端：即猪舍-除臭水帘-风机（图 5-10），由于猪舍臭气经过水帘后增加湿度，长期让风机在溶解有臭气成分的高湿的空气环境中工作，影响使用寿命，应更加注意风机的选型。

图 5-10 排风端除臭水帘水洗除臭模式（猪舍-除臭水帘-风机）

(2)排风端除臭水帘水洗＋侧面喷雾除臭模式(图 5-11)　该模式是在“排风端除臭水帘水洗除臭模式”的基础上，在水帘内侧(靠风机侧)加装喷淋或喷雾系统。猪舍内臭气经过风机排出后，在喷淋或喷雾和水帘重力水流双重作用下，实现降尘水洗除臭，喷淋或喷雾的水喷在水帘上，同样汇集到水帘下的收集池中，实现循环利用。该方式与仅单一使用水帘水洗方法相比除臭效果更好，但投资成本增加，同时喷雾系统应做好有效过滤，否则容易堵塞喷头，增加维护成本。

图 5-11　排风端除臭水帘水洗＋侧面喷雾除臭模式

5.3.2.2　单栋楼房猪舍屋顶集中除臭模式

单栋楼房猪舍屋顶集中除臭模式的基本原理是在猪舍的排风侧设置专用的废气收集井，从一楼直通到屋顶，每个楼层猪舍独立通风，每层猪舍排出的废气通过收集井到屋顶后，采用不同的臭气处理方式进行有效处理后统一排放。该模式关键点首先是废气收集井道的宽度应根据风机的功率和总通风量(排气风量)严格计算，即收集井的外侧墙体与风机的距离应确保风机排出的风打到墙上后不会回弹，从而影响风机的通风效率；其次风机侧应设置防护气流倒灌设施，预防部分风机不工作时下层楼层的废气倒灌流入猪舍内；最后收集井应有足够截面积，有足够的通风空间、确保整栋猪舍的排气量能够非常顺畅地通过收集井到达屋顶排出。屋顶除臭空间设置的体积应根据整栋猪舍总通风量需求以及所采用除臭工艺造成的风阻来计算，因宽度已受楼房猪舍宽度的限定，因此除臭空间设置的体积只能从高度和长度来调整。屋顶集中排气除臭模式同样可以采用喷雾除尘、喷雾除臭剂和水帘水洗等方式实现除臭。

该模式的废弃收集井具有“烟囱效应”，可以利用猪舍通风通道、废气收集井、楼房猪舍内外的气压差实现有一定通风量的自主通风排气，这种效应不但有节能作用，更可贵的是在万一停电的情况下，可实现自主通风，基本满足猪只的生存需求，不至于造成猪的伤害甚至死亡事故。

(1)屋顶喷雾＋水帘集中除臭系统　根据整栋楼房猪舍的总通风量需求，在屋顶设立除臭间，采用一至三道喷雾＋一道水帘的工艺。除臭的技术措施是添加活性酶制剂、植物精油或微生态制剂等，吸附、分解、降解臭气成分，结合水洗降尘除臭。整体工艺为：干净水→循环水池→除臭菌剂添加→除臭循环设备→供水管道→雾化除臭专用喷嘴→微雾滴与臭味淋洗混合→臭味分子下降进入缓冲水池内→除臭、消毒、杀菌反应→水循环使用→多重缓冲网加过滤水帘过滤排放。

①多重低压雾化淋洗：通过多重低压雾化淋洗，让臭气分子充分溶解于加入除臭剂的雾滴，进行一次净化分解，未分解完的臭气分子也被包裹在雾滴内，落入水里，溶解进缓冲水池。

②循环水池：每道喷雾均安装一个循环水池，水池内的水为循环使用，当剩余臭气分子融入循环水池的水中，水中的除臭剂会持续对臭气分子进行二次持续分解(部分洗涤后的水溢流排出，新水补入)。

③除臭缓冲网：设计安装 4 层除臭缓冲网，达到缓冲、混合、除雾、净化的目的。除臭缓冲网具有细密的小孔，可让恶臭气体在其内部缓冲，和水雾充分混合，当水雾碰撞到缓冲网上面时，凝结成水滴，滴入循环水池，在滴落的过程中，也起到了恶臭气体的二次过滤作用。在很好地避免水的飘散流失问题的同时，也不会增加很大的风阻，保证了排风系统的正常运行。最为经济适用的除臭缓冲网为普通遮阳网。

④过滤水帘：经过前面工艺处理后的气体最后再经水帘过滤处理后排放。该模式如果设立了三道喷雾系统＋除臭缓冲网，也可以不用增加水帘过滤，具体应根据除臭预期效果选择。选用的水帘厚度为 10～15 cm 即可，不必选用太厚的水帘以免造成浪费。该模式的优点是除臭效果好、投资成本合理，缺点是运营成本高、运营和维护难度较大。

(2)收集井顶端除臭水帘＋喷淋系统的除臭模式(图 5-12)　在楼房猪舍的废气收集井顶端，与屋面平行位置安装除臭水帘，水帘的上端配套喷淋系统，整栋猪舍的废气排到收集井时，在收集井中形成正压，废气经过喷湿的水帘后，实现降尘除臭。该模式不用建设屋顶的除臭空间，直接在收集井的顶端安装水帘，节省成本，除尘除臭的水在底层收集过滤后，再抽到顶层循环利用，投资相对较小，运行简单，但废气收集井内的环境较差。

图 5-12 收集井顶端除臭水帘＋喷淋系统的除臭模式

(3)屋顶多道除臭水帘＋辅助风机除臭系统(图 5-13) 根据整栋楼房猪舍的总通风量需求,在屋顶设置除臭间,在除臭间每隔 1～2 m 设置一道除臭水帘,可设置 2～3 道除臭水帘(至少 2 道),水帘厚度 15 cm,在最外侧配置若干负压风机,与猪舍的排风系统协同,提高废气的过帘能力,实现除臭的目的。每道水帘均应设置水回池收集集中统一过滤后循环利用。该模式除臭效果相对较好,管理也较为方便,投资比较合理,性价比较高。该模式因为有多道水帘,通常风阻较大,所以应配置负压风机提高废气的过帘能力,风机的配置数量、功率应科学且准确计算。

图 5-13 屋顶多道除臭水帘＋辅助风机除臭系统

(4)屋顶单一除臭水帘除臭系统 该模式与“屋顶多道除臭水帘＋辅助风机除臭系统”原理相同,只是水帘只设置一道,采用厚度 25～45 cm 的水帘,配套水回收过滤循环利用系统。不配置辅助风机,完成依靠楼房每层猪舍排风机排风时在废弃收集井中形成的正压,使废气通过除臭水帘后排放。同样应精确计算每层的排风量和水帘的过帘风阻,确保通风顺畅不造成倒灌到猪舍中。

5.3.2.3 单栋猪舍屋顶(面)集中排风除臭模式

屋顶集中通风指在楼房猪舍的排风侧建设排气井(废气收集井),与猪舍相连通,在屋面建设通风除臭间,共同形成一个密闭的排气空间。把整栋猪舍通风系统所需的风机全部集中安装到屋顶的除臭间,当屋顶风机开启后,排气井和整栋每层所有猪舍呈负压状态,使猪舍中的废气集中通过排气井从屋顶排气(图 5-14)。

屋顶集中通风除臭模式,同样有风机在除臭水帘的前端,和风机在除臭水帘的后端两种方式。该模式一般除臭水帘只设置一道，厚 25～45 cm，同样配套水循环系统，也可以在除臭水帘的侧面增加喷淋系统以提高除臭效果。

5.3.2.4 两楼房猪舍合并集中排风除臭模式

两栋猪舍的排风侧相对排列，猪舍两端用墙体相连封闭，根据总的通风量需要，设计两栋猪舍的合理间距构成一个集中密闭的排风井道（通风空间），在排风井道上方或在猪舍的屋面建设集中排风除臭间，除臭间大小应能满足两栋猪舍总通风量和除臭设施造成的风阻所需的空间，以及能够容纳所有风机和除臭水帘或其他除臭装置及其配套设施。两栋猪舍之间的排风井道、猪舍内部、屋面通风除臭间之间连通共同构成一个负压的空间，猪舍内的废气经排风井道进入集中排风除臭空间，经过若干除臭装置处理后排放（图 5-15）。除臭装置或方式同样有喷淋降尘除臭、除臭剂除臭、水帘水洗除臭工艺，根据需要科学选择。

图 5-14 单栋猪舍屋顶（面）集中排风除臭模式

图 5-15 两楼房猪舍合并集中排风除臭模式

5.3.2.5 多栋楼房猪舍组合集中除臭模式

多栋楼房猪舍组合指三栋或四栋楼房组合排列，为充分利用多栋猪舍之间的排列空间布局排气和除臭功能区。三栋楼房猪舍呈“品”字形排列，四栋楼房猪舍量“十”字形排列，这种排列因通风量过大，风机数量庞大，难以实现集中排风的调控，因此一般只能采用每层猪舍独立通风，集中除臭的模式。即在三栋“品”字形和四栋“十”字形排列的楼房之间的间距区域构成集中废气收集井，在收集井的顶端或三栋/四栋猪舍的屋面建设集中除臭间，猪舍废气通过收集井后，经过集中除臭间的除臭设施处理后排放，实现除臭的目的(图 5-16)。

多栋楼房组合建设和组合集中除臭的模式因其对地形条件和建设规模及配套设置等多方面的要求比较特殊，实际建设的案例不多。

图 5-16 多栋楼房猪舍组合集中除臭模式(集中除臭系统待装)

5.3.2.6 楼房猪舍臭气治理设计示例

以广东地区楼房猪舍的设计为例，广东地处中国大陆最南部，属于东亚季风区，从北向南分别为中亚热带、南亚热带和热带气候。年均气温为 11.4～24.3 ℃，且由北向南升高。广州市以南的大部分地区年均气温达 22 ℃及以上，其次是肇庆、清远南部、河源等广东省中部地区气温为 20～22 ℃。

(1)楼房单层除臭设计示例 单层除臭是指在每一楼层的每一单元风机口后端设置风机与滤墙之间有 5 m 左右的除臭空间，猪舍内的臭气通过风机经过除臭墙处理后直接排到大气中去。以 1 200 头配怀舍为例设计说明(图 5-17)。

设计参数如下：

①该配怀舍采用大栋小单元设计，每单元 200 头，共 6 单元，配怀舍母猪单头

体重为 150 kg。

②猪舍设计尺寸:34.3 m×13.5 m(主梁梁底高度),吊顶高度设计为 2.4 m。

③通风模式采用传统隧道通风模式。

④猪舍通风量为:13.5×2.4×1.8×3 600≈210 000 m^3/h。

⑤单元猪舍内风速设计为:1.8 m/s。

⑥除臭墙风速设计值为:1.5 m/s。

⑦除臭墙与风机墙间距为:5 m。

⑧除臭墙风阻:15～20 Pa。

⑨除臭墙面积为:210 000÷1.5÷3 600≈38 m^2。

⑩防蚊网:5～10 Pa。

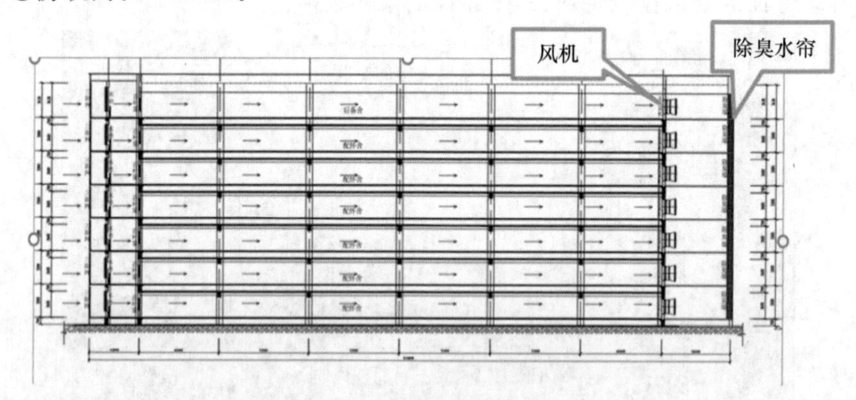

图 5-17 单栋每层除臭模式示意图

(2)两栋合并中间屋面除臭设计示例 两栋合并中间屋面集中除臭,是将每一层猪舍内的废气均通过第一风道抽送到集中风井,位于风井内的废气则通过风井到达楼顶的除臭间并通过第二风道抽送到除臭间内,而除臭间内的废气在经过若干除臭装置处理之后再排放到室外。以两栋 7 200 头育肥楼为例设计说明(图 5-18)。

设计参数如下:

①该育肥舍采用大栋小单元设计,每栋共 3 层,每层 4 个单元,每单元 600 头育肥猪。

②猪舍单元设计尺寸:37.3 m×14.9 m×4.2 m(主梁梁底高度),吊顶高度设计为 2.4 m。

③通风模式采用普通精准通风模式。

④单头育肥猪通风量设计为:150 m^3/h。

⑤单元猪舍通风量为:600×150=90 000 m^3/h。

⑥单栋猪舍总通风量为:90 000×4×3=1 080 000 m^3/h。

⑦除臭墙设计在两栋猪舍围成的天井上方。

⑧除臭墙风速设计值为:2 m/s。

⑨除臭墙面积为:1 080 000÷2÷3 600＝150 m^2。除臭墙距离风机墙距离:5～5.5 m。除臭墙风阻:15～20 Pa。

⑩防蚊网:5～10 Pa。

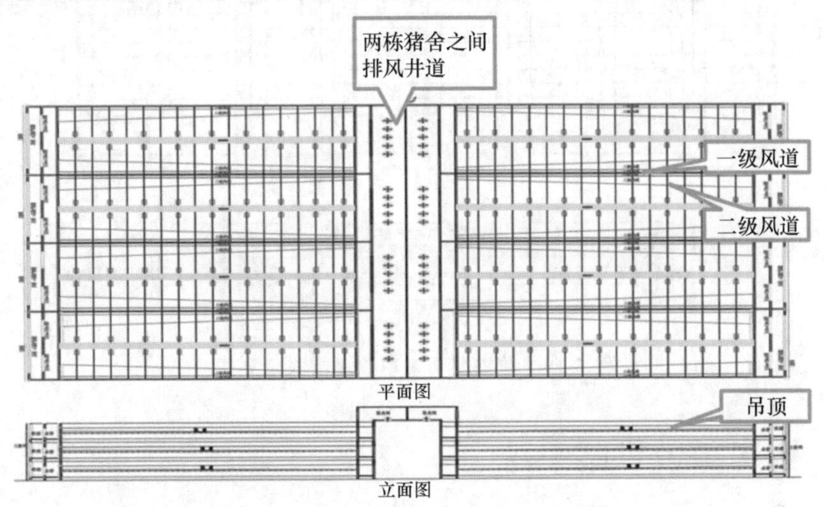

图 5-18　两栋合并中间屋面集中除臭模式示意图

(3)单栋屋顶集中除臭举例　单栋屋顶集中除臭与两栋合并中间屋面集中除臭的原理是一样的,只是建筑结构上有些区别而已。都是将每一层猪舍内的废气均通过第一风机抽送到集中风井,位于风井内的废气则通过风井到达楼顶的隔间并通过第二风机抽送到除臭间内,而除臭间内的废气在经过除臭装置处理之后再排放到室外。以单栋 7 200 头育肥楼为例设计说明(图 5-19)。

设计参数如下:

①该育肥舍采用大栋小单元设计,每栋共 3 层,每层 4 个单元,每单元 600 头育肥猪。

②猪舍单元设计尺寸:37.3 m×14.9 m×4.2 m(主梁梁底高度),吊顶高度设计为 2.4 m。

③通风模式采用天兆通风模式。

④猪舍舍内风速设计为:1.5 m/s。

⑤单元猪舍通风量为:14.9×2.4×1.5×3 600＝193 000 m^3/h。

⑥单栋猪舍总通风量为:193 000×4×3＝2 316 000 m^3/h。

⑦除臭墙设计气楼顶部横向布置。

⑧除臭墙风阻:15～20 Pa。

⑨除臭墙面积为:2 316 000÷2÷3 600＝320 m^2。

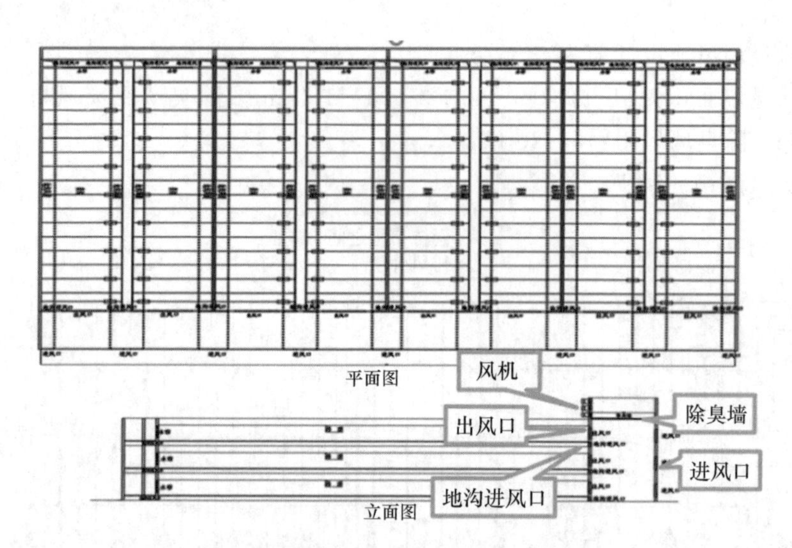

图 5-19 单栋屋面集中除臭模式示意图

5.4 楼房猪舍供暖系统

在冬季不供暖的情况下,我国大部分地区的猪舍内温度达不到猪的生长适宜温度,需要针对不同生长发育阶段的猪群,采用相应的供暖方法来维持猪舍的适宜温度。特别是分娩后的哺乳仔猪和断奶仔猪,由于其热调节机能发育不全,对寒冷抵抗能力差,对舍温的要求较高,除及时做好猪舍密闭、增加能量饲料、提高饲养密度等一般性防护措施外,必须借助采暖设备来为猪舍供暖。因此,楼房设计建设时必须充分考虑供暖系统的配置,特别是分娩舍和保育舍。楼房猪舍的供暖方式大体有:猪舍内热源回收利用供暖系统、热水管地面供暖系统(热水地暖系统)、电热线地面供暖系统(地热地暖系统)、热水散热器供暖系统以及局部供暖方式。

5.4.1 猪舍内热源回收利用供暖系统

猪舍内热源回收供暖系统指利用猪舍内猪自身散发的热量、猪产生的粪尿的热量,包括供暖系统产生的热量(有设置供暖系统的情况下),通过热交换方式为进入猪舍的新风加热,从而使新风的温度提高到一定水平,达到猪舍供暖的目的。这种供暖模式充分利用了猪舍内自身固有的热源,不需消耗或少消耗新的能源,有效降低了冬季的供暖成本,实现通风与保温的平衡,十分符合环保节能的理念。热回收利用供暖系统是与通风降温系统相配套且协同运行的系统。

5.4.1.1 猪舍吊顶内风道式热回收利用供暖系统

猪舍吊顶内风道式热回收利用供暖系统是与负压精准通风降温模式相结合的

猪舍内环境控制系统，整个系统包括湿帘及水循环系统、负压风机、夏季主进风通道、冬季进风管、由吊顶和楼板间构成的密闭的冬季排风道以及吊顶上设置的排风口等组成的一个完整的通风降温供暖系统。该系统中夏季的主进风通道安装在楼板下猪栏上方靠两侧墙体的位置，在主进风通道的下方对着猪栏有利于为猪只提供舒适空气的位置设置出风孔。冬季进风管和夏季主进风通道相连，设置一个可开闭的闸门，用于夏季和冬季通风模式变换时切换之用(图 5-20)。

整个系统的工作原理为：夏季时通过湿帘降温的新风从猪舍正常的主体进风口进入主进风通道，从设置在主进风通道下方的出风孔进入整个猪舍内，废气从猪舍主进风口对面的主排风口排出，完成夏季通风降温的功能。

冬季气候寒冷时，密封水帘，关闭水循环系统，关闭主体进风口，打开冬季进风管与主进风通道相连的闸门，使冬季进风管和主进风通道相连通，新风改为从安装在吊顶上方的冬季进风管管口进风(风只能从管道走，管道口旁边的空间应密封)。带有热量的猪舍内的废气也不从夏季的主风机的排风口排出，改为从设置在吊顶上的排风口往上进入吊顶上的排风道，从夏季主排风道上方吊顶上的排风口排出。带有热量的废气经过吊顶上方的排风道将热量传递给冬季通风管内温度低的新风，给管内的新风加热，冬季进风管道与猪舍的主进风通道相连，经过热交换后温度升高的新风跟夏季的新风一样进入主进风通道，从主进风通道下的出风孔给猪舍输送较为温暖的新风，达到猪舍热交换回收供暖的目的。

冬季进风管的材料必须选用有利于热量交换的材质，同时要求不易破损，因为一旦破损，废气将混入新风中，重新排回猪舍内，影响空气质量。

这种热回收供暖模式热量交换的效率决定于冬季进风管的材质和进风管的表面面积(与舍内排出的废气接触的面积)，即管道的口径大小和布设的数量。由于其关系到冬季确保舍内空气质量所需的换气量，所以包括主进风通道的截面积、出风孔的设置以及冬季进风管等布设均应由专业人员精准计算，系统设计为准，切不可随意为之。

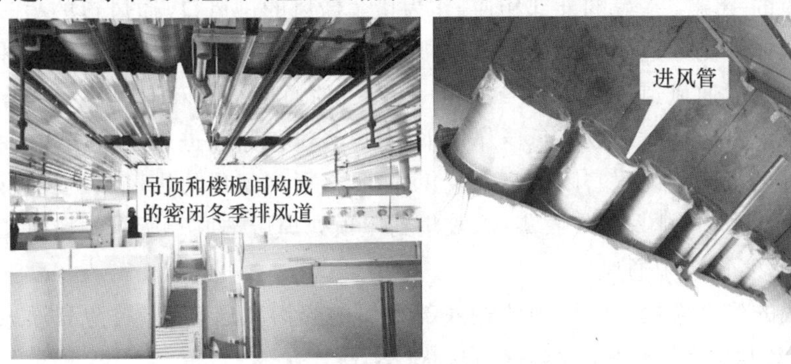

图 5-20　猪舍吊顶内风道式热回收利用供暖系统

(来自：河南牧原实业集团有限公司)

5.4.1.2 猪舍粪沟与通风道之间热源交换的供暖模式

楼房猪舍每层楼板、粪沟的设置施工有两种方式：一种为楼板（走道板及除漏缝板外的楼板）与粪沟一次性一体化施工成形，然后在走道板下方与粪沟深度相同的位置吊顶形成密闭的、与粪沟相邻并隔离的隧道，最后铺设漏缝板和设备即成猪舍；另一种方式为先建设每层的整层楼板（平板），在平板上二次施工粪沟和上方除漏缝板外的楼板（走道板及猪舍的实心板），该建设模式在楼板下即可形成一个与粪沟相邻的密闭隔离的隧道。将该密闭隔离的隧道作为通风道，并围绕通风道设计通风降温以及热交换系统（热源交换回收利用系统）。整个系统由通风道、湿帘和水循环系统、废气收集井以及位于废气收集井顶部屋面上的集中排风的负压风机等构成（图 5-21）。

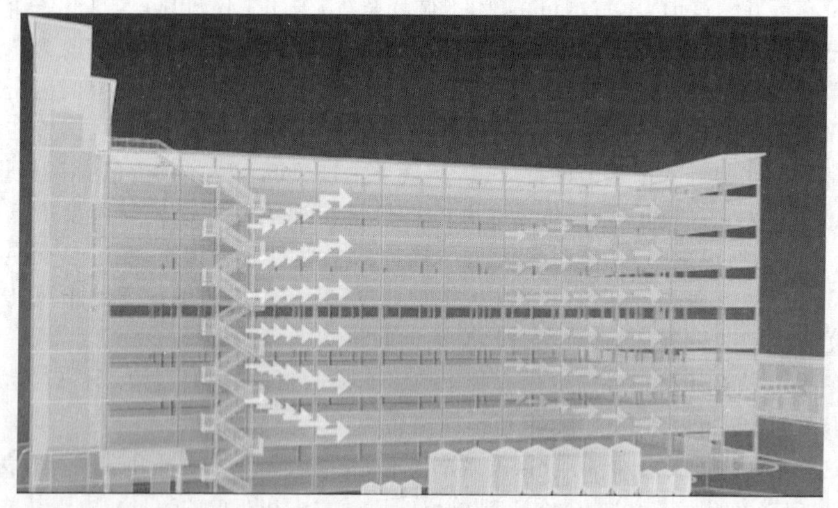

图 5-21　猪场环控通风热交换工艺

（来自：甘肃天兆）

通风道的一端与猪舍的外部相通，作为猪舍新风的进风口，通风道的另一端与设在猪舍墙体外侧穿过楼板的通风口跟猪舍内部相通。在通风口与猪舍墙体之间设置湿帘，形成“通风道→通风口→湿帘→猪舍”的通风结构和通风路径。在位于楼顶的负压风机运行时形成的负压作用下，新风经过该路径进入猪舍内，在每一条粪沟位于进风口同侧设置密闭的废气收集井，直接通到屋顶与排风风机相连，废气经过漏缝进入粪沟，排入废气收集井，收集到屋顶处理后排放。所有的风机均安装在楼顶屋面，实行集中通风。

该模式的热交换机构主要为猪栏底部相邻的粪沟和通风道，粪沟和通风道共用侧壁，侧壁上设有导热件，导热件为板状（图 5-22）。

饲养过程中猪的排泄物及清洗猪舍地面的脏污均通过漏缝地板进入粪沟，粪污在粪沟底部堆积，粪污含有的热量升腾积聚在粪沟上部的气体中或通过漏缝地板积聚在猪舍的地面附近。冬季时,猪舍外空气从进风风道进入,新鲜空气在风道内流动的过程中与相邻的粪沟内相向流动的带有热量的废气通过导热件传递热量,实现热交换。风道内的新鲜空气经过热交换后温度得以升高,这样进入猪舍内的空气温度更加适宜猪的生存。而猪舍内的废气通过废气收集井到屋顶集中处理后排放。

粪沟和进风风道的深度相同,使得粪沟内不同深度的粪污的热量均可通过侧壁传递给风道内的气体,充分利用粪沟内的热量。粪沟的底部设有防渗层,防渗层的设置使得粪沟侧壁及底部的防渗效果更好,可有效避免粪沟内的粪污渗入风道内,进而影响从风道进入猪舍内的空气质量。粪沟侧壁表面要平整光滑,可避免粪污粘在侧壁上影响导热件的传热效率。

导热件选材必须选择耐腐蚀、易导热、不易破损的材质,最好为板状的导热材料,这样可具有更大的接触面积和换热面积,可使粪沟与风道之间的热交换效率更高,更加节能。

采用地沟热交换方式可有效提升热交换效率,并大幅度降低现有的热交换管路的建设成本。

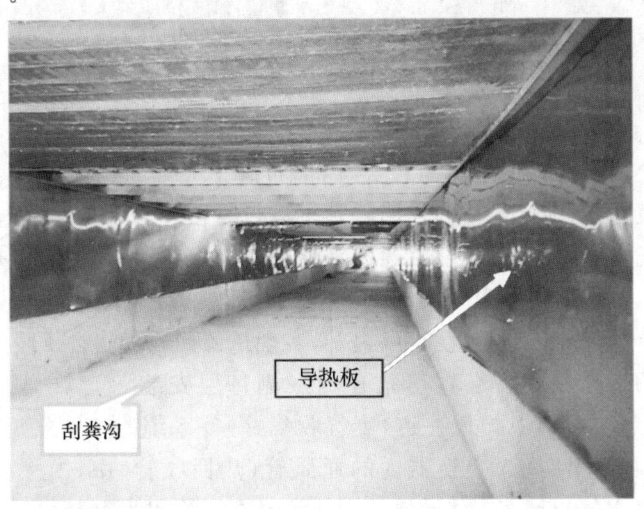

图 5-22　猪舍粪沟与通风道之间热源交换的导热件

5.4.1.3　专用交换器模式的热源回收供暖系统

专用交换器模式的热源回收供暖系统与正、负压结合的精准通风降温系统相结合并协同运转的猪舍内环境控制系统。由专用热交换器、猪栏上方固定在楼板下通风道(主进风道),通风道上根据不同猪只需求设置的通风孔(出风孔)、地沟风道、正压风机、负压风机以及湿帘等构成的正、负压相结合的通风降温供暖系统(图 5-23)。

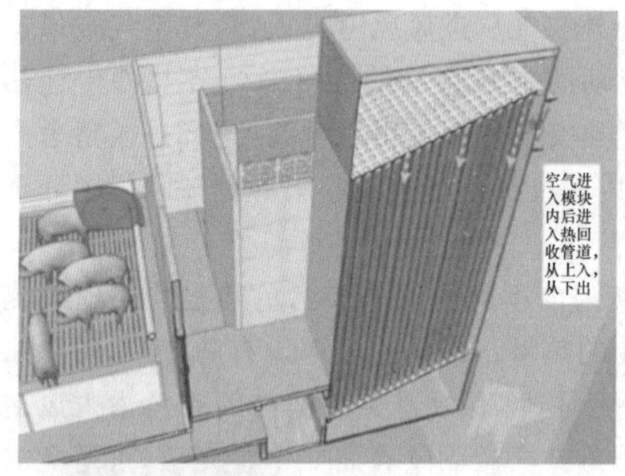

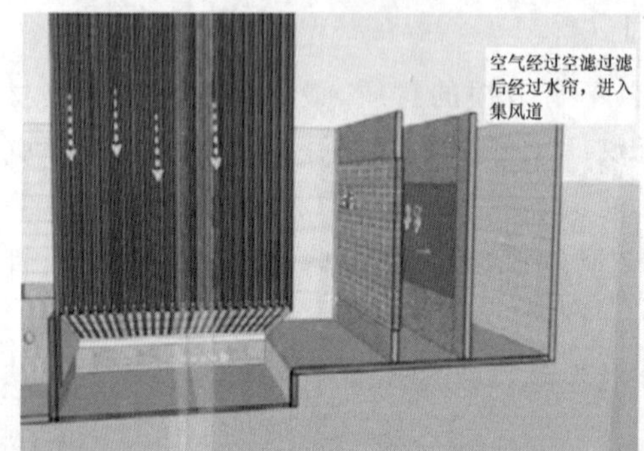

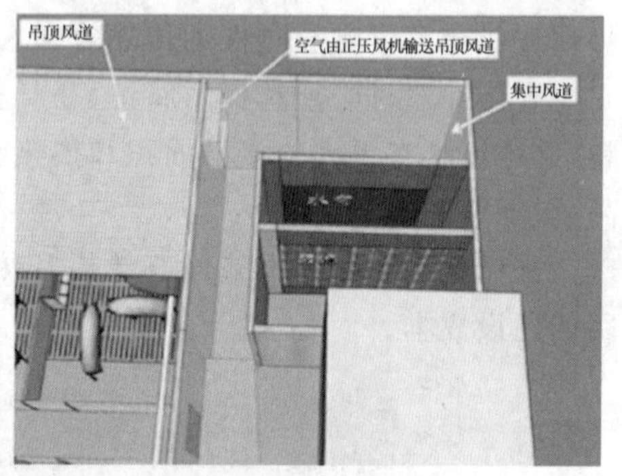

图 5-23　专用交换器模式的热源回收供暖系统

专用热交换器是一个密闭的装置，内部布满了大量的、小的通风管道，通风管道具有热交换功能，因此也称为热回收管。运行时舍外新风在管道内流动，舍内带有热量的废气在密闭交换器腔内（通风管道外）流动，互相不交叉，但热量在流动过程中通过通风管壁的传导实现交换，即交换器腔内的废气产生的热量传导给通风管内干净的新风，使新风的温度得以提升，实现热源回收为猪舍供暖的目的。

该系统的工作原理为在楼房猪舍的一侧每层安装一套热交换器并配套湿帘、正压风机、负压风机、排风井道（废气收集井）等系统。冬季气温较低时，新风从交换器的顶部一侧进入交换器内的通风管（热回收管）中，由上向下流动。然后从底部经过空气过滤（有设置的情况下）、湿帘（关闭水循环）进入集风道。集风道与猪舍墙体相连形成整体，墙体上安装正压风机，正压风机对应着猪舍内的主通风道。系统运行时，正压风机将集风道内经过热交换的新风吹入主通风道内，由分布在主通风道下方的出风孔排入猪舍。随着新风的进入，猪舍形成正压环境，同时在交换器另一侧上部的负压风机的辅助下，废气从漏缝地板进入粪沟，经过与粪沟相邻相通的楼板下排风道排入热交换器的腔内，自下而上地流动，流动过程中与热回收管内的新风进行热交换后排入废气收集井，在楼顶集中处理后排放。

夏季时，新风不需要热交换，通过关闭设置在交换器下方的导流板，废气不进入交换器的腔内，直接排入废气收集井中，两种气体不交叉，就无法实现热交换。系统直接转换为正、负压协同作用的精准通风降温系统，新风仍然通过交换器腔内的热回收管，通过空气过滤和湿帘降温系统，净化降温后进入猪舍。

5.4.2 热水管地面供暖系统(热水地暖系统)

热水管地面供暖系统(热水地暖系统)是以水作为传热介质，通入埋在猪舍地板下的热水管中传递热量，热水管作为散热器对猪舍地面进行加热而形成的猪舍供暖系统。地暖系统的组成包括热水锅炉、供水管路、散热器、回水管路、控制系统及水泵等设备。

热水地暖系统的热水主要由锅炉提供，锅炉的能源有沼气、煤、天然气、电能等。锅炉产生的热水通过埋在猪舍地板下铺设的供水管路、回水管路及水泵等设备形成闭环式的循环系统，热水在管道里来回循环产热加热猪舍的地面，并由地面散热加温猪舍内的空气，通过控制系统调节保持猪舍内适宜的温度。该系统在产房和保育舍应用较多。

热水地暖系统的热水管埋设在每层猪舍楼板上，用混凝土填充形成包含热水地暖管的混凝土地面。在热水管的下面铺设隔热层和反射层，以防止热量向下传递和阻止地下水分上升(楼房底层)。

热水管的埋设的施工工艺为(图 5-24)：第一层复合保温层(挤塑板)，第二层反射层(反光膜)，第三层固定层(钢丝网)，第四层盘管(热水管、回水管)，第五层钢丝网、尼龙轧带或塑料卡钉(为了防止地暖表层水泥开裂在地暖管上面再铺设一层钢丝网与混凝土形成一体)固定，第六层填充层(铺设水泥)。

在热水地暖系统地面施工时一定要留膨胀缝(即伸缩缝)，膨胀缝要求地面面积超过 30 m^2 或边长超过 6 m 时，应按不大于 6 m 间距设置膨胀缝，膨胀缝宽度不应小于 5 mm。伸缩应从绝热层的上边缘做到填充层的上边缘。

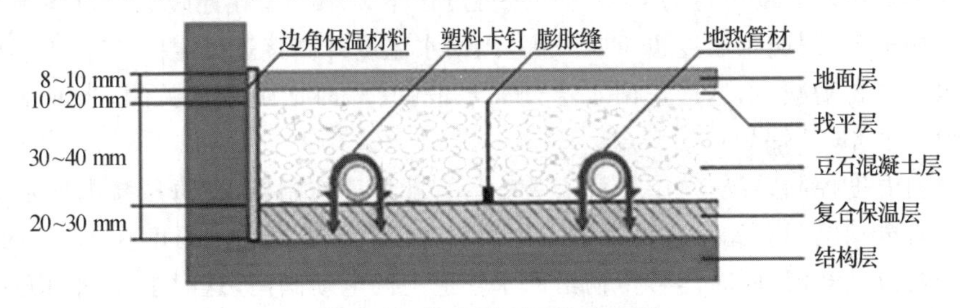

图 5-24 热水地暖系统施工图

热水地暖系统热水管的材质选择非常重要，其质量决定了地暖系统的使用效率和寿命。常用的管材有交联铝塑复合管(PAP，XPAP)、聚丁烯(PB)管、交联乙烯(PE-X)管、无规共聚聚丙烯(PP-R)管(又称三型聚丙烯管)等,也可使用较软的铜管(成本太高,一般不建议使用)。

热水管的直径可根据舍内埋设的热水管总长度参照表5-14选用。应尽量选用较粗的管道,以减少水流的阻力。

表5-14 热水管直径与总长度之间的关系

总长度/m	30	60	100	150
热水管直径/mm	12	19	25	32

热水地暖系统的供暖方式最大优点是从地面供热,使猪睡觉和活动的地面随时保持舒适的温度和干燥的环境。与非地暖系统供暖方式相比,避免了猪每次采食后重新躺卧休息时,均需用自身的体温将地面捂热造成的体能消耗,有利于猪的健康和生产性能的发挥。同时热量从地面散发后加热猪舍空间,保持了整个猪舍空间的适宜温度。另外地暖系统由于混凝土地面有较高的储热能力,使温度保持时间长,能够节省能源。但缺点是一次性投资大,一旦热水管损坏难以维修。热水地暖系统适用于产床(图5-25)和保育、育肥舍(图5-26)。

示例:福建光华百斯特生态农牧发展有限公司建有4栋相同的保育育肥楼房猪舍。每栋楼房长103 m,宽15.2 m,每层猪舍实心地面长103 m、宽4.7 m,设计热水供暖系统(图5-27)。根据猪舍结构布局,将热水管网的铺设分为两个区域,每个区域为51.5 m长,每个区域采用12路回水,地暖管材采用PERT-20 mm专用管道,热水管铺设间距为18 cm。因采暖面积占总面积30%,所以铺设地暖管间距不能过大,地暖系统属于低温加热进水温度设定在40~55 ℃,如果铺设管路间距过大升温速度过于缓慢,保温持续性降低,反而浪费能源,达不到预期效果。

热水锅炉采用沼气和燃煤双能源的锅炉,自行设定温度,自动开启和自动关闭。如锅炉出水温度设定为60 ℃,回水温度设定为45 ℃,在地暖加热过程中地暖温度慢慢升高,则回水温度也不断升高,当回水温度升高接近设定的45 ℃时,热源的进水量会自动减少,当锅炉回水达到设定值45 ℃时锅炉自动关闭,当回水温度低于设定值45 ℃锅炉自动开启。

楼内温度控制系统,每层楼都安装一台智能温度控制器,在每层楼的回水管道安装一台电动阀门。如1楼温控器设定温度为20 ℃,1楼环境温度在15 ℃时,这时温控器自动开启,同时信号传输给回水管道上的电动阀门,这时电动阀门开启状态,热水进入地暖系统,环境温度不断上升,当环境温度达到设定温度20 ℃时,温控器自动关闭同时关闭信号传输到电动阀门,电动阀门关闭后热水不再进入地暖系统,当环境温度低于18 ℃时温控器再次开启,周而复始,每层如此。

图 5-25　产床地板下盘地暖管

图 5-26　保育、育肥舍热水地暖铺设

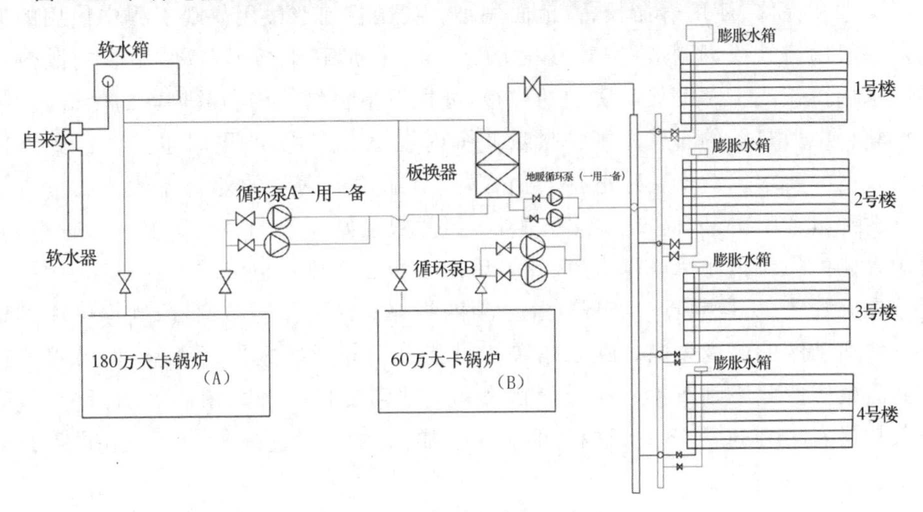

图 5-27　热水地暖系统设计图示例

5.4.3　电热线地面供暖系统(电热地暖系统)

电热线地面供暖系统(电热地暖系统)是以电力为能源,利用电热线加热猪舍地面而形成的供暖系统。

电热线地面供暖系统加热地面的原理与热水管地面供暖系统基本相同,只是以电热线替代热水管作为发热元件。电热线外包裹有聚氯乙烯胶带,其功率以7～23 W/m为宜。电热线同样安装在楼板上方,同样需配套隔热层和反射膜(层)防止热量往下一层猪舍传递,同样用混凝土填充形成加热的猪舍地面,也应设置伸缩缝。安装前应多次试验以确认其没有短路或断路现象。应设置恒温器控制电热线温度,并在每个猪栏的电源开关处设置保险装置,以防电热线被烧坏。同时所有有可能与猪接触的电线应安装套管,防止被猪只咬断破坏。

在使用电热地暖系统时尤其要注意,在装有电热线的地面上应避免有金属栏杆和自动饮水器。电热地暖系统的优缺点与热水地暖系统相同,但投资成本比热水地暖系统稍低一些,能耗成本稍高一些。

5.4.4 热水散热器供暖系统

热水散热器供暖系统主要由热水锅炉、管道和散热器(暖气片)3 部分组成。散热器是一种以水作为传热介质,安装在猪舍中的散热设备。

热水由热水锅炉提供,散热器把热水中的热量以对流、辐射的方式给舍内空气加热,从而达到保持适宜舍温的目的。

对散热器的基本要求是传热系数高,单位有效放热量的价格低和金属耗量低,便于清理和检修、使用寿命长、占地面积小。我国目前在民用供暖工程中使用的散热器一般用铸铁或钢制造,按其形状分为翼形、柱形和平板形几种,猪舍的散热器最好选用铸铁或不锈钢等耐腐蚀的材料,可根据猪舍的结构和散热器的价格选用。

猪舍中散热器的布置原则是尽量使舍内温度分布均匀,同时也要考虑到缩短管路长度的要求。对于柱形散热器而言,只有靠边的两片的外侧才能把热量有效地辐射到猪舍中去,因此,应当多分组,每组片数最好少于 10 片,每组片数越少,靠边的外侧面积所占比例就越大,散热器单位面积的散热量也就越大。

在分娩猪舍,散热器应布置在靠近猪的头部和仔猪保温箱位置,这样可使母猪和仔猪活动区的温度较高。在采用单体母猪栏饲养的妊娠母猪舍中,如果用散热器供暖也应照此原则布置。在保育猪舍和其他需要供暖的采用群养的猪舍中,应将散热器安装在进风道上,这样可以直接加热由室外进来的冷空气,提高加热效果。

热水散热器供暖系统的设计计算较为繁杂,应请暖通专业人员进行设计。

5.4.5 局部供暖

在分娩猪舍中,分娩哺乳母猪适宜的环境温度是 16～22 ℃,而哺乳仔猪则为 36～24 ℃(随日龄增长而下降)。为了分别满足母猪和哺乳仔猪对环境温度的不同要求,在舍温满足母猪要求的同时,必须用局部供暖设备提供额外的热量为哺乳仔猪创造一个较高温度的局部环境。通常用仔猪保温箱为哺乳仔猪提供一个较高温度的局部休息环境,局部供暖设备安装在仔猪保温箱中。在采用热水管地面供暖系统或电热线地面供暖系统为分娩猪舍供暖的情况下,可以不采用局部供暖设备,而利用在仔猪活动区铺设热水管或电热线的方式来保证仔猪所需要的温度。

仔猪保温箱可用水泥预制板、塑料板、复合树脂板和玻璃钢等容易清洗消毒且安全的材料制成。不宜使用木板,因其不易彻底消毒且容易引发火灾。常用的局部供暖设备有以下几种。

5.4.5.1　红外线辐射板加热器

红外线辐射板加热器是一种将电能转变为红外线并向外辐射的板条式电加热器。它由加热器架、辐射板和调温控制开关 3 部分组成。使用时将其悬挂或固定在仔猪保温箱的顶盖上或直接固定在不设置保温箱的产床仔猪活动区上方。

常用的红外线辐射板加热器规格为:功率 230 W,电压 220 V,调温控制开关分高低两挡,位于低挡时功率为 115 W。

红外线辐射板加热器工作原理是:辐射板在通过电流后产生红外线,并在加热器架上的反射板的作用下使红外线集中辐射于仔猪休息区。

红外线的波长长,量子能量低,其主要生物学效应是热,因此被称为"热射线"或"热线"。红外线照射到猪机体上,被机体分子吸收的能量转化成分子的振动能,再转化为热能而产生热的作用,这种作用称为光热效应。在红外线的照射下,猪皮肤及皮下组织温度升高,血管扩张,皮肤潮红,局部循环加强,组织营养和代谢得到改善。

哺乳仔猪适量接受红外线照射不仅可以御寒,而且还可改善血液循环,因此可提高其增重,促进生长发育,增强抵抗各种疾病的能力。

但是,过强的红外线辐射作用于猪机体时,可使其热调节机能发生障碍,这时机体以减少产热、重新分配产热(皮肤代谢升高、内脏代谢降低等)来适应新环境。由于内脏血流最减少,所以致使胃肠道对特异性传染的抵抗力下降。因此,在哺乳后期(一般在出生 2 周以后),当仔猪所需的局部环境温度降低时,要把调温控制开关放置在"低挡"位置,以避免过强的红外线对仔猪造成不利的影响。

当红外线被猪体表面吸收后,直接为其加热,因此红外线辐射板加热器的热效率较高。

5.4.5.2　红外线灯

红外线灯是一种将电能转变为红外线并向外辐射的灯泡式电加热器。红外线灯的工作原理与红外线辐射板加热器大致相同,即在灯泡壁上涂有能够产生红外线的材料,灯丝发出的热量辐射到灯泡壁上后,向外发射红外线。红外线灯的结构及接线方式与白炽灯基本相同,差别在于红外线灯的抛物面状的灯泡顶部敷设铝膜,可使红外线辐射流集中照射于仔猪躺卧区域。常用的红外线灯为 HW-250 型,电压 220 V,功率 250 W。

在使用时,将红外线灯悬挂在仔猪保温箱的上方。悬挂高度不同,仔猪躺卧区的温度也不同。据测试,悬挂高度与温度的关系见表 5-15。悬挂高度增加,其辐射范围就会扩大,因此在灯下水平距离较远的区域温度反而高些。在灯下附近区域,随着悬挂高度的增加,温度下降。红外线灯的悬挂高度可根据仔猪的需要来调节。

红外线灯除产生红外线外还发出微弱的红光。在夜间仔猪可以很容易就进入保温箱中，而且并不影响其休息。

表 5-15　红外线灯(250 W)不同悬挂高度与距离时的温度　℃

悬挂高度/mm	灯下水平距离/mm					
	0	100	200	300	400	500
500	34	30	25	20	18	17
400	38	34	21	17	17	17

5.4.5.3　电热保温板

电热保温板因保温板的选材不同而不同，常用的有橡胶板、复合树脂板和玻璃钢板等。电热保温板是将电热元件——电热丝埋设在橡胶或玻璃钢等材料的保温板内，利用电热丝加热保温板使其表面保持一定的温度。

电热保温板的功率为 110 W，使用电压为 220 V。有高、低两档控温开关，以适应不同周龄仔猪对温度的不同要求。电热保温板的最高表面温度可达到 38 ℃左右，接近于母猪的体温，可使躺卧在上面的仔猪感觉舒适。

电热保温板表面附有条纹，可以防止仔猪在上面行走时滑跌。另外，它还具有良好的绝缘性和耐腐蚀性，且不积水、易清洗。

5.4.5.4　橡胶-碳纤维复合导电面状发热板

橡胶-碳纤维复合导电面状发热板是碳纤维复合导电纸与橡胶复合制成的低温面状发热板。其结构与橡胶电热保温板基本相同，差别在于用碳纤维复合导电纸替代橡胶电热保温板的电热丝作为发热元件。碳纤维复合导电纸发热主要以远红外辐射为主，具有较高的热辐射率。

橡胶-碳纤维复合导电面状发热板具有表面温度均匀、面状发热、功率稳定、绝缘强度高、耐酸碱、防滑、使用寿命长等特点。

5.5　楼房猪舍的光照设计和光照管理

猪舍光照是猪舍环境的重要组成部分，但很少有人关注光照的影响，而光照时间、光照强度等光的环境参数是影响生猪生产的重要环境因素。通常认为猪舍的照明主要是便于人在猪舍内活动使用，没有意识到光照还能直接或间接地影响猪的生产性能。楼房猪舍属于大跨度、全封闭的猪舍，利用自然光的条件受到限制，因此合理的照明设计就显得非常重要。

从猪的生理角度看，猪的听觉相当发达，嗅觉相当灵敏，视觉相对较弱，缺乏精确的分别能力，不靠近物体就看不见东西，对光的反射条件较慢，所以要针对猪的特点提供有利于猪生长的光强度和照射时间。

在配怀舍配种区、公猪舍、后备舍诱情区照明要求相对高，主要原因是高强度的光照可以刺激母猪发情，提高发情同步率，特别是采用同步发情的批次化生产模式时，光照就显得特别重要。配怀舍怀孕区、后备舍饲养区、隔离舍等相对只要求中等强度的光照。

分娩舍由于是母猪和仔猪在同一产床位置，仔猪位置若配置有保温灯，晚上的照明可以省去；若仔猪位置配置的保温板（包括水暖板、电热地暖板）等设备无法提供光照产品，则需要在分娩舍提供 24 h 照明，其中应保证有 14～16 h 的 250～300 lx 的光照。保育舍及育肥舍对光照强度要求中等，根据日常作息晚上降低光照强度即可。

5.5.1　楼房猪舍光照参数建议

楼房猪舍光照参数建议见表 5-16。

表 5-16　楼房猪舍光照参数建议

序号	猪舍类型	光照的照度/lx	光照时间/h	良好的光照环境对猪的影响
1	后备舍	200～300	不少于 14	后备公猪：促进生殖系统的发育，充足的光照可以刺激公猪下丘脑分泌促进性腺释放激素，生成品质优质的精液 后备母猪：此光照可以促进母猪孕酮和雌二醇的分泌，增强卵巢的排卵功能和子宫的机能，有利于母猪受精和胚胎的着床及生长发育
2	配怀舍（包括配种前后备母猪及断奶后空怀母猪）	300～350	16	配怀母猪：提高配种受胎率，减少妊娠期胚胎死亡，增加产仔率和初生重，有助于提高初生仔猪免疫力，减少发病率
3	妊娠舍	250～300	14～16	怀孕猪：良好的灯光环境使母猪体质提升，降低发病率
4	分娩舍	250～300	14～16	产仔后：刺激催乳素的分泌，泌乳量显著增加，哺乳频率提高，从而提高仔猪断奶重
5	保育舍	60～120	18～24	增加平均日采食量、平均日增重和饲料转化率。24 h 照明，夜晚降低亮度
6	育肥舍	50～80	8～10	增加采食量、日增重和饲料转化率，提高商品猪的整齐度
7	公猪舍	200～250	14～16	充足的光照可以刺激公猪下丘脑分泌促进性腺释放激素，生成品质优良的精液

5.5.2 光源的选择

猪舍光源主要选用节能灯、T8 型标准直管荧光灯及 LED 灯。无论是节能灯、直管荧光灯或者 LED 灯都需要满足以下性能：

(1)防水：达 IP(Iigress Protection Rating)67 标准，可经得起雨淋和短时间泡在水下。

(2)耐高压水枪冲洗：达 IP69K 标准。

(3)防火：阻燃达 94V－2 以上标准。

(4)耐腐蚀：耐腐蚀达 IEC 国家标准。

(5)低光衰：5 000 h 仍可达 90％以上的亮度。

(6)0 频闪：符合无频闪标准 IEEEPAR 1789：2013 标准。

5.5.3 光源的安装方式

光源的安装大部分采用吸顶方式安装(图 5-28)。母猪在限位栏饲养时，为保证母猪眼部光照强度，光源应安装在母猪头部上方，母猪自然站立、躺卧时，可以看到光源的位置(图 5-29)，高度应以满足母猪视感可感受到的光强度为准。哺乳母猪同理(图 5-30)。

图 5-28 灯具采用吸顶方式安装

图 5-29　灯具装在限位栏前端

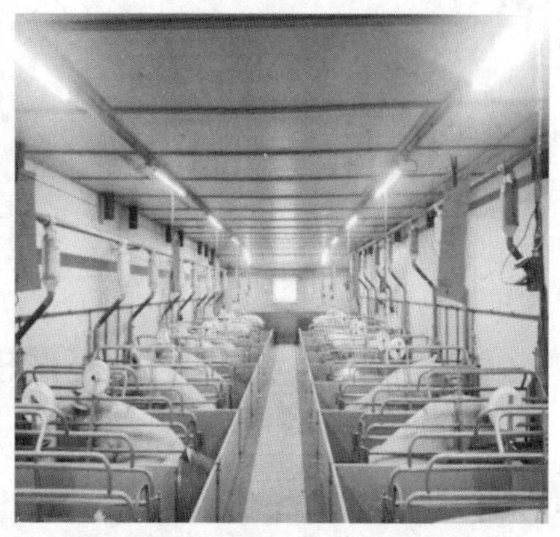

图 5-30　灯具装在分娩舍前端

5.5.4　灯具数量计算

以育肥舍为例，育肥舍尺寸为长 60 m，宽 12 m，总面积 720 m^2，吊顶高 2.4 m，光照强度要求为 50 lx；利用系数：0.5（利用系数与灯具、安装高度以及顶棚、墙体、地面反射比均有关；建议针对猪舍选用 0.5）；灯具总的光通量＝面积×光照强度÷利用系数＝720 m^2×50 lx÷0.5＝72 000 lm，1 个 36 W 普通直管荧光灯（冷白光）的光通量是 2 200 lm，则大致需要 33 个。

灯具的数量应该通过专业的灯光设计软件计算，以达到较为科学的光照效果和合理能耗，实现最佳效益。

思考题

1.楼房猪舍的通风降温模式系统有哪些？

2.楼房猪舍通风降温和空气过滤系统应用面临的问题和对策分别是什么？

3.目前在国内楼房猪舍采用哪种通风模式多些？它有哪些优缺点？

4.怎样做好楼房猪场的废气处理？

5.楼房猪舍供暖系统有哪些？

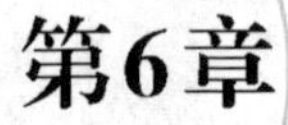

第6章

楼房养猪的智能化配套技术

【本章提要】 本章较为系统地介绍智能化技术在楼房养猪中的应用,包括个体识别技术(RFID射频识别系统、猪脸识别技术),体重和体尺测量、体温、声音、行为自动监测等生理信息采集技术;智能估重系统,智能巡栏系统;以及轨道巡检、自动清扫等机器人的应用,智能环境控制系统、智能饲喂系统、智能生物安全系统、智能化养猪管理体系、智能能耗管理控制系统等。

养猪业的智能化是将生产过程中的饲料输送饲喂、环境控制、耳标识别、监测、称重等人为操作,用一系列相应的自动化硬件设备来替代,然后通过动物信息传感器、设施设备传感器、环境参数传感器等各种功能传感器持续采集数据并上传到管理系统软件进行计算机存储、监测、分析,逐渐形成产业互联网系统,指导生产,实现数据的集成和数据的决策,实现精细化管理,提高产业的效能。

非洲猪瘟疫情发生后,猪场要尽量减少人猪接触,加强生物安全管控措施。在这种需求上,基于大数据、人工智能、物联网技术的智能养猪被越来越多的业内人士关注,进一步加快了养猪业智能化发展进程。楼房猪场系高度集约化、设施化(机械化)的养猪模式,与传统的平层养猪模式相比,更加迫切需要也更加容易实现自动化生产、智能化管理,同时其产生的综合效益更大。

6.1 个体识别技术

6.1.1 射频识别系统

射频识别技术(radio frequency identification,RFID),是一种非接触式自动无

线识别和数据获取技术，具有操作便捷、抗干扰性强、适应环境能力强、精度高等特点。在动物的饲养、运输和产品的加工和流通等环节可以实现全方位的有序管理和监控，因而得到了广泛使用。为了实现生猪个体信息快速识别，系统采用 RFID 进行设计，利用无线电射频识别控制器与电子耳标的数据传输，从而实现非接触式的生猪识别与跟踪。

射频识别系统主要由电子耳标(图 6-1)、电子耳标读写器组成，再与中央计算机结合组成耳标读取管理设备。在生猪身上佩戴电子耳标设备，每个电子耳标上对应一串独立的编码，电子耳标相当于生猪的身份证号，是生猪个体信息的一个载体，用来识别生猪个体信息。

射频识别系统工作原理:射频识别系统在一定距离范围靠近读写器表面，通过无线电波的传递来完成数据的读写操作。当读写器对 RFID 进行读写操作时，读写器发出的信号由两部分叠加组成:一部分是电源信号，该信号由卡接收后，与本身的电感器、电容产生一个瞬间能量来供给芯片工作;另一部分则是指令和数据信号，指挥芯片完成数据的读取、修改、存储等，并返回信号给读写器，完成一次读写操作。在读写操作完成意味着读写信息交换完成。

读写器有固定式和移动式两种:固定式由专用智能模块、读写电路板、天线、PC 通信接口等构成;移动式则一般由专用智能模块、天线、显示屏、键盘等组成。并配有 PC 通信接口、打印口、无线网络传输等外围设备构成。读取猪只个体资料，传输到电脑中，为猪群建立档案，也可以配合诊断，定制治疗方案，还可以结合配种建立猪群妊娠档案，妊娠期管理，配合猪群资料建立“一猪一卡一方案”的管理模式，实现读写数据及其后续管理。

图 6-1 RFID 电子耳标

6.1.2 猪脸识别

猪脸识别与当前使用的人工智能技术来实现视觉识别的原理基本上是一致的，即利用计算机神经网络的深度学习，学到每一头猪的特征，然后利用深度学习的模型，针对测试数据集，得到每一头猪的概率，最后来判别是哪头猪(图 6-2)。由于识别准确度及应用场景的限制，猪脸识别并没有在实践中得到广泛应用。

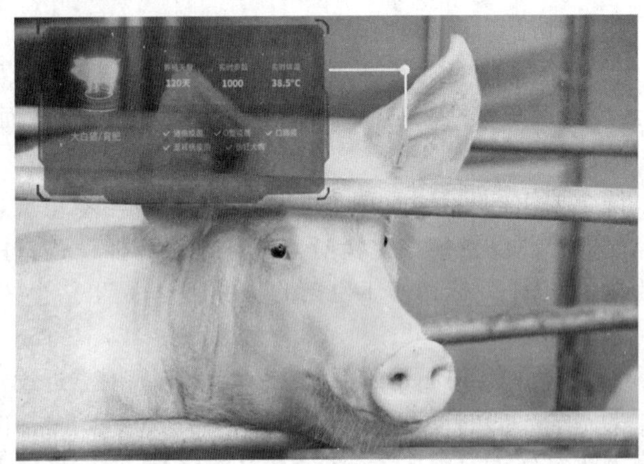

图 6-2　猪脸识别

6.2　信息智能采集技术

6.2.1　生理信息

6.2.1.1　体温监测

体温是猪体健康与否的重要生理指标，也是协助疾病诊断和猪健康监测的有效手段。体温监测可用于猪热应激评估、肉质性状评估、指导育种。另外体温监测和分析有利于及时发现异常行为或患病的猪。目前，在养殖场中对猪体温与热应激的评价主要通过测量直肠体温、呼吸频率等生理参数。在测定过程中需要对其进行适当保定，因此结果的准确性可能会受到猪应激的影响。以红外热成像技术为代表的测温技术，主要包括用于点分析的红外测温仪和现场分析的红外摄像机，具有非接触、实时和抗污染性等特性，可以快速、准确地测定猪只体表面温差变化，对群体体温异常猪进行筛选，提前控制流行病并减少经济损失，逐渐成为养猪生产中体温监测的一种新技术（表 6-1）。

表 6-1　测猪体温方面的应用

领域	装置	部位	技术实现	应用前景
体温评估	生物传感器	耳朵基部	体表和直肠温度显著性相关	评估仔猪体温失调的有效工具
仔猪体温	红外测温仪	耳朵、肛外	肛外和直肠温度显著性相关	红外测温仪可测量猪的体温

续表6-1

领域	装置	部位	技术实现	应用前景
肉质评定	红外热像仪	肛外、眼区	宰前温度和宰后肉质酸败关系	预测肉质变化
肉质性状	红外测温仪	眼区	温度、血中乳酸和肉质相关性	评估生理状况和预测肉质变化
传染病	生物传感器	耳朵基部	实时监测体温促进传染病发现	发热作为动物感染疾病的特征
仔猪体温	红外热像仪	耳朵基部	自动提取耳基温度的算法	提供病仔猪的自动识别
仔猪应激	红外热像仪	皮肤温度	基于温度的猪应激预测模型	红外皮肤温度可预测猪的应激
猪热应激	红外热像仪	皮肤温度	识别猪最热和最冷的体表区域	评估猪设施和福利的工具

6.2.1.2 体重和体尺测量

猪的体型参数反映了不同生长阶段猪的生长发育状况，为猪的体况评分、调整饲养方案、制定饲料配方、胴体性状预估和遗传育种工作等提供重要参考数据。在选种育种工作中，体尺信息是猪繁殖性能的重要评价指标。猪的体重与体长、体宽、体高等呈正相关，利用线性和非线性方程通过体尺可估计猪的体重。对于猪肉胴体性状预估方面，猪的体尺参数与屠宰后肉品等级相关联。一些研究表明体尺与胴体性状相关的瘦肉率、背膘厚、眼肌面积等呈相关性。相比手工接触式测量体尺，通过机器视觉技术实现无接触猪体尺的测量，可减少接触应激，提高测量效率(表 6-2)。

表 6-2 基于机器视觉估测体型参数

领域	装置(方法)	技术实现	正确率/%	应用前景
猪体尺	Kinect (Kinect 相机)	体长、体宽、提高精准测量	96.4	提高体尺测量效率
猪体尺	深度相机	体长、体宽、提高精准测量	97.1	提高监测体型参数准确性
猪体重	深度相机	建立模型估测猪体重	94.5	为猪体况管理和精准饲喂提供参考
猪体尺	Kinect (Kinect 相机)	建立模型测母猪体重	92.6	为母猪个体健康监测提供新方法
猪轮廓	3D-machine (3D 机器视觉)	建立猪体轮廓提取算法	98.2	为屠宰后肉质等级评分提供依据
猪体重	深度相机	建立估测母猪体重算法	97.2	为准确记录猪个体数据提供依据

注:引自王晨阳等(2020),括号内为编者注。

6.2.1.3 声音监测

猪不同声音代表不同信息，传达了猪目前的健康和福利状况。声音监测分析不仅有助于声源定位，还给饲养员对猪的疾病预防、应激水平、健康状况提供参考依据。在集约化养殖环境中，猪只呼吸道疾病的发病率很高，给养殖户造成严重的经济损失，使通过咳嗽声检测和定位来诊断密集型猪场中常见的呼吸系统疾病变得越来越重要。咳嗽声检测是诊断肺炎等常见呼吸疾病的中心环节，根据声音结构、功率、频率、持续时间和可变性将猪的异常声音与其他声音区别，并通过不同的算法对特定的声音进行识别和分类，对感染猪只进行早期识别和有效管理，可防止疾病的传播，减少抗生素等药物的使用，改善养殖场的动物福利。相对传感器监测猪个体信息，声音监测易受外界环境干扰，前期需要收集大量数据，还需与其他个体信息结合提高准确性，但操作简单、成本低、设备可多次利用，未来在疾病诊断方面有较大应用潜力(表 6-3)。

表 6-3 声音监测的研究

领域	装置(方法)	技术实现	正确率/%	应用前景
猪声音	Delphi5	猪在压力和非压力下发声的特征	85.4	猪福利和健康状况的评估
咳嗽声	microphones(麦克风)	对猪的咳嗽发作进行定位	95	追踪呼吸系统疾病的传播
猪声音	音频监测系统	自动检测和识别猪的叫声	92.5	基于声音对猪疾病的监测
咳嗽声	音频监测系统	实时识别病猪咳嗽声音的方法	82.5	对咳嗽声进行早期预警
尖叫声	microphones(麦克风)	明确规定尖叫特征检测方法	83	猪管理和健康状况的评估
咳嗽声	BLSTM-CTC(双向长短时记忆网络-连接时序分类模型)	猪场连续咳嗽声识别的方法	93.24	猪疾病判断提供参考
咳嗽声	深度信念网络	构建猪咳嗽声识别模型	93.21	猪咳嗽声识别提供新方法

注：引自王晨阳等(2020)，括号内为编者注。

6.2.1.4 行为自动监测

养猪业日趋规模化、集约化的情况下，高密度、机械化、自动化的高效生产的同时，不同程度限制猪的正常行为活动，猪通过行为传递其生理状态，行为的改变可发现问题的早期迹象。猪在发情、分娩、哺乳、采食、饮水、爬跨和疾病各阶段所表现的活动形式、身体姿势、异常行为、外表上可辨认的变化等行为特性都有重要的参考意义。猪感染疾病第一症状就是发热或运动减少，运动的减少通过深度摄像机自动跟踪猪的运动并从3D运动轨迹中通过自动化监测系统识别出采食、饮水、分娩等运动行为，使行为的度量更直观，并具有诊断的有效性。自动化监测系统提供了对多种行为的持续监控，记录猪的行为可以追溯其健康状况和及时发现异常并提出解决方案，在养猪业生产管理中应用越来越广泛。目前，在猪饲养管理中，缺少专业行为数据采集和分析方法，依赖管理者、生产者经验，为构建猪行为自动监测分析的数据库增加了难度。后期可以培养一批专业数据分析和管理的技术人员，针对不同阶段、不同行为建立数据库，并结合动物病理学的普遍的状态参数，为后期行为识别和智能匹配提供参考依据(表6-4)。

表6-4　行为监测的应用

领域	装置(方法)	技术实现	正确率/%	应用前景
猪行为	Machinevision(机器视觉)	深度学习对母猪行为的监测	93.4	满足猪场日常监控要求
猪运动	深度摄像机	自动检测站、进食和运动		开发猪的早期预警系统
猪行为	Matlab	建立运动行为监测的算法	98.9	体位分类提供参考依据
猪行为	机器视觉系统	监测母猪和仔猪的行为的算法	92	母猪和仔猪行为预警系统
哺乳行为	3D摄像机	开发自动识别哺乳行为系统	97.6	提供猪的护理行为信息
分娩行为	力传感器	可用于测量即将分娩的母猪活动	95	预测母猪的分娩时间
筑巢行为	视觉算法	自动检测母猪的运动活动		预测母猪的分娩时间

注：引自王晨阳等(2020)，括号内为编者注。

6.2.2　情绪监测类设备

猪群处于不同的应激状态所表现出的面部表情和意图信号也不尽相同。如成年猪对食物的需求较旺盛，当食物得到充足供应时面部表情会显得十分满意。采用面部识别设备监测猪群的面部表情能有效识别猪场猪只个体，科学判断猪群的健康状况，保持猪群情绪稳定，促进养猪生产。

6.3 系统集成

6.3.1 智能估重系统

传统的称重方式是出栏时将猪赶到地磅进行称重，或出栏时分批称重结算，这种称重方式费时费力，容易造成猪应激。而在猪的生产管理过程中，猪场管理者只能凭借肉眼判断猪只生长情况和体重，预估其是否达到出栏体重，确定出栏时间。并且，只有在出栏称重时，才能获知猪群的料肉比。

智能估重系统是由摄影仪、交换机、硬盘录像机、智慧引擎运算服务器和手机App软件组成的。系统可以根据应用场景，安装在猪舍栏位上方、地磅上方或装猪过道上方。摄像头实时采集猪只影像，利用光纤或网络传输到硬盘录像机并上传至运算服务器，服务器对接收到的影像进行智能分析和处理。通过摄影仪将每个栏位的猪只影像实时上传到后台智慧运算服务器，采用智能估重算法，对数据进行内容分析和数据对照，结合AI摄像机采集的猪只影像，智能化分析猪只的平均体长体宽，根据猪只的体重密度预估出平均体重，准确率高达95%。

用户可以在手机App上随时随地查看猪只数量及日增重等数据，改变了依赖传统的电子秤等估重方式，猪场管理者可以根据日增重实时计算料肉比，以便针对不同猪群调整饲料配方，提高管理效率，且不会对猪只产生任何应激，帮助养猪场提高生产效率，真正实现智慧养殖新模式。

6.3.2 通道图像盘点估重系统

猪群通道图像盘点估重系统是专为生猪养殖行业量身定制的智慧养殖物联网整体解决方案的一部分。基于养殖场销售和转群盘点/估重需求定向研制的通道图像盘点估重设备，采用固定式/移动式通道，使用无接触的图像查数/估重设备精准检测，数据实时上传管理平台，实现信息化管理的数据自动采集、生猪资产信息核查和比对，有效解决了养殖场转群管理的难点。猪群通道图像盘点估重系统采用弱电方式进行供电，输入电压220 V，输出电压12 V，输出电流2 A，对人体和动物无安全伤害。根据猪群盘点估重的具体应用场景，定制通道宽度，安装时设备使用膨胀螺栓或预制槽固定于地面和墙壁(图6-3)。

图 6-3 通道图像盘点估重系统

6.3.3 智能巡栏系统

随着人力资源成本不断攀升，使用机器人及人工智能取代人工巡栏并实现自动监控猪行为的需求越来越强烈。目前行业中主流的智能巡栏系统主要使用计算机视觉。根据功能和场景的不同，智能巡栏系统需要加载各类传感器，并应用图像分析、行为识别、语音识别等技术。

猪只行为识别的研究主要立足于移动和静止两个状态，其中静止状态包括分散、集中（正常休息）、聚集（寒冷）；动作状态包括行走、狂躁、撕咬、进食等。主要检测静止目标的停留时间及站立状态；检测静止目标的休息时间及稳定状态；检测移动目标的行走速度及路径等多个方面。如果猪只长时间的狂躁和安静都是异常行为，识别系统就是根据专家经验与两种行为状态的检测算法相结合，分类识别多种猪只行为，并对其异常行为进行预警。

6.3.4 轨道巡检机器人系统

猪场轨道巡检机器人系统是专门针对大型养猪场设计研发的智能一体化巡检方案。该机器人系统巡检机器人本体为核心，搭载火情预警装置、智能避障、红外热图、随动光源补偿照明、气体、噪声监测等功能，结合实时监控平台，数据采集服务器以及相关附件，可实现对养殖场环境与设备的工作状态进行不间断的监控。

通过安装视频监控、红外云台测温、雷达避障、内环境监测、保护信息管理系统等系统，建立智能巡检管理平台，将猪只的状态信息、视频图像信息进行整合和集成，通过大数据算法实现养殖场内巡视工作的可视化、智能化，从而达到延长巡检周期或取代人工巡检的目的。

(1)现场环境远程可视化

①日常巡视：按照事先设定的巡视顺序，运行人员在控制室查看摄像头自动旋转巡检的信息，具备自动和手动巡视功能，巡视自动开启照明灯。

②专业巡视：依次查看预先设定的重要设备或栏位猪只状态。对工作人员的身份识别。

③特殊巡视：依据天气情况可自由选择或自由设定部分栏位的巡视。

④熄灯巡视：利用视频和红外测温系统开展巡查，查看是否存在可见光、发热现象。

(2)猪只状态信息实时采集　通过各种在线监测技术和手段，实时采集信息，具备超标数据的自动报警功能，如猪只咳嗽判断、点数、周期体重预估等。目前初步需求为栏位中猪只咳嗽，后台给出数据，并给出栏位编号。

(3)智能巡检管理平台　整合视频监控系统，将动物的图像信息、养殖场内设备运行信息集成一个画面中，实现养殖场内的统一监视。

(4)主要解决问题

①搭载高清摄像机，24 h不间断对养殖场生产状况进行巡检、记录。

②搭载红外热成像双目摄像机，实现对温度趋势判断，智能分析与诊断，预警故障。

③搭载网络语音系统，实现前后台语音对讲功能。

④搭载温湿度、气体、烟雾等多种传感器，实时监控现场环境状态。

⑤前端设备可实现多方向的曲线、直线运动方式，适应各类型养殖场的使用环境，循环监视养殖场的整体状况。

⑥前端设备可实现垂直上下运动方式，对有异常状况出现的猪只重点监控。

⑦光线传感结构，可根据养殖场现场的光线强弱度，自动打开辅助照明设备。

⑧实现养殖场无人值守模式下，系统自主智能的24 h不间断巡检。

⑨实现养殖场的重点巡检位置的记忆，及根据现场预警状况，自动移动到预警发生的位置。

6.3.5　猪场自动清扫机器人

目前大部分养猪场的清扫工作还是单纯靠人工来完成。自动清扫机器人应用的意义如下。

(1)可以避免人与猪场不良环境的直接接触。在猪场的清扫工作中，常存在一些不利于人体的有毒、高温和高湿等环境，采用自动清扫机器人在这些环境里作业，一直是人们追求的目标。

(2)在传统的猪场人工清扫工作过程中，劳动强度比较大，劳动重复单调，容易使人感到疲劳，易导致误操作或事故的发生，自动清扫机器人代替人工可以进一步减轻工作人员的劳动强度，避免突发事故的发生。

(3)可以提高效率，节省劳动力。

6.3.6　智能环境控制系统

良好的猪舍环境可以有效增强猪群健康水平，降低发病率和死亡率。随着生猪养殖规模的扩大，传统的人工方式监测猪只健康、行为和猪舍内部环境需要耗费大量的时间和精力，且不能得到精确监测结果。猪舍环境智能控制已成为养殖高质量、精细化发展的重要方向。猪舍的环境智能控制的主要内容就是智能化地控制温度、调节湿度、改善空气质量及适当增加光照等。通过智能控制系统改善猪舍生存环境，以减少应激，增强猪的抗病力，力争少用或不用药，从源头上保障猪肉食品的安全性，同时降低人工成本，提升管理水平，获取企业竞争优势。

环境智能化系统最大的特点是环境调控的精细化和最优化。

(1)精准性　在每层猪舍的微环境下，智能化环境系统能实现本舍最优化的温度、湿度、二氧化碳、氨气、负压、光照、空气质量的综合调节。

(2)协同性　在楼房猪舍环境下，特别是集中排风通风模式中，智能化环境系统能在多楼层通风工况不断变化的情况下，实现多楼层、不同类型设备工作的精细化协同，一方面能在每层猪舍的微环境下实现本舍的精准调控，另一方面能动态把控通风井(排风井)的动态负压，确保各楼层的气流不发生倒灌。

(3)经济性　在实现猪舍环境精准调控效果的同时，保证设备能源消耗处于最低值。

(4)可管理性　智能化的环境系统是全数字化的调控过程，环境参数的调控结果，与每台被控设备协同运行的数字化工况过程，形成一个闭环的控制逻辑，能轻松分析出控制过程的问题与不足，可对系统与设备的运行进行全数字化复盘。

6.3.6.1　智能环境控制系统组成

猪舍环境控制系统通常由通风系统、降温系统、供热系统、光照系统、空气质量控制系统、智能报警系统和智能控制系统等组成。

通风系统是环境系统里最主要的一个系统，它为猪舍内的猪只提供生理、生长需要氧气和新鲜空气，排走猪舍的污浊空气，同时实现猪只的降温。降温系统可以由湿帘实现，也可以通过空调机组、喷雾、喷淋系统等来实现。供暖系统在冬季为楼舍提供额外的热量，使猪只在冬季生活在合适的温度环境中。空气环境控制系统能为楼舍除尘、降温、除臭、消毒，保障楼舍的空气品质合乎猪只生长需求。

环境智能控制系统一般包含各类传感器、控制柜、服务器、客户端(图 6-4)。各类传感器为系统的感知层,自动采集温度、湿度、有害气体等众多环境因素。控制柜在分析传感数据信息的基础上,通过智能算法完成对猪舍舍内的风机、湿帘、供热系统等的智能调控。服务器用于采集数据的信息化传输与交互,包括与下端的各控制柜、上端的云数据库进行实时通信以及数据存储。系统的客户端通常包括电脑 PC 端、网页、手机 App 和小程序等。这些客户端可以根据业务场景提供养殖场内的人机交互、远程监控和一定权限的远程控制。其主要目的是根据猪生长的最佳环境要求,智能地控制温度、调节湿度、优化空气质量等。

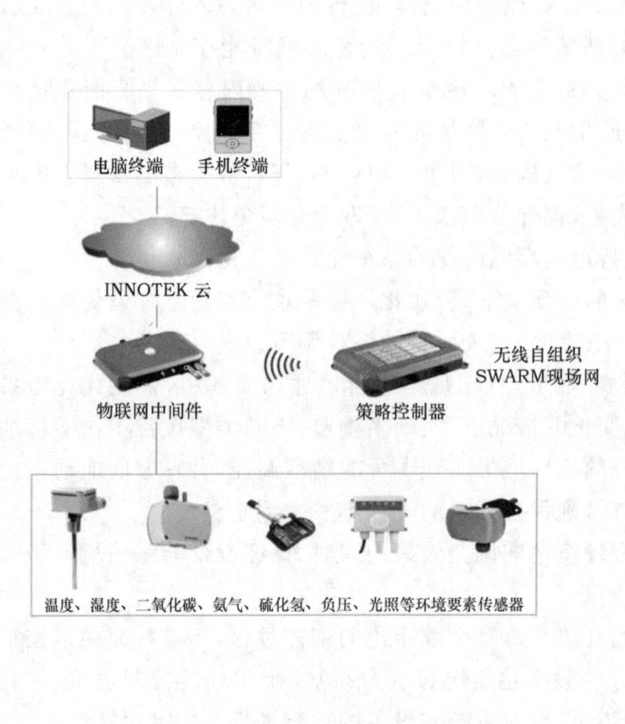

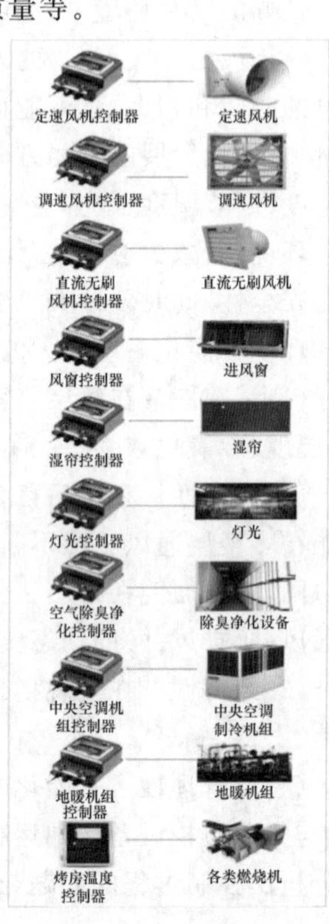

图 6-4　智能环控控制系统

6.3.6.2　智能环境控制系统的工作原理

(1)感知层使用各类传感器进行相关数据的监控和采集。传感器一般有温湿度传感器、NH_3 传感器、CO_2 传感器、H_2S 传感器等。传感器实时采集舍内的环境数值,并上传至采集终端。环境控制系统会实时或者按周期读取传感器采集的数据。

(2)控制系统将计算出采集的传感器数据与设定目标值的差异。

(3)控制系统里有已经编写好的一套数据处理和策略模型,会根据上述(2)步骤中差异的具体数值,条件选择出相应的设备运行策略。

(4)控制策略实时或者按设定周期下发给各个设备的控制器。

(5)各设备控制器按策略执行其被控设备的开启、比例、停止等动作。

(6)重复以上步骤,实时调整设备运行,以维持稳定安全的舍内环境。

例如:控制器设定目标温度 21.5 ℃,20 个通风级别,系统每 2 min 读取一次传感器采集的数据;本次采集温度传感器数据为 22.8 ℃,与目标设定值差异为"+1.3",控制系统按此条件导出"通风级别+1"的策略,并及时分发到风机端的控制器;风机端的控制器执行风"通风级别+1",即加开一台风机,或者增加调速风机的转速;依次循环监测、执行。

监测、计算、策略分发、设备执行全过程是控制系统自动、智能运行。

设备端数值的差异,如通过微环境多参量的环境模型驱动,实现对通风系统、降温系统、增温系统、空气质量控制系统的协同调节工作,将猪舍室内的空气温度、湿度控制在猪只适宜的设定值范围内,同时保障舍内的空气品质符合猪只生长的健康要求。

6.3.7 智能饲喂系统

6.3.7.1 精准营养配方

在数字化技术的加持下,饲料营养可以得到精准定制,通过科学调整饲料配方,充分挖掘猪只的生产潜能,并利用饲料中潜在的营养成分,能够促进猪营养吸收,通过降低少量昂贵营养物质的供给,还可降低 10%~15%的饲养成本,减少 2%~3%饲料制备、储存、管理和运输成本,减少 40%以上氮、磷和其他污染物的排放。

6.3.7.2 精准饲喂

智能饲喂是精准饲喂管理技术的实现方式,是指在获取饲养信息、精准配制饲料的基础上,根据猪的数量、生长阶段、平均体重等基本信息,设定饲喂决策模型和算法,得到固定猪舍的饮水量、每次投喂量、投喂次数和投喂时间,为养殖户提供科学合理的饲喂决策,并按照饲喂决策将饲料通过养殖智能化、自动化设备饲喂。精准饲喂管理技术大致可分为饲养信息获取、饲料精准配方、智能饲喂 3 个阶段,主要是由精准饲喂管理软件和智能饲喂设备组成。当猪主动到智能饲喂设备采食时,猪只所佩戴的识别卡在距离饲喂设备感应器一定范围内即可自动识别猪个体,计算机通过饲喂管理软件自动查询数据库内的饲喂计划及饲料配方,决定是否投料及投料量。在饲养信息获取方面,随着微型计算机、电子识别系统、电子自动称量系统等高新技术的应用,精准饲养的自动化水平大大提高,通过准确获取猪饮食行为，合理分析猪生理状况，进而制定饲喂计划，有助于最大程度发挥猪生长和繁殖潜力。

按照饲喂饲料的状态，可将生猪智能饲喂技术分为干饲料饲喂技术和液态饲料饲喂技术两种。干饲料饲喂技术涉及的智能养殖设备主要包括妊娠母猪电子饲喂站、母猪精准饲喂系统等。可以按每头母猪的采食曲线或妊娠日龄控制每天甚至每次的采食量，并自动记录采食量数据，反过来也可依据已完成的采食量，调控后续的采食量，因此具有智能化控制的特点。液态料智能饲喂系统包括电脑控制程序、配料搅拌及输送 3 个部分，操作系统会根据猪群数量、饲喂配方、日饲喂次数等参数计算出水量和饲料量，搅拌后送至食槽。但液态饲料饲喂技术也有一定的不足，冬天时液态饲料会导致猪舍湿度较大，生猪容易感冒患病，夏天液态饲料常易残留在管道中，造成腐败变质。不过，液态料智能饲喂系统仍然将是未来全球养猪业主流的饲喂方式(参见 3 章 3.5.2 节)。

(1)干料自动化智能饲喂系统　猪场干料自动化智能饲喂系统由驱动电机、输送料线、控制箱、定量筒组成。其中包含转角轮、料线感应器、绞龙或塞盘链条等其他配件。猪场干料自动供料原理：在三相交流电动机的带动下，绞龙塞盘链条系统运动，在绞龙或塞盘运动的过程中带动饲料一起运动，饲料从料塔传输送到猪舍内下料机构。供料线管道从猪只采食的下料机构上面经过，在每一个下料机构食槽位置，留有一个下料口。饲料在绞龙或塞盘的带动下，自动流入食槽中。当槽满后，饲料接触传感器，便会自动停止。输料时间可以在系统中心设定记录，每天可以设置多个时间段供料，到供料时间系统自动启动三相交流电动机，带动输料系统，开始输料。输料完成后，系统可以自动切断三相交流电源，停止输料。供料系统还可以手自动控制，在非供料时间只要按下启动按钮设备就正常运转实现供料。

塞盘料线是目前猪场使用最广泛，也是自动化供料系统比较成熟的一套设备，适用于母猪舍、育肥舍、保育舍等任何猪舍。自动供料系统饲料输送方式分为可循环输送的链盘式、直线输送的绞龙式、链盘联合输送的组合式 3 种，可以根据不同猪场的生产布局及饲喂需求，因地制宜地设计不同的饲料输送系统，用最小的成本将饲喂系统的效能最大化。

(2)妊娠母猪电子饲喂站　妊娠母猪电子饲喂站由喂料传感器、电子耳标、投料中心、可编程逻辑控制器(PLC)、电子与对应驱动器等组成。采用大栏小群的饲喂模式，每个饲喂站可养 15～20 头怀孕期的母猪，为每头母猪提供个性化的采食，减少采食竞争和应激，改善个体体况，并且突出了动物福利。

猪只佩戴电子耳标，有耳标读取设备进行读取，来判断猪只的身份，传输给饲喂站自带的计算机，管理者设定该猪的怀孕日期及其他的基本信息，系统根据终端获取的数据(耳标号)和计算机管理者设定的数据(怀孕日期)运算出该猪当天需要的进食量,然后把这个进食量分量传输给饲喂设备为该猪下料。同时系统获取猪群的其他信息来进行统计计算,为猪场管理者提供精确的数据进行公司运营分析(图 6-5)。

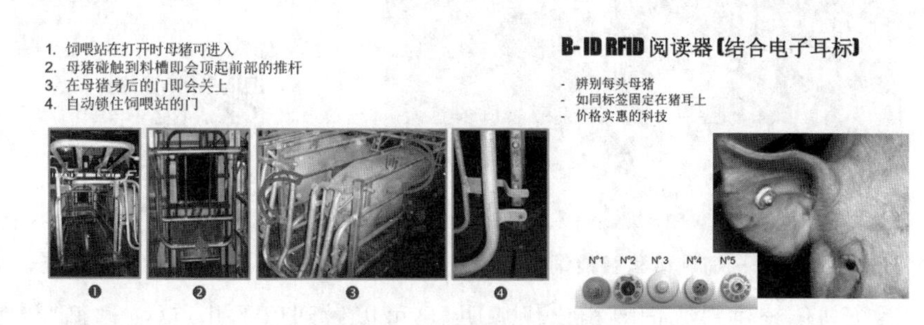

图 6-5 妊娠母猪电子饲喂站

电子饲喂站的智能工作原理:佩戴电子耳标母猪→进入电子饲喂站吃食→RFID 读写器自动识别母猪身份信息→身份数据上传至控制中心→控制器接收命令对数据进行统计分析→再控制下料器下相应食量的料(图 6-6)。

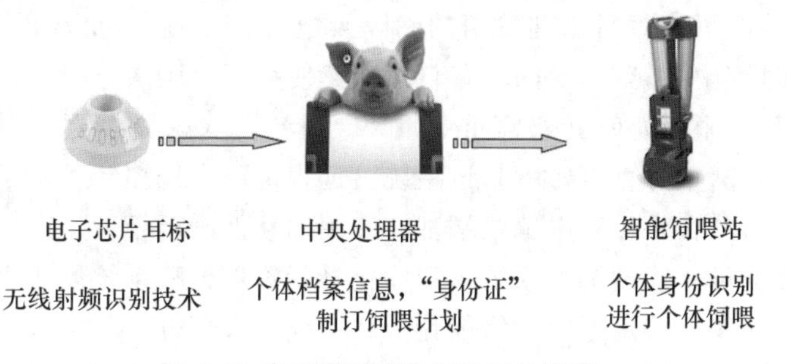

图 6-6 电子饲喂站的智能工作原理

电子饲喂站实现母猪“刷卡吃饭”,必须要有饲喂站读写器也称 RFID 读写器。读写器用于识读母猪身份信息,当母猪走进饲喂站进行采食时,饲喂站读写器就会自动识别母猪身份数据信息,中央处理器“认识”它是哪头猪,吃哪种料,吃多少,并控制下料装置运行,按饲喂策略控制饲料落到食槽,保证母猪的精确饲喂。饲喂完成后猪会离开饲喂站,下一头猪再排队进来。猪只身份、采食时间、采食量等信息上传中央处理器,以供采食监测和数据分析,并计算这头猪下次的采食量。

(3)哺乳母猪智能饲喂系统 哺乳母猪智能饲喂系统根据母猪哺乳期生理特征、产仔数、胎次、产仔日期等相关数据通过内置的饲喂曲线进行精确投放料量,遵循母猪采食行为习惯,基于“少食多餐”原理,利用软件与电子触发器的协同管理,确保母猪在需要采食的时候进行供料,且多次小份额,增加采食量(图 6-7、二维码 6-1)。

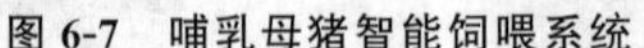

图 6-7　哺乳母猪智能饲喂系统　　二维码 6-1　智能饲喂系统

该系统与传统供料线饲喂相比优势明显，可以做到以下几点：①遵循“少餐多食”的理念，根据母猪进食欲望进行饲喂；②刺激哺乳期母猪采食，每一次少量料都能刺激采食欲，最终增加采食量；③遵循哺乳母猪实际营养需求，通过控制采食量控制体况；④实际可行，操作更方便，提高综合经济效益（人工、不浪费饲料）。

哺乳母猪智能化饲喂系统提高母猪的采食量，确保母猪断奶时的良好体况，断奶时的良好体况可缩短断奶到发情的间隔天数，使下一胎有更高的分娩率。在整个产房饲养过程中，母猪体况的改善自然而然使得下一胎次分娩时的仔猪数增加。延长母猪使用年限断奶时断奶窝重更重要。母猪每天采食量更高时，会分泌更多的奶水，对断奶窝重有直接影响。该系统可远程也可本地控制的电子饲喂器，支持批量也支持单台，在手机和电脑终端都有专用的软件进行管理。

(4)智能化母猪管理饲喂系统　智能化母猪管理饲喂系统属于群养管理系统，包含饲喂系统、发情鉴定系统和智能化分离系统三大部分。

①饲喂系统：母猪进入饲喂系统后，通过传感器识别母猪佩戴的电子耳标并记录每头母猪的相关信息，能够对大群饲养中的个体猪只进行精准饲喂，下料系统根据不同母猪的情况确定其下料量，避免饲料浪费从而降低饲料成本，进一步提高母猪使用年限及生产性能。

②发情鉴定系统：通过扫描耳标的方式，每只佩戴电子耳标的母猪都会被详细记录其活动情况，通过数据传输将数据传入发情鉴定系统。发情鉴定系统根据母猪与公猪之间交流的次数和时间，根据内置的判定标准从而判定该母猪是否发情。该系统在节约人工成本的同时提高劳动效率，从而降低饲养成本。

发情鉴定系统也可根据监测母猪体温变化预测发情情况来实现，但单一的体温变化预测和单一的公母猪交流次数和时间等行为鉴定准确都比较低，两种方法予以结合，则较为理想。

③智能化分离系统：母猪在采食结束后，由于系统的机械结构设计猪只无法躺

卧将会自行离开饲喂系统。分离系统通过使用不同的颜料将患病的、发情的、需要疫苗接种的、临产的、需更换电子耳标的特殊母猪分离出来。不同颜色的标记可以使饲养员节约时间,降低了劳动力成本。

智能化母猪管理系统除了精准饲喂、发情鉴定、智能化分离外,还可以实现自动报警、数据传输等功能。

6.3.8 智能生物安全系统

猪场的生产运营不仅需要对猪群生产进行管理,还需要对参与生产的人员、设备以及猪场周边的环境进行安全管控。

猪场可以根据生物安全规定将猪场内分为场外区域、办公生活区、缓冲区、生产区等区域,并规定员工在不同区域穿着不同颜色的工装。这种管理方式大大简便了现场的人员管理并可以减少员工串岗的现象。为了更好地进行智能化、自动化的生物安全监管,应用民用领域成熟的工装识别技术对关键位置的员工工装进行识别,提高管理效率。对于楼房式猪舍,可以对不同楼层的工装进行管理。在应用工装识别技术时,工装的颜色管理必须充分考虑到采购、管理及可视化技术的一些现实情况。工装的颜色种类不宜过多。过多过杂的工装颜色不仅不利于服装采购,也会使现场工作人员的操作烦琐且不便执行。相邻区域的工装颜色不能过于相似,否则容易出现假报警现象。在执行工装识别的相应区域及相邻区域,建立各类标识体系来对员工进行提醒。个别猪场甚至将猪舍墙面涂成与工装相同的颜色。除此之外,工装颜色也会配套相应区域的识别色。

6.3.9 视频监控系统

养猪场网络视频监控系统整体结构按功能划分为:监控前端、传输系统、处理系统3部分。其主要功能有安防预警以及智能盘点和估重。

监控前端负责现场视音频、报警信号的收集和各种监控外围设备的控制,具体分为:视频监控设备、报警设备和各种传感设备、其他数据采集设备等。传输系统即为确保各监测点监控图像传输稳定,结合养殖场现场的实际情况对有条件(已铺设网络)的前端采用IP与有线视频服务器相结合的方式作为监控图像传输载体。网络难以铺设的点位,在确保图像质量的前提下可以提供4G/5G无线传输方案。处理系统,操作人员通过对平台管理客户端软件的操作,将不同的画面进行切换和显示大小的控制,方便观看和查找,主控电脑可同时显示多画面,安防预警,主要功能为越界报警、人脸识别、电子围栏等,可划定特定区域、界线做进入和动态监管,报警时可抓拍人脸或全景照片,并可发送到手机App或联动后台报警(图6-8)。

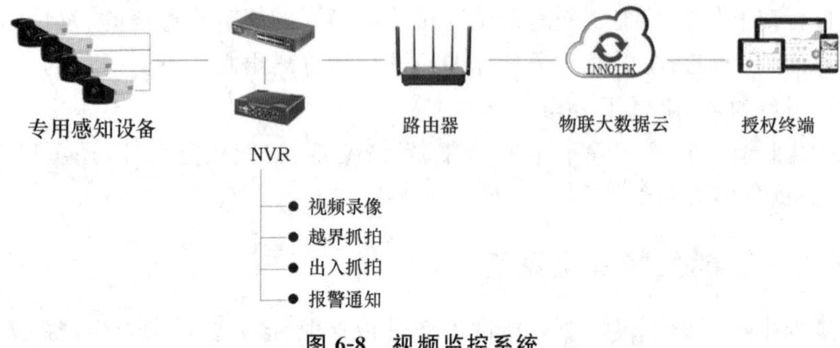

图 6-8　视频监控系统

6.4　智能化养猪管理体系

楼房养猪的建设规模和复杂度均大大高于传统的平房模式，对养殖场的设备和管理水平提出了更高的要求。为了满足集约化、机械化、信息化的发展趋势，更好地驾驭这一新的养殖模式，物联网、云计算等最新的智能化技术被集成并应用到楼房养猪中。

6.4.1　数字化蓝图规划

根据业务的需要，楼房养猪的智能化建设体系可以分为数据采集终端、物联终端、中台技术、业务应用、终端及用户几个层级（图 6-9）。

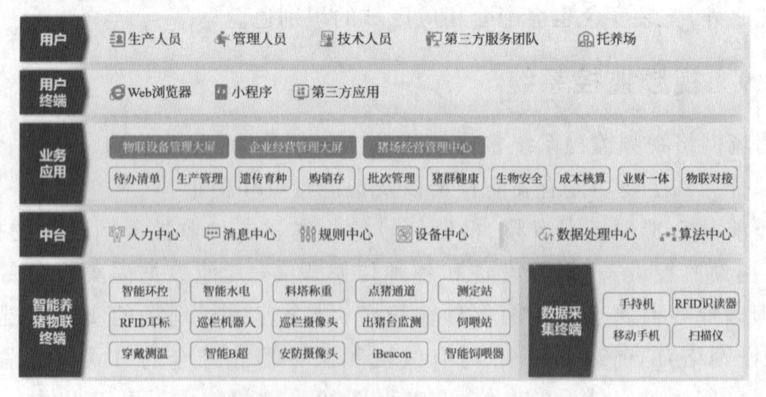

图 6-9　楼房养猪智能化建设体系

系统通过物联网设备、手持终端及各类识读设备对数据进行采集，经过中台处理后，业务应用根据生产、育种、兽医等多个业务板块的需求对数据进行分析和挖掘，最好通过管理大屏和用户终端进行呈现。生产人员、管理人员、技术人员等不同岗位人员按照系统设置的权限进行信息获取和系统操作。

通过智能化体系建设，最终目标是实现养殖环境的精准控制，对提供更加精准的营养调控和饲料饲喂量以及猪场内外的生物安全环境实现全程智能化管控。

6.4.2　楼房猪场的网络设施建设

养殖场现场监测布线复杂，传输成本高、功耗大、距离短。楼房猪场体系更是如此。无线传感器网络已经得到广泛应用，以监测猪舍内环境参数。这种方式组网方便且不需要布线，结合广域网通讯和云平台，可实现环境信息的远程实时监控。目前猪场使用的技术包括 WiFi、LoRa、NB-IoT 等，这些网络的设施均应在楼房猪舍设计及建设阶段予以同步进行。

6.4.3　楼房养猪场数字化管理

由于楼房养猪的投入非常大，在设计、设备、建设等环节需要非常高的技术、资金投入。楼房猪舍是一个复杂的现代化养猪综合体，需要精细管理才能真正实现降本增效。传统的人力和经验已经很难获得更高的生产效率。生产水平的进一步提升需要管理者利用数字化手段进行精准管控，这样才能对养猪的生产和财务潜能进行挖掘，实现生产成本优化和生产效率的飞跃。而猪场信息管理系统则是这方面的重要代表，也是打通养猪数字化链条的重要基础。

6.4.3.1　猪场数据的定义与标准化

猪场生产和经营过程涉及诸多事件，如配种、分娩、销售等，涉及猪、物、人等各个方面，所有这些事件均会产生数据。猪场数据主要涵盖如下 6 个方面。

(1)种猪数据　包括种猪个体信息、配种、妊检、分娩、断奶、采精、周转、死淘、销售、免疫保健等数据。

(2)肉猪数据　包括各阶段肉猪的存栏、周转、免疫保健、饲喂、死淘、销售等数据。

(3)育种测定数据　包括后裔登记、测定数据等。

(4)物料管理数据　包括饲料、兽药、疫苗、仪器设备、耗材等生产物资的入库、出库、消耗、库存等管理，这些数据反映猪场的物料消耗情况。

(5)环境数据　包括饲养环境的温度、湿度、空气质量等数据，这些数据反映猪舍的环境变化情况。

(6)其他数据　包括猪场的水电、人员工资、固定资产损耗等数据，这些数据与猪场的生产经营成本息息相关。

6.4.3.2　猪场数字化管理流程

猪场数字化涉及养猪运营的多个方面，需要长期坚持并跟踪实施。只有建立明确、可靠、可行、可持续的数据管理流程，才能确保猪场获得准确可靠的猪场数据,并用于生产监控和指导。

(1) 前提工作

①明确目的:大多数中小规模猪场对猪场数据关注点集中在猪只存栏和日常物料成本等,而大型规模猪场除了关注以上信息,更加注重对生产过程中的各环节的数据分析,试图从这些数据分析中找出问题出现的环节,采取措施去解决。所以提高生产效率仅仅依靠存栏和成本信息是远远不够的。对不同的猪场,首先明确猪场进行数据管理的目的,然后才能根据自己的目的来选择合适的工具以及必要的实施措施。

②选择合适工具:电子表格操作相对简单,也可做一些简单的统计汇总,所以通常被小规模猪场采用。然而当猪场规模扩大后,数据量的增加导致电子表格在数据计算和处理方面就显得捉襟见肘,而专门的数据管理软件则更加适合。

③培养稳定的人员:人是最关键的因素。大部分猪场人员流动非常大,如果没有稳定的人员,并且是能够深刻理解数据管理重要性的人员,那么数据管理将是一纸空谈。所以,要足够重视参与数据管理的人员的管理与培训,这样才能使猪场的数据管理坚持下去。也只有坚持才会有数据的积累,才会有数据的价值体现。

④制定管理制度:大多数猪场开展数据管理工作后,一般都是直接指派既有人员,要求其每天录入数据。然而对场内大多数人来说,突然增加的数据记录和录入工作并没有带来便利或收益,甚至使工作更加烦琐,因此常引起基层人员的不满,进而消极对待。在这样的氛围中是不可能获得及时和准确可靠的数据的,因此,猪场需要制定合适的制度,确定各环节的参与人员及其工作职责、工作流程,并明确每个人就数据管理工作的绩效考核,使数据工作与其收益息息相关,这样基层人员才会积极参与到数据管理中。大多数小规模猪场无须制定复杂的制度,但要明确基层人员工作量的增加必须在收入上有所体现。只有这样,才能确保及时和准确的数据来源。

(2)前期准备　数据管理工作需要一些前期准备,以确保数据管理工作实施后的日常操作能有序、稳定地进行。准备工作主要包括设计适合本场实际情况的数据记录表,并打印足够的量给各部门。

①种猪编号及标示:繁殖用的所有种猪,包括种公猪、种母猪、后备公猪、后备母猪,甚至包括已经有初情期的后备猪,都要有全场唯一的编号或耳号,可使用耳缺、耳刺、耳牌或种猪卡进行标识。

②猪舍命名:全场的猪舍都需要进行命名,并记录到软件中,需要注意的是,必须按照实际的栋舍数量进行命名,而不能使用管理单位进行区分。例如:某猪场1名工作人员管理2栋育肥舍,考核时也以2栋猪舍一起合并计算,但在软件中,必须登记为2栋育肥舍,2栋猪舍的所有数据如存栏数等都应当分开记录,而不能登

记为1个管理单元,这样在管理方式发生变化时才不至于导致数据混乱。

③种猪基础档案登记:种猪的基础信息和历史记录可录入或导入软件中,这样既利于当前日常数据的记录和录入,保留下的历史数据也使数据分析的时间范围更广泛。

④肉猪存栏盘存:肉猪盘点可以结合财务盘点来进行,盘点完毕后把盘点数量录入软件中。

⑤软件培训:培训使用软件,确保所有和猪场数据相关的人员都可以无障碍地使用。

(3)记录数据　一线生产人员或专门的统计人员,在猪舍中使用数据记录表把生产活动记录下来,记录时需注意以下几点。

①及时:在猪舍完成相关操作后要及时记录,如配种完成后,立即记录配种信息(如配种母猪数、与配公猪、配种员等),不要拖延,避免因其他工作而忘记了记录,导致错误增加。

②清晰:使用纸质记录表时务必确保书写清晰,不可出现似是而非的数字或字母而导致录入错误。

③准确:所有数据记录都需确保准确,否则,要么无法录入,要么录入的是错误数据,日后要花大量的时间返回现场再进行核实和修改。

④存档:数据录入完毕后,所有记录表要及时存档并定期进行装订,不能放在猪舍内或散放在办公室内。

(4)录入数据　所有生产数据都要及时录入软件中才能进行下一步的数据处理和分析。录入数据时要注意如下事项。

①及时:当天数据当天输入,确保数据及时性,如事务繁忙,也必须确保记录的数据至少在1周之内录入完毕,不可拖延太久。

②有序:数据要按逻辑关系的顺序录入,如:分娩的母猪必须有成功的配种记录。

③核对:录入的数据要和记录表中的一致,录入后一定要进行核对。

④核实:如果在录入过程中,存在数据无法录入或提示有错误,就需要核对记录表中的内容。根据逻辑关系进行错误核查,若是种猪遗漏或出现错误的历史数据,则需要返回猪舍找到种猪进行数据核实,不要积累或放任。

(5)统计和分析　数据录入软件后,软件会自动整理和运算,只需点击相关的报表,软件就会把运算的结果按报表样式呈现给用户,供用户进行后续的统计和分析。

猪场数据的统计主要包括存栏及变动、饲料或兽药的消耗情况、配种、分娩、断奶、采精等生产活动的数量、猪只死亡淘汰数量及原因等,这些统计指标可以按猪舍、日期、人员等进行分类统计,也可以按日、周、月、年等任意时间段来统计。

猪场数据的分析主要包括一些生产关键指标,如怀孕率、分娩率、死亡率、窝均产仔、窝均断奶头数、断奶仔猪数/种母猪/年(PSY)、年产窝数/种母猪、非生产天数/种母猪/年(NPD)等,这些指标只有在中长期时间段内统计才有意义。通过对这些指标的长期监控,可以分析猪场生产活动的变化趋势,及时做出生产调整。

(6)生产监控　猪场数据经过统计和分析,最终反馈到生产过程中,甚至定位到具体的猪或人,使数据切实发挥作用,而不是停留在报告层面。

猪场负责人、场长通过掌握猪只存栏及变动、物料消耗、主要繁殖指标等,了解猪场阶段性的生产及产出情况,有利于合理安排物料补充和肉猪上市。

场长和各岗位主管通过掌握猪只存栏变动、物料消耗、配种/分娩/断奶、种猪/肉猪死淘、主要繁殖指标分析等,结合实际经验,可及时挖掘出生产过程中的潜在风险,采取措施积极改善,提高生产水平。

一线技术员通过软件可及时掌握哪些猪只待查情、待配种、待妊检、待产、待断奶、待打疫苗等,根据这些待办事项合理安排工作,既节约时间,又减少遗漏。

6.4.3.3　适配楼房养猪的数字化管理

不同企业选择的楼房养猪管理模式各不相同。如群落养猪的楼房养猪,不同的楼栋管理的猪群不同(如母猪楼、保育楼、育肥楼等);如单场多栋猪舍,每栋楼是一个生产线,这栋楼里饲养母猪、保育、育肥猪,各个生产线独立管理,包括猪群和物资使用,但人员是统一管理。

基于这种独特的楼房养殖管理需要,数字化管理系统(图 6-10)也需要适配多种楼房养猪模式。

(1)多级猪舍分组适配不同管理模式　无论是群落楼房养猪,还是单场多栋多生产线养猪管理,在确定养猪最小管理单元的前提下,通过增设管理单元的上级分组,从而适配不同楼房养殖管理模式。

成熟的生产管理软件系统中,可以对猪场、猪舍进行多级分组管理,人员统一管理,但猪群可以分散在不同的猪舍组中。同时,猪舍分组和猪场分组可以根据管理需要随时调整,但这种调整不会影响猪群在最小管理单元中的变动。

(2)批次管理　楼房养猪更容易采用批次管理,不仅提高生产效率,还能降低生物安全风险。在微猪等成熟的生产管理软件系统中,把母猪批次和商品猪批次结合起来,形成全程批次,跟进繁殖性能和商品猪生长性能分析。

6.4.3.4　数据孤岛与解决方案

随着智能化技术的快速发展,大量新型设备和系统被先后部署到养殖现场。但由于事先规划的缺失或不足以及系统开发单位的不同,不同的系统的数据分而治之,形成了“数据孤岛”的现象。这些数据相互不能流通,也无法验证。

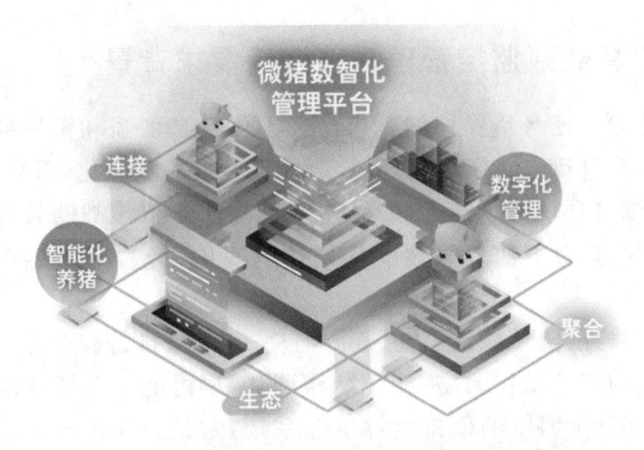

图 6-10 通过连接、聚合,打造数智化管理系统

(1)物联网平台建设 养猪企业在发展过程中经常会使用到不同的物联网传感器及环境控制器,而这些设备的生产厂家提供的管理系统均为自成体系的云端平台或管理软件。这使得用户急需可以将这些设备连接在一起并进行展示的一体化系统。一些养殖集团因此自行开发了内部专用的物联网平台。一些软件开发企业也协同物联网设备厂家,推出了兼容多个厂家的通用系统。

物联网平台除了传统的环控系统外,还需要对接生产、育种和兽医数据平台,将采集到的各类数据进行汇聚分析,打通业务全流程。只有这样,物联网的数据才能真正在养猪生产过程中得到应用,进行智能化决策,实现数字化管理体系。

(2)业财一体化建设 过去的生产系统和财务系统往往独立运行。两套系统不仅要重复录入数据,而且生产部门的数据也经常无法与财务部门取得一致口径。在实施业财一体化建设后,生产业务与财务系统、办公系统等之间得到打通,数据可以通过接口的方式在系统之间进行同步和流动。由于财务系统可以同步得到生产系统的数据,各种成本得到更加精准的分摊,甚至可以按批次精确核算。

6.5 智能能耗管理控制系统

6.5.1 智慧能源监控管理系统概念

智慧能源监控管理系统是利用现代化智能信息技术对企业能源转换、输配、利用和回收实施动态监测和管理的信息系统,一般由能耗在线监测端设备、计量器具、工业控制系统、生产监控管理系统、管理信息系统、通信网络及相应的管理软件等组成,通过能耗在线监测端设备实现数据采集、分析、汇总、上传等功能。

6.5.2 智慧能源监控管理系统建设需求背景

任何项目建设对于环境保护的要求已经不仅仅是加强和重视的概念，而是必须要做到的前提和基础。为了优化环境，避免环境进一步恶化，保持环境与人类活动之间的平衡，恢复环境的创造力和活力，我们提出了双碳战略目标。也就是，中国承诺在2030年前力争使二氧化碳排放达到峰值，努力争取2060年前实现碳中和。

为实现双碳目标，降低能源消耗、资源消耗，节能减排是养猪业最首要的任务。而且国家层面上的产业结构调整、能源结构调整，尽可能最大限度减少碳排放，实现低碳经济，建立健全科学的碳排放评价体系，制定相关减排政策，都需要各行各业全面行动起来，建立碳排放监控管理、能源监控管理系统和监测预警系统，以便精确掌握真实的、具体的碳排放、能源消耗、资源消耗数据，进一步分析确定并完善行业准入标准，制定合理的能耗指标，采取最适合的技术产业模式，才能真正有效做到对企业实行定期跟踪、指导、监督，建立与节能减排监管工作相对应的奖惩机制，确保项目碳排放指标、能耗指标达到国家要求，促动产业升级。那么，养猪业作为重要行业，建立碳排放监控管理系统、能耗监控管理系统的必要性不言而喻。进而，利用现代的智能技术实现养殖业碳排放监控管理系统、能耗监控管理系统的智慧化，使养猪行业做到可视化、可分析、可控制、可优化。

6.5.3 智慧能源监控管理系统基本功能

6.5.3.1 系统的基本功能

能源管理中心系统的基本功能有：能源介质数据采集、能源设备状态监控、在线运行管理和基础能源管理等。

6.5.3.2 数据采集功能

数据采集是指通过I/O、通信接口、专用仪表或第三方系统收集满足能源管理中心系统应用功能要求的数据，包括能源系统运行数据、计量数据、动力公辅系统状态和故障信息、与能源调度相关的主体生产单元信息等，达到能源管理系统的综合监控和管理要求。数据采集功能将按照可靠、完整、高效和稳定的要求进行设计。

6.5.3.3 综合监控功能

综合监控功能主要包括常规设备监控、在线管理和调整、工艺系统、计算机网络系统等协调监控，满足节能要求，以远程监控为核心的节能调度，扁平化的故障监测及分析处理等。

6.5.3.4 集成变电所综合保护装置及其后台监控系统

按照能源管理系统及电力监控规范的要求，集成第三方的变电站综合保护装置系统，并按照规定的授权模式，实现能源管理中心优先地对变电站的远程监控。

6.5.3.5 与信息化系统的信息交换

通过与企业信息化系统进行信息交换，实现生产管理信息的下达和能源分析信息的上传，确保完整的能源管理中心系统的专业分析功能和信息化系统完整的财务及能源指标管理功能。

6.5.3.6 基础能源管理

基础能源管理作为能源管理中心系统在线平衡调度及在线能源管理的补充，包括能源供需计划管理、能源生产平衡管理、能源实绩管理、能源质量管理等模块。这些模块以能源管理中心系统的实时数据为基础，同时提取生产信息系统的生产实绩和生产计划等信息，经过系统的分析和处理，以友好的设计界面提供给能源管理的专业人员和运行管理专业人员使用，从整体角度向能源管理中心系统管理人员提供一体化的安全保障机制和完善的基础管理平台。

(1)能源供需计划管理　根据总生产计划、检修计划、能源消耗历史情况，编制能源供需计划，指导能源系统按照计划组织生产，向主生产线提供所需要的能源量。能源供需计划为生产计划的重要组成部分。

(2)能源生产平衡管理　能源生产平衡管理主要包含能源的安全生产和能源的平衡供应。能源介质管网遍布整个猪场，供应生产的能源介质昼夜不息、变化频繁，形成了能源介质系统性强、产供用同时完成、等量平衡困难、运行动态变化复杂、信息量大等特征。能源的流通构成了整个猪场生产的动脉。它们的安全运行、稳定供应是整个猪场生产的保证。

生产部门一方面负责各种能源介质的生产，另一方面还负责各种能源介质的供应和调配。能源中心根据能源计划组织能源生产，充分依靠本系统内能源设备能力，做到按计划供能，满足生产厂对各种能源的需求。能源中心根据瞬时能源供应情况，进行在线调整，确保连续供能。同时，根据各种能源介质的实际情况，合理调整，减少损失，提高能源的利用率，做到经济运行，降低能耗。

能源生产运行实行能源集中管制和调度制度。能源调度中心在与生产调度中心和设备调度中心协调统一下，负责公司能源系统生产运行管理工作，执行日作业计划，有权处理正常生产和事故状态下能源供应过程中的问题。所有用户必须严格执行能源管制中心调度指令。

(3)能源实绩管理　能源实绩管理主要对各种能源介质实际发生量、主要用户(各生产区和生产部门)的使用量等数据进行采集、抽取和整理，取得能源生产运行的实绩数据，反映各种能源介质生产、分配和使用情况，对主要产品能耗及总能耗、吨产耗标煤量、电能耗、煤能耗、万元产值能耗等综合能耗指标跟踪，实现能源结算、能源实绩、能源平衡的管理。

(4)能源质量管理　生产部应加强对能源生产的质量监控，防止不合格能源发生，尽最大努力保证能源供应。同时，制定不合格能源隔离预案，保证能源质量符合用户要求。

(5)能源对标分析　利用计算机数据分析技术，对历史数据进行分析，并根据公司生产与设备运行安排，进行各类能耗指标的对标分析，用以指导公司的能源管理工作，提高能源管理水平和能源管理效率。

①针对各生产线能耗指标对标分析：可从能源供需计划自身对标分析、能源供需计划与实绩之间对标分析。

②针对各区域的重点能耗指标对标分析：可对公司不同区域内主要设备或主要产品的能耗指标进行对标分析，也可与国家标准之间进行对标分析。

③同行业能耗指标对标分析：可与同行业内先进企业进行各类能耗指标的对标分析。能耗指标包括：单位产品耗电量、单位产品回收电量、单位产品耗水量、总能耗、总电能耗、总煤能耗、万元产值能耗等。

6.5.4　智慧能源监控管理系统建设

(1)楼房养猪智慧能源监控管理系统需求分析　楼房养猪智慧能源监控管理系统需求分析，首先要研究分析基于碳排放约束的生猪养殖业生产效率相关因素，对具体项目展开调研分析，根据绿色创新思想，将能源消耗、资源消耗纳入生产效率模型，对生猪养殖的绿色生产效率进行探究，并借助影响因素回归模型，对比传统生产效率，探讨影响生猪养殖绿色生产效率的主要因素。具体内容见二维码 6-2。

二维码 6-2　楼房养猪智慧能源监控管理系统需求分析

(2)确定楼房养猪项目智慧能源监控管理系统具体需求　楼房养猪项目智慧能源监控管理系统具体需求见二维码 6-3。

二维码 6-3　楼房养猪项目智慧能源监控管理系统具体需求

6.5.5　智慧能源监控管理系统建设方案

依据具体项目需求进行系统设计。

6.5.5.1　完善基础计量

尽可能提高智能仪表配备率，统一计量仪表标准，保证分级计量的准确性。

6.5.5.2　确定能管中心位置

以方便建设数据传输与存储系统，开发能源管控中心软件平台。

6.5.5.3 构建能管中心网络框架

能源管控中心设计基于局域网络进行数据传输,其优势在于适用性强、对采集端网络环境的要求较低、能将较为分散的采集点位数据传送到实时数据库,以实现统一监测和分布式管理。能源管控平台网络架构,大致分为现场设备层、数据通信层、应用展示层 3 个层次(图 6-11)。

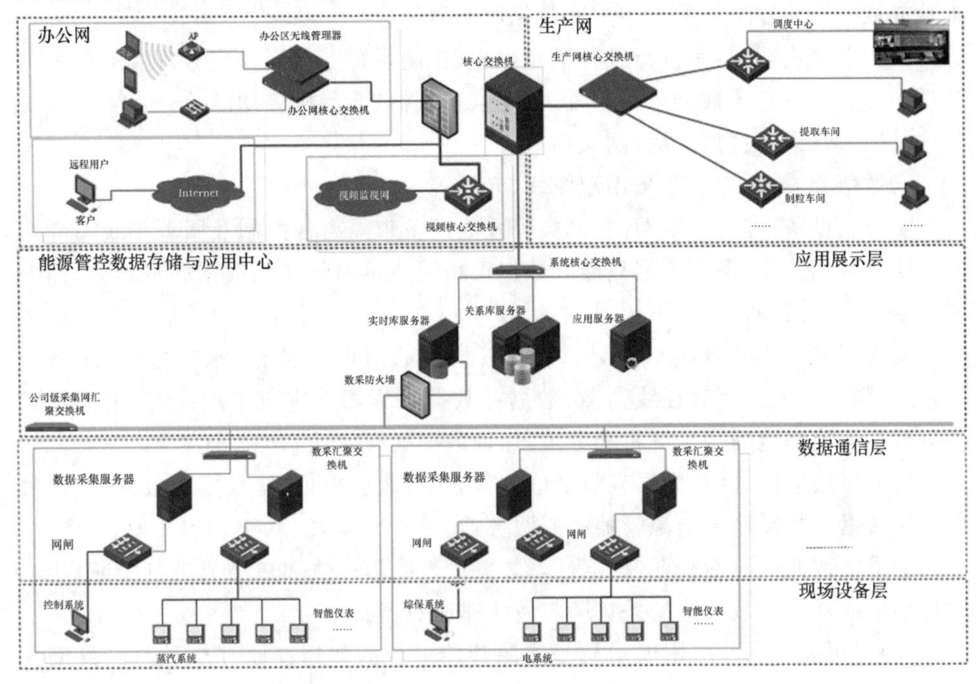

图 6-11 能管中心网络框架

(1)现场设备层 现场设备层是数据采集终端,主要由智能仪表、控制系统组成,并预留可接入其他控制系统数据的接口,其他不具备自动采集条件的能耗数据及其他运营数据可采用人工填报等方式实现数据的采集。采用具有高可靠性、带有现场总线连接的数据采集终端,向数据中心上传存储的企业的能耗数据。测量仪表担负着底层的数据采集任务,其监测的能耗数据必须完整、准确并实时传送至数据库。能源管控中心对应的各生产厂商的各种多功能电能表、水表、压缩空气、热量计等计量仪表首先通过 RS485 连接到数据采集器,数据采集器通过以太网将数据传送至后台,实现能耗数据和后台系统的实时在线连接。数据采集层满足分类、分项、分级统计的要求,可以支持 GPRS/CDMA、工业以太网等多种形式和媒介传输,由能源数据服务总线统一传输,在传输过程中按照既定密钥进行加密传输。

(2)数据通信层 数据通信层主要由数据采集器、以太网设备及总线网络组成。该层是数据信息交换的桥梁,负责对现场设备回送的数据信息进行采集、分类和传送等工作的同时，保护现场各系统不受来自应用展现层的入侵威胁，保证各系统的安全稳定运行。能源管控中心数据采集网络，采集数据传送到中心机房的实时数据库，于数据传输线路当中配置安全隔离网闸，确保底层数据采集网络的数据安全。能源管控中心通过用能单位安装分类和分项、分级能耗计量装置，采用远程传输等手段及时采集能耗数据。数据通过 RS485 通信传输至数据采集器，再通过本地局域网络传输至能源管控中心数据服务器。

①数据采集网关：是进行各种计量仪表、控制系统等数据采集处理和智能通信管理中心。它具备了数据采集与处理、通信控制器、前置机等功能。

②以太网设备：包括以太网交换机。

③通信介质：系统主要采用双绞线、光纤等。

④安全设备：主要包括网闸、网关等采集设备来隔离各控制及服务系统与应用展示层的数据交互，保证数据只能有数据采集网关单向传递到数据服务器中，而上层数据及非法入侵无法向下传递。

⑤终端采集系统及接口设计：能源管控中心对电能数据、水耗数据、压缩空气、热力数据等进行实时在线监测，数据在数据采集器上进行本地缓存，采集器对部分数据实施本地的初步解析和处理，保证数据的有效性和准确性。

⑥采集数据传送：在数据有效准确的状态下，数据采集器（数据库服务器）将数据通过数据远程传输至能源管控中心服务器。

⑦采集数据一般性验证：根据计量装置量程的最大值和最小值进行验证，凡小于最小值或者大于最大值的采集读数属于非法数据。

(3)应用展示层　应用展示层是能源管控平台的数据存储、应用展现、数据交互、人机交互的核心层，该层与公司办公网直接互联，安全防护由公司统一进行策略保护。该层主要由系统软件和必要的硬件设备，如数据库服务器等组成。监测系统软件具有良好的人机交互界面，对采集的现场各类数据信息计算、分析与处理，并以图形、数显等方式反映耗能设备的运行状况。其核心设备及应用包括如下部分。

①实时库服务器：实时数据服务器主要安装实时数据库系统，并通过网闸采集现场仪表、控制系统等的数据进行采集。

②关系库服务器：数据服务主要存储关系数据，并负责现有控制系统进行数据交互，同时和实时数据库服务保持数据一致性。

③应用服务器：安装能源管控系统平台，用于运行能源监测系统、能源管理系统，负责提供能源管控系统的各项功能应用服务及系统发布。

应用展示层可为企业提供能源信息发布、生产能耗管理、动力系统能效分析、企业对标、节能空间管理、设备运行管理等相关应用服务。应用展示层满足用户访问量的需求，可为应用展示层制定能源管理和考核的要求，支持多终端访问形式。

(4)网络系统性能　具有以下特性。

①实用性与先进性：采用先进成熟的技术满足当前的业务需求，兼顾其他相关的业务需求，采用先进的网络技术以适应更高的数据、多媒体信息的传输需求，使整个系统在一段时期内保持技术的先进性，并具有良好的发展潜力，以适应未来业务的发展和技术升级的需要。

②安全性与可靠性：为保证将来的业务应用，网络具有高可靠性。要对网络结构、网络设备、服务器设备等各个方面进行高可靠性的设计和建设。在采用硬件备份、冗余等可靠性技术的基础上，采用相关的软件技术提供较强的管理机制、控制手段、事故监控和网络安全保密等技术措施，提高网络系统的安全可靠性。

③灵活性与可扩展性：网络系统具有良好的扩展性，能够根据将来信息化的不断深入发展的需要，方便地扩展网络覆盖范围，扩大网络容量和提高网络各层次节点的功能。具备支持多种通信媒体、多种物理接口的能力，提高技术升级、设备更新的灵活性。

④开放性与互连性：具备与多种协议计算机通信网络互连互通的特性，确保网络系统基础设施的作用可以充分发挥。在结构上真正实现开放，基于国际开放式标准，包括各种广域网、局域网、计算机及数据库协议，坚持统一规范的原则，为未来的业务发展奠定基础。

⑤经济性与投资保护：具有较高性能价格比的网络系统，且资金的产出投入比达到最大值。以较低的成本、较少的人员投入来维持系统运转，提供高效能与高效益。保留并延长已有系统的投资，充分利用以往在资金与技术方面的投入。

6.5.5.4　能源管控中心系统架构设计

能源管控中心系统由数据采集层、数据传输层/存储层、应用服务层和管理展示层构成(图 6-12)，说明如下。

(1)数据采集层　采集现场仪表数据和各业务系统数据，并上传到实时数据库服务器，当网络出现异常时在本地进行数据暂存，待网络恢复正常时将数据按原有的时序进行补传。

(2)数据传输/存储　用于能源管理实时及历史数据存储、归档、调用和查询，供监测系统调用数据并进行数据实时展现。同时根据设定的规则，将实时数据进行转化后传送到关系库中同产量等管理数据(通过数据接口(数据中间件)上传到关系数据库中的数据)供能源管理系统调用数据，进行数据分析和展示。能源数据通过关系数据库中间件同各信息系统进行数据传输、交互。

(3)应用服务层　应用层整体架构为 B/S 与 C/S 兼容的架构，根据不同的应用场所、应用系统才有不同的架构。能源管控平台包括能源监控系统和能源管理系统。

①能源监控系统:能源实时监控系统可实时监测设备运行过程,采集控制系统的能耗、大型用能设备运行数据,通过流程图、趋势、报警进行综合的实时展示。支持数据回放,可通过回放历史数据追溯过去某一时间段的设备运行数据情况。进而发现问题并追溯问题点。

②能源管理系统:通过大数据分析及考核管理功能,用于让管理者摸清底数。从能源的计划、预测进行能源管理,通过统计分析、对标、关键指标分析,进行精细化能源管理,用数据去解决那些能够看得见的问题,为管理决策做支撑。

(4)管理展示层　通过可视化能管中心管理系统,可以把从设备到系统各级的能耗进行统计,并按指定时间进行对比,形成不同时间的能耗情况,从而计算相应的节能量。通过自动采集能耗数据,实现节能量自动计算,减少人为计算的不规范性与繁杂性。计算结果可按表格、图形等方式进行显示。

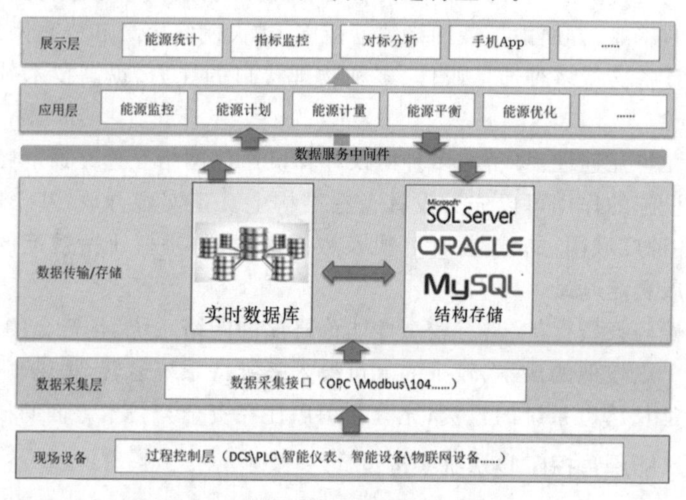

图 6-12　能源管控中心系统架构设计

6.5.5.5　能源管控软件平台架构设计

能源管控平台软件由能源运行、能源管理、能源计划、对标分析 4 个业务角度进行功能设计,实现能源的计划、执行、检查、改善,形成 PDCA 闭环管理模式(图 6-13)。

(1)能源运行　能源运行部分由能源监控、能源计量、指标监控、运行报表等功能组成,实现能耗实时数据的采集、实时监控、趋势分析、报警管理、能源节点量计算、能源运行监控指标计算、能源运行报表生成等。

(2)能源管理　能源管理由能源管网平衡、运营分析、能源优化、能源改善、手机 App 等功能构成,以能源运行产生的实时数据与业务数据为基础,实现用能企业各能源介质管网的统计平衡、运营指标分析、能源管理优化以及能源改善管理等功能，并可通过接口管理实现与外部系统的互联互通。建立对用能单位能源监测、管理、控制、分析和可视化展示。

（3）能源计划　能源计划由计划编制、计划管理等功能构成，实现能源需求计划的编制、提交、审核。对通过审核的能源需求计划进行归集，形成整体能源需求计划，并下发给能源供给单位。对能源供给单位提供能源情况实时跟踪，并与下发的能源需求计划进行对比分析，反应能源供给单位能源供给准确率。

（4）对标分析　对标分析由指标定义、指标分析等功能构成，实现企业生产产品能耗指标的定义。指标按级别进行分类定义包括国标、行标、企标等，定义的指标可作为企业能源评价的依据。收集生产过程中产品生产的能源实绩数据及生产某产品所消耗的各种能源数据，进行单位产品能源消耗计算及产品能源消耗指标；并分类与国标、行标、企标以图标的形式进行对比分析，反映企业某产品生产的能源消耗水平，为企业节能改造提供依据。

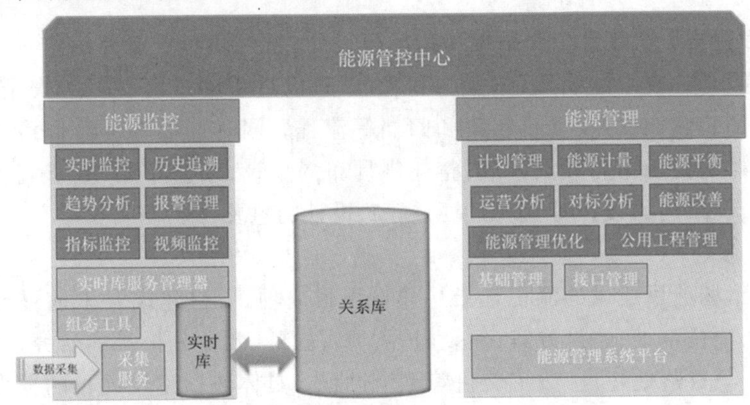

图 6-13　能源管控软件平台架构设计

6.5.6　智慧能源监控管理系统建设法律、法规、行业规范及标准

楼房养猪智慧能源监控管理系统建设法律、法规、行业规范及标准包括计算机系统设计依据，能源管理规范性依据，国家和地方有关节能减排的法规，行业规划和产业政策以及电气、暖通、给排水、燃气、建筑等专业的标准和规范。

思考题

1.简述楼房养猪的智能化概念及意义？

2.猪场能源管理、能源管理的目的和意义是什么？

3.改造的猪场如何进行能源管理？

第7章

楼房猪场建设的流程和建设管理

【本章提要】本章系统介绍楼房猪场建设的整个流程,重点介绍猪场的规划全局和单体设计的技术路线、组织实施和管理,建设过程的进度、质量、安全管理,工程竣工后的验收、交付及资料收集和归档等流程。同时选取一个地形条件不是非常理想的楼房猪场作为案例,说明整体规划布局设计、工艺布局、生产流程安排以及单体建筑、结构的设计等,突出说明规划、设计的重要性。

楼房猪场项目建设的流程是指从建设项目立项,项目建设开工前进行的有关项目规划、项目审批、建设方案、建设内容、项目融资、效益分析等的研究、评价与决策等,直到项目落地建设,竣工交付等整个过程。具体包括建设项目的提出→编制项目建议书→项目建设用地准备(项目选址)→编制可行性研究报告和初步设计文件→政府手续办理→规划布局设计→建筑结构设计→施工建设→建筑验收→设备安装→整体验收→交付使用。

7.1 楼房猪场建设的前期准备工作

楼房猪场的建设最为基础的工作为建设用地的准备。按照楼房猪场的场址选择要求选取合适的地点,明确所选择地块的权属、地籍、地类;项目土地的规划情况;项目土地红线范围内是否涉及林地;项目土地红线内是否占用湖河范围;项目土地是国有土地还是集体土地,是否需要流转并签订土地租赁合同,是否符合生物安全条件等楼房猪场选址的系列要求。

其次是办理项目相关审批手续。包括项目建议书、可行性研究报告、初步设计文件的编制、评估及审批,以及列入年度计划,项目立项备案,完成施工图设计,工程招投标，办理环评、水评、洪评（如果需要）、林勘（涉及占用林地）、地质灾害评估（山区）、文勘及设施农用地备案手续等建设前的各项审批工作。

最后为项目水、电、路、网络等市政配套设施的准备。项目地块供水如何解决（水井流转、出水量、水质等），项目是否可以批准打井还是市政供水，项目地块电力供应情况（变压器容量、是否可以增容），项目地块冬季供暖如何解决（电力和天然气）；项目地块交通情况（外埠车辆如何到达），项目地块网络的安装情况（可达到什么程度的网速）等。

7.2　楼房猪场建设的整体规划和建筑设计

项目的规划设计，即项目的总图平面规划（总平）包括项目生产核心区、环保处理区、1 km 防疫区、3 km 缓冲区以及猪场进出道路、配套设施水电来源、生物安全环境等。

项目的建筑设计包括生产工艺技术设计、建筑单体设计、单体结构设计、水电设计、消防设计以及经济指标的测算等。

楼房养猪模式对于建筑设计而言是一个全新的建筑模式，与传统平层式不同，传统平层式更多采用基础建筑即可，形式简易、结构简单，多采用砖棚、砖舍等，从建筑专业而言不能严格定义为房屋建筑，仅属于农业设施，其执行的设计标准主要以原农业部发布的《集约化养猪场建设标准》（NYJ/T 04—2005），以养殖户自建为主，因自建标准较低，通常养殖户只做了简易的初步规划即开始实施，未对养殖范围进行深入规划和详细设计，自建标准也各有所异，主要满足养殖户自身使用需要即可，在养殖的场内工艺流程、环境容量、防疫要求、自动化设施、科学监测等方面考虑甚少。楼房猪舍建筑设计属于新生业态，目前并没有相应的定向设计标准，致使如何在有限投资内实现满足功能的建筑设计是当下楼房式养猪建筑设计的难点和痛点。在相应标准未出台前只能参照国家现行的设计规范和标准。

楼房猪场的设计从选址论证、总图规划、工艺规划、建筑规划到总图平面设计、工艺技术设计、单体建筑设计、单体结构设计等需要一系列专业工作开展，设计内容、形式均比较复杂，需要各个专业工程师或设计师协同完成。

本章以 2021 年立项的某楼房猪场为例说明楼房猪场规划和设计过程。该猪场拟定养殖规模为年产仔猪 18 万头，存栏 7 200 头母猪，公猪配比 100 头，项目总占地约 158 亩，计划投资额约 1.7 亿元人民币。

7.2.1　设计组织与管理

设计单位接受业主委托设计任务后，应组建项目设计团队，与建设业主进行充分洽商，明确具体设计范围、设计内容、设计标准以及建设方项目指标要求等。在洽商阶段，由专业工艺设计师、建筑设计师配合共同完成与建设方的对接洽商工作，充分了解项目设计范围和内容及相关信息，充分了解建设方的设想和需求，设计单位向建设方反馈初步设计思路和参照标准。

项目设计团队应成立项目执行小组，制定工作计划、明确设计人员工作界面与内控程序。项目实施团队一般由项目管理组、工艺组（养殖、防疫、兽医、环保等）、建筑组、结构组、给排水组、电气组、暖通组、机械设备组、自控组、造价组等经验丰富的设计师和工程师组成，同时引入项目管理理念和方法，对设计工作进行目标控制，包括质量控制、进度控制、投资控制。各专业主任工程师对各专业设计师工作进行专业指导和审查，设计单位主要负责人应负责统筹协调并指定专人专项负责人，各专业设计师负责本专业内的设计工作。

在各专业设计完成后由本专业设计人员交互检查、主任工程师二级复审、副总工程师或总工程师三级复核，在限额投资下确保图纸质量和技术规格要求。

设计管理目标如下。

(1)质量目标：符合国家现行设计规范及标准，图纸深度满足国家现行规定。

(2)进度目标：控制设计总进度目标。

(3)投资目标控制，在明确项目建设范围和内容的情况下，明确投资总额控制目标。

7.2.2 设计准备工作

一个建设项目75%以上的投资和85%以上的功能取决于设计阶段，也是重中之重的阶段。加强设计管理，提高建筑设计水平，可使工程建设项目达到技术先进、经济适用、安全可靠、资源节约、降低成本、质量优良、和谐美观的综合效果。项目设计工作严格按照“先勘察、后设计”的原则进行，在设计工序上按照工艺设计牵头，建筑设计同步进行的方式，设计过程中各专业采用流水作业模式，按照建设方审核批准的设计进度计划按时保质保量完成设计任务，进入图纸审查阶段。

(1)现场踏勘　为进一步明确设计实施性方案，由项目经理组织工艺、建筑、结构、给排水、电气、暖通各专业设计师前往项目现场进行踏勘。就案例项目而言从现场踏勘中了解到，项目所在地位于山顶位置，在之前已进行平场工作，原始地貌已修整为约38亩的整体台地，周边高差较大，边坡陡峭，有村道连接，属于错落式山地布局，项目用地整体极不规则，规划难度较大，除此外，在现场还明确了引水接驳点位、现有接电点位及供电负荷，附近有市政雨污接入点位。

(2)提出资料需求清单　在设计工作开展前，应经现场踏勘后由设计组各专业提出资料需求清单，项目管理工程师负责汇总并梳理形成表单，建设方提供并明确的主要设计条件如表 7-1 所示。

表 7-1　项目建设方提供并明确的主要设计条件

序号	内容	提供人	接收专业	责任人
1	现状地形图、红线图(规划设计指标)	建设方	建筑、结构	建设方
2	地勘报告(详勘)	建设方	建筑、结构	建设方
3	引水接驳(位置、管径及压力等)	建设方或自来水公司	建筑、工艺、给排水	建设方
4	污水排放方式或接口(位置、标高等)	建设方或市政管理部门	建筑、工艺、给排水	建设方
5	雨水排放方式或接口(位置、标高等)	建设方或市政管理部门	建筑、给排水	建设方
6	供电接驳(位置、电压等级等)	建设方或供电公司	建筑、电气	建设方
7	热力供应方式(电力、燃气)	建设方	建筑、电气	建设方
8	交通条件(交通影响性评价、道路接口位置)	建设方	建筑	建设方
9	防火要求	建设方、设计方	建筑	建设方
10	环保要求(环评报告及批复，包括与水源保护区的关系，是否有特殊空气质量要求，废水、废气、废渣的排放方式和排放量及噪声与主导风向等)	建设方或环保部门	建筑、给排水、电气、暖通	建设方
11	安全保密要求	建设方或安保部门	建筑	建设方
12	风景名胜区保护要求	建设方或文旅单位	建筑	建设方
13	文物保护和历史保护(文物勘探资料)	建设方或文勘单位	建筑	建设方
14	其他条件(文物、环保、水利、人防、节能、卫生、教育等)	建设方或主管部门	建筑	建设方

7.2.3　整体规划布局设计

7.2.3.1　工艺设计

(1)本项目计划存栏母猪 7 200 头，仅布局繁殖阶段的生产系统，即布局母猪配怀舍和分娩舍，仔猪断奶后转走。采用全进全出，小单元独立饲养，批次化(1 周批)生产模式。经测算，存栏母猪 7 200 头规模，需要 6 240 个定位栏，1 512 个分娩栏(表 7-2)。

(2)因山顶平台土地仅有约 38 亩,占地面积有限,需要容纳生活办公区、养殖区、环保区三大功能板块,承载体量较大,经充分测算、精细布局、不断优化方案,最终选定建设一栋独立的母猪舍楼房,采用每层布局配怀舍和分娩哺乳舍模式,构成一条独立的繁育阶段的生产线。即每层为一条饲养 1 200 头母猪的独立生产线,共 6 层,实现 7 200 头母猪生产规模的布局,以充分节约建筑占地面积。

(3)每层 1 200 头母猪,需要定位栏 1 040 个,分 13 个单元,双列式布局(每个单元分 2 列),每个单元为 40×2=80 个限位栏,每层共计 1 040 个;分娩哺乳舍需要 252 个分娩床,分 9 个单元,每个单元分两列为 14×2=28 个分娩床(表 7-2)。定位栏和分娩床均考虑了一定条件的隔开或自给饲养预留空间。

表 7-2　7 200 头母猪需要母猪栏数

舍种	层数	每层单元数	每层栏位数	共计
配怀舍	6	13	1 040	6 240
分娩哺乳舍	6	9	252	1 512

7.2.3.2　工艺布局

整个楼层平面分为 6 个功能区,将配怀和分娩单元设置在同一楼层两侧,配怀单元置于楼层左半侧,分娩单元置于楼层右半侧。消毒、更衣、清洗、卫生间等功能区置于建筑两端。因单层建筑面积较大,按照消防设计规范,在建筑平面中间设置消防疏散楼梯及杂物间。建筑共计 6 层,每层相对独立运行,相互隔开,以符合防疫要求。建筑南北两侧分别设置污区通道和净区通道,污区通道与两端功能区之间采用隔墙完全分隔,净区与两端功能区采用隔墙分隔,采用防火门作为净区通道与消杀功能区之间的连接,污区作为病死猪的专用通道,因不能与其他区域交叉,故在污区通道内侧采用隔墙进行封闭,每个单元与污区通道间采用防火门连接。净区通道与配怀舍及分娩舍之间同样采用隔墙隔开,并在每个单元与净区通道间采用防火门连接。净区隔墙上离地 800 mm 位置安装动力百叶窗,污区隔墙上离地 800 mm 位置安装变频风机,实现通风。在净区外墙内侧离地 300 mm 位置加装一体式 70/60 除臭湿帘以实现降温除臭功能。在西侧洗清消毒功能区分别按单向人流方式独立设置相邻两条独立消杀通道,满足不同性别工作人员进入的消杀需要,区域之间采用隔墙完全封闭,人员进入以电梯为主,楼梯为辅助,同时根据建筑防火规范,楼梯主要功能为消防疏散楼梯,工作人员到达楼层进入配怀舍或分娩舍从西侧功能区进入,进入时需经过更衣室、消毒间、洗衣间、洗澡间、更衣间、更衣室达到净区通道。在西侧下角位置设置料塔功能区，设置荷载为7.5 t+7.5 t+5 t的料塔以供应养殖功能区的日常饲料需求。在西侧共设置1台3 t的上猪电梯，采用电梯与赶猪通道相结合的方式，赶猪通道作为备选方案以备不时之需，同时配电间设置在本区域。

每层东侧功能区为下猪区和日常办公区，猪的整体流转路线为西侧进入，经净区通道到达各养殖单元，再从各单元养殖区通过净区通道到达东侧下猪电梯，在东侧功能区设置有2台3 t的下猪电梯，污区因其独立隔开，故在污区通道东侧尽头设置1台污物提升机供病死猪专用。人员的整体动线为西侧消杀区进入，通过净区到达各养殖单元或东侧办公区，各层工作人员相互不流通，实现单层定员作业，离开该单体建筑时，从东侧经高压冲洗完成后经楼梯离开。本单体建筑整体功能分呈现为东西南北中区域划分，中区为配怀分娩养殖区；北侧为净区通道，通道两侧隔墙分别设置动力百叶及一体式除臭湿帘；南侧为污区通道，独立分割，通道内隔墙设置变频风机，风向自北侧经通风隧道往南侧，以实现顺向通风；西侧为进入消杀区，东侧为出口及内部办公区；整体动线为自西侧流入，东侧流出。

饲料提升输送采用塞链式干料自动提升输送系统，每层设立配送3种饲料，定点定时投喂；猪粪清理采用平刮板平刮清粪系统，定时清粪经猪粪排污管直接排出建筑外进入环保区深度处理。

7.2.3.3　工艺审查

楼房猪舍建设属于农业建筑项目，因目前还未对该类项目制定明确的管理划属，经报项目所在地农业管理部门同意，由建设方与设计方共同制定图纸审查程序和制度。一般情况下工艺采用专家评审制度，建筑设计采用房屋建筑图审制度，以双重审核确保项目设计质量。在执行中，由建设方组织行业专家（包括畜牧、防疫、环保、兽医、资源化利用、机械、自动化、经济等），邀请主管部门列席，设计单位汇报的专家评审会，通过专家评审确定工艺设计的科学合理、技术先进、经济可行。报审文件的应包含至少工艺平面图、立面图、剖面图、工艺技术路径、方案技术经济论证报告、工艺设计总说明、节点大样图、设备选型意见表、设备参数表等。评审后，设计方按照专家意见修改完善，作为后续设计的依据。如有必要可将工艺及评审全套完整的资料报送项目所在地农业主管部门或其他部门备案。

7.2.3.4　总图建筑规划设计

根据经过审查的工艺设计和工艺布局方案，结合现场综合条件，本项目总平分为大总平和小总平。大总平涵盖本项目所有建筑工程及配套设施，小总平主要为封闭管理区部分，主要包括生产附属用房、生产主楼、环保工程及配套区内道路、绿化、总平管网等。为充分体现因地制宜、利用现状的原则，拟计划在最高点台地建立管理区、养殖区、粪污处理区，各区通过设立围墙封闭，封闭区内各部分系统独立建立，在唯一乡道下山口适宜位置处建立大总平入口处，即消洗中心、烘干中心，在村道与小总平入口接壤外围位置建立后备隔离舍，小总平台地分为 3 个区域，分别为办公生活区、养殖区、环保区，生活办公区建立于项目上风口，环保区建立于项目下风口位置，同时排除了下风口存在居住点的风险，三个区域呈一字排开，形成横向流水式递进模式，因山顶平台土地仅有约 38 亩，占地面积有限，需要容纳生活办公区、养殖区、环保区三大功能板块，承载体量较大，养殖区采用单栋独立的楼房母猪舍，以充分节约建筑占地面积，实现整体规划（图 7-1，图 7-2，表 7-3）。

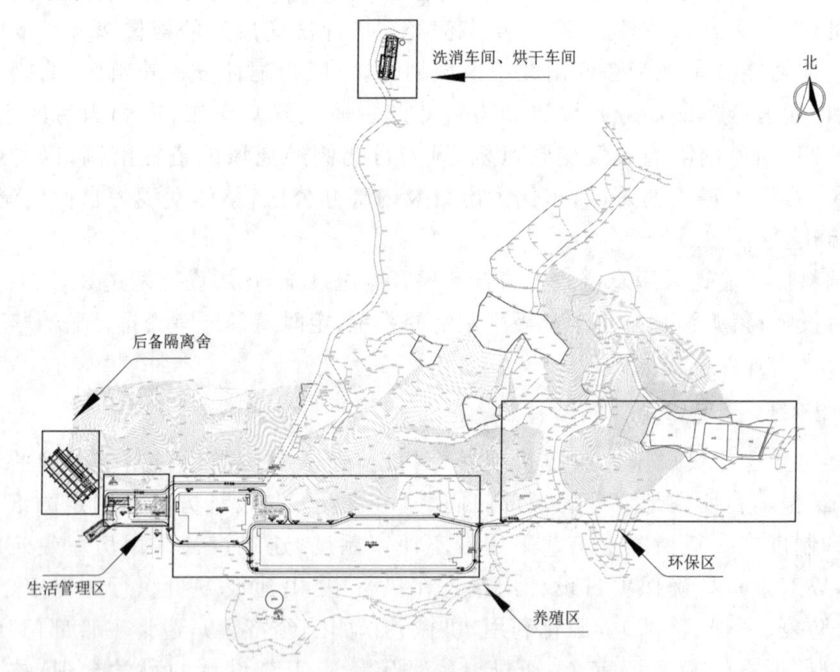

图 7-1　大总平规划示例

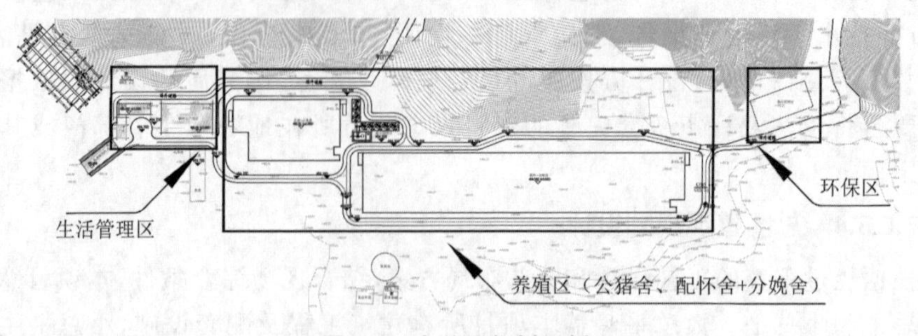

图 7-2　小总平规划示例

表 7-3　经济技术指标示例

指标	数值/m^2
建设用地面积	25 056.17
仓库建筑面积	112.84
隔离辅助用房建筑面积	158.46
辅助生产用房建筑面积	469.8
公猪＋后备舍建筑面积	5 583.15
配怀＋分娩舍建筑面积	34 979.4
进场道路面积	722.5
场内道路总面积	3 404.91
场内围墙总面积	1 105.46
景观绿化面积	12 589.95

7.2.3.5　总图给排水系统规划设计

(1)给水系统　本案例项目从地块东侧引入市政给水管,供水压力为 0.35 MPa。给水引入管管径为 DN150。管道沿楼房母猪舍主楼北侧,公猪舍南侧自东向西敷设至消防水池、生活水池、后备隔离舍。给水管线的埋深为:人行道下管顶覆土深度不小于 0.7 m,车行道下覆土深度不小于 1.1 m(图 7-3)。

市政给水满足后备隔离舍、辅助生产用房等低区用水压力要求。高区生产、生活用水,自水池经泵房二次加压后满足使用需求。

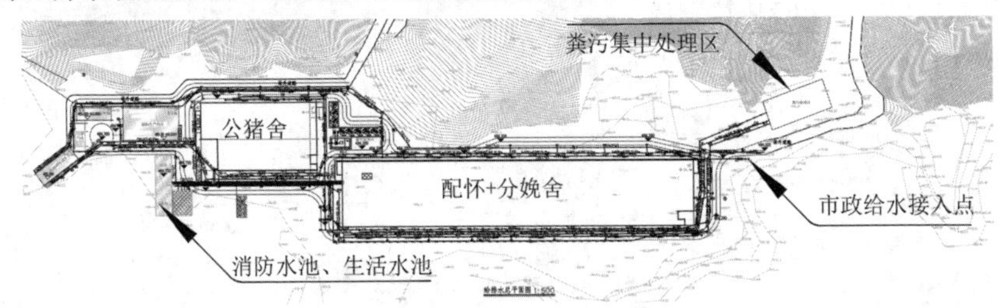

图 7-3　给水系统总平图示例

(2)排水布置　在进行养猪场排水系统设计之前,项目小组充分了解了场地地势、道路、建筑单体的排水、排污设计等情况,在充分了解现状的前提下,有序进行养猪场给排水管道的设计,这样才可以对养猪场给排水管道布局进行精心的设计以及划分,保证养猪场排水管道的功能得以充分地发挥,场内雨水、污水和废水能够实现雨污分离并有效的排出,最大程度地提高排水设计的科学性和有效性。

为保证排除设计方案能够在实际中发挥其应有的价值和效果。本项目设置了4套排水系统,分别是雨水、废水、生活污水、猪粪便污水系统。排水管道设计为自西向东沿各建筑物南北两侧收集相应污、废水。雨水最终由场地东侧接入市政雨水管网。粪污收集至污、废水集中处理区域。

排水管材选择:采用硬聚氯乙烯双壁波纹管,弹性密封管,橡胶圈接口,管径De300～De700。污水检查井采用塑料检查井。

室外排水管道在管道转弯和连接处,在管道的管径、坡度改变处,设置检查井,室外检查井间距不大于40 m。检查井的设置及管道布置均参照室外排水设施相关规范。

(3)粪污流向　车辆洗消用房、辅助隔离用房、各养猪主楼单体生产生活污水由各楼层排污管道统一收集后输配至粪污集中处理区域处理。经处理达到相关标准后方可正常排放。

7.2.3.6　总图电气规划设计

案例项目工程箱变平台设置5.5 m×3.9 m共计2座,发电机房7.8 m×9.7 m共计1座。电气负荷等级为二级,现因项目建设需要,利用原有1台500 kVA的变压器、新建2台800 kVA箱变,依据高压供电方案批复单要求,电源由附近10 kV支线2＃杆"T"接引来。10 kV电力电缆选用ZA-YJV22-8.7/15-3×95 mm^2(图7-4)。

1＃箱变800 kVA负荷为:泵房、公猪和后备舍及部分配怀及分娩哺乳舍。

2＃箱变800 kVA负荷为:配怀及分娩哺乳舍。

专变500 kVA负荷为:辅助生产用房、粪污处理区。

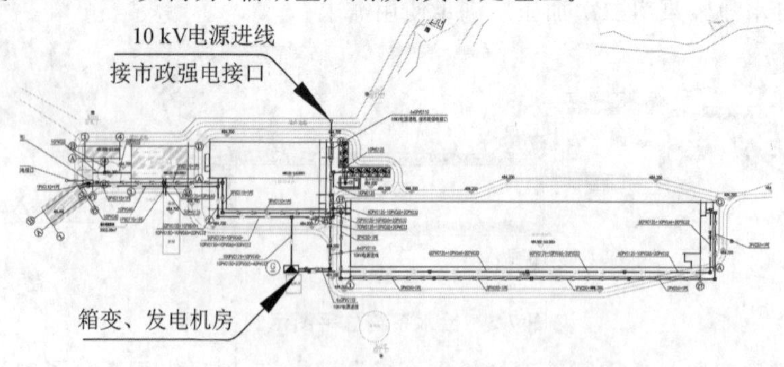

图7-4　电施总平图示例

二级负荷:采用双电源供电,在末端互投(或在适当位置互投),三级负荷:采用单电源供电。

本工程小于15 kW的电动机采用全压启动方式;15 kW及以上电动机采用降压启动方式。

消防专用设备：消火栓泵、喷淋泵、消防稳压泵、排烟风机、加压送风机等不进入BA系统。消防专用设备的过载保护只报警，不跳闸。

排风兼排烟风机，进风兼补风风机：平时，由DDC系统控制，火灾时，由消防控制室控制，消防控制室具有控制优先权。用于消防时，设备的过载保护只报警，不跳闸。

7.2.4　单体建筑设计

项目生活管理区建筑用于生活管理，故建筑设计可直接参照民用建筑相关设计标准和规范，根据建设方提供的功能需求进行设计。本节重点介绍该项目应用养殖体量最大的单体建筑——“楼房母猪舍”。

7.2.4.1　楼房母猪舍建筑专业设计

楼房母猪舍的建筑布局依据工艺布局，每层设置定位栏1 040个，分13个单元，双列式结构排列，每个单元80个限位栏，定位栏尺寸为630 mm×2 200 mm；分娩哺乳舍252个分娩床，分9个单元，双列式结构排列，每个单元28分娩床，分娩床的规格尺寸为1 800 mm×2 400 mm。猪舍两边布置人流、猪流、物流、饲料流转以及洗消、净道、污道等功能区。整栋猪舍的建筑面积34 979.4 m^2，总计地上6层，层高3.9 m，结构高度为23.4 m，占地188 m×33 m。基础采用桩基础，结构类型为框架结构。抗震设防烈度设计7度。火灾危险性和耐火等级为丙类一级（二维码7-1、二维码7-2）。

本工程各子项为6个防火分区，每层为一个防火分区，面积均为5 814.34 m^2，每个防火分区有最少2个安全疏散出口。

二维码7-1　楼房母猪舍建筑立面示例

二维码7-2　楼房母猪舍单层平面布置示例

7.2.4.2　楼房母猪舍结构专业设计

本工程建筑抗震设防类别为标准设防类（简称丙类），建筑结构安全等级为二级，地基基础设计等级为丙级。在正常使用条件下，本建筑结构设计使用年限为50年。

建筑物地上部分防火等级为二级，结构构件燃烧性能均为不燃性，地上部分耐火极限分别为：柱（3.0 h）、梁（2.0 h）、板（1.5 h）。

楼面（屋面）均布活荷载的标准值不应小于表7-4的规定，本工程结构采用的荷载取值如表7-5所示，其余大型设备按设计荷载取用。

表 7-4　猪舍楼、屋面均布活荷载的标准值

类别	猪舍楼面	上人屋面	不上人屋面	猪舍楼梯	泡粪沟
活荷载/(kN/m^2)	4.0	2.0	0.5	3.0	5.0

表 7-5　设计采用的荷载取值

楼面荷载标准值		
部位	恒载(包括楼面找平层和二次装修荷载、房间顶吊顶及抹灰荷载)	活载
育肥单元	3.5 kN/m^2	4.0 kN/m^2
保育单元	3.5 kN/m^2	4.0 kN/m^2
卫生间	5.5 kN/m^2	4.0 kN/m^2
楼梯		3.5 kN/m^2
配怀单元	4.0 kN/m^2	5.0 kN/m^2
屋面荷载标准值		
部位	恒载	活载
上人屋面	屋面恒载按照建筑做法确定	2.0 kN/m^2
非上人屋面		0.5 kN/m^2

7.2.4.3　楼房母猪舍给排水专业设计

(1)生活给水系统

①区域周边市政道路有市政供水管道,市政供水压力约 0.35 MPa。给水主管由建筑北侧统一进入,分设立管至 6 层,单层根据实际用水需求配置相应给水支管。

②设计生活用水最高日用水量为 12.0 m^3/d,最大小时用水量为 1.8 m^3/h。猪用水量另计。

③本工程供水水源由市政管网直接供给。

④本地块总给水管上设计量总表,根据使用功能分别设置水表计量。室外绿化浇洒等用水点分别设置水表计量。消防给水单设水表计量。

(2)生活排水系统

①本工程污、废水采用分流制。室内污废水重力流排入室外对应污废水管道。

②生活污水最大日排放量为 10.8 m^3/d,经生化池处理后,排入市政污水管。

(3)雨水系统

①屋面雨水经雨水斗和雨水管排至室外管网。

②阳台通过地漏及排水立管间接排至室外。

③室外地面雨水经雨水口、雨水明沟，由室外雨水管汇集，排至市政雨水管。

④本工程屋面雨水设计重现期 P=10 年，降雨历时 t=5 min。室外场地雨水设计重现期 P=3 年，降雨历时 t=15 min。屋面雨水排水与溢流设施的总排水能力不应小于 50 年重现期的雨水量。

7.2.4.4 楼房母猪舍电气专业设计

本工程内的消防设备(应急照明、疏散指示标志)用电为二级负荷，其余均为三级负荷，二级负荷为安装容量 12 kW，计算负荷 12 kW，三级负荷为安装容量 2 219 kW，计算负荷为 1 553 kW。本工程养殖楼层用电由工艺提供确定，办公负荷指标按每平方米 80 W 计算。

猪场场房用电均由场区箱变引来，箱变位于主楼附近，箱变距本楼栋进线总箱电缆路径小于 200 m。应急照明备用电源引自场区柴油发电机机组。低压配电系统采用放射式与树干式相结合的方式，对于单合容量较大的负荷或重要负荷采用放射式供电。按场房各层总配电箱处设置计量表。提升机动力在配电屏处设置电表进行计量。

本工程养殖楼内照明由配电箱集中控制或就地跷板开关控制，其他场所的照明均由就地跷板开关控制，应急照明火灾时自动点亮。照明、插座分别由不同的支路供电，均为单相三线，所有插座回路均设置剩余电流保护器。各功能区的照度标准、照明功率密度指标见表 7-6。

表 7-6 照度标准、照明功率密度值指标

房间或场所	参考平面及其高度	照度标准值/lx	照明功率密度值/(W/m^2)	统一眩光值/UGR	一般显色指数/Ra
普通办公室	0.75 m 水平面	300	≤8	19	≥80
走道、楼梯间	地面	50	≤2.5	—	≥600
养殖各功能区	照度标准根据猪的不同生产阶段的需求，参照表 5-16				

所有电缆桥架均带金属盖板，电缆桥架水平安装时，支架间距不大于 2 m，垂直安装时，支架间距不大于 1.5 m。电缆桥架跨越建筑物变形缝处，设置补偿装置。金属电缆桥架和引入或引出的金属电缆导管必须接地(PE)或接零(PEN)可靠，且必须符合《建筑电气工程施工质量验收规范》要求。

本工程电缆由变电所引来的低压线路主干段在单体内沿桥架敷设，室外穿管 CPVC 管埋地敷设。由总配电箱引至分配电箱的线路主干段沿金属线槽敷设，楼层金属线槽贴梁吊装。通过线槽分出后的导线穿阻燃 PVC 管沿墙或顶板暗敷。应急照明线路选用 ZDN－BV 电线，在电井内沿桥架敷设，出电井后穿钢管沿墙或

顶暗敷。树干式配电电缆在分支处采用电缆分流器分接，以达到良好的电气接触及绝缘、防水、防腐蚀的要求。

电气节能措施严格执行国家节能设计规范相关规定，合理选择配置建筑设备，并对其进行科学有效的控制与管理，减少能源消耗，提高能源利用率。

7.2.5 消防设计

7.2.5.1 总图消防规划

本项目最大消防按丙1类厂房设计，楼房猪舍建筑体积大于50 000 m^3，高度23.7 m，室外消防用水量为40 L/s，室内消防用水量为20 L/s，火灾延续时间3 h，一次用水量为648 m^3。在屋顶设18 m^3 消防水箱，在室外设置648 m^3 消防水池，消防水池设消防取水口，消防水泵房设室内消火栓泵、室外消火栓泵及室外消火栓稳压设备。室外消防管道沿场地环形布置。室外消火栓供水量不小于40 L/s，供水压力不小于0.4 MPa；室内消火栓加压系统供水量不小于20 L/s，供水压力不小于0.76 MPa。

7.2.5.2 楼房母猪舍单体消防设计

(1)本工程沿室外消防车道设置室外地上消火栓作为第一消防水源，室内消防水池及消防取水井作为第二消防水源，以满足室外消防用水。室外消火栓距路边不大于2 m且不小于0.5 m，两消火栓间距不大于120 m。

(2)在楼房母猪舍楼顶设置18 m^3消防水箱一座，作为前期消防系统用水及平时稳压使用。水箱出水管应设置流量开关。

(3)本工程室内消火栓系统不分区，由泵房消火栓加压系统直接供水。

(4)消火栓箱采用内设65 mm消火栓1具，长度为25 m的麻质衬胶水龙带一条，19 mm水枪一枝及消防报警按钮的消防箱。商业消火栓自带消防软管卷盘。当栓口压力大于0.50 MPa时，采用减压稳压型消火栓。消火栓的出口压力不宜小于0.35 MPa。

7.2.6 建筑经济指标测算

该项目在设计工作完成后，应组织经济测算，以审核通过的施工图为基础，根据《工程量清单计价规范》(相应的地方定额标准)对建筑进行施工图预算，工艺设备部分则采用厂家询价的方式进行设备采购预算，形成该项目的预算造价指标，作为招投标经济指标参考(表7-7)。

表 7-7　某大型楼房式养猪场经济指标后分析

序号	名称	规模指标	单位	送审造价/万元	造价指标	投资占比	备注
	某万头生猪养殖项目	43 693.43	m^2	16 719.57	0.382 7	100.00%	按建筑面积，总建筑面积约 4.4 万 m^2
一	建安及设备购置部分	43 693.43	m^2	14 928.19	0.341 7	89.29%	总建筑面积约 4.4 万 m^2
1	场坪工程	25 056.17	m^2	100.00	0.004 0	0.60%	总建设用地面积 25 056.17 m^2
2	厂区供电首部工程	2 060	kVA	325.40	0.158 0	1.95%	包含新建室外箱式变压器 2 套，容量 800 kVA×2；备用电源，发电机房 1 座，柴油发电机 800 kW。利用原有 500 kVA 变压器 1 套
3	水土保持工程	110	亩	35.65	0.324 1	0.21%	新建土质挡水坝氧化池一口，容积约 2 988 m^3，新建各规格排水沟，绿化固土 110 亩
4	生产管理设施工程	2 246.76	m^2	921.03	0.409 9	5.51%	主要建设内容包含新建隔离辅助用房 159.12 m^2、仓库 112.84 m^2、辅助生产用房 1 932.84 m^2、门房 41.96 m^2 等房建工程，以及进场道路 722.5 m^2 及厂区道路 3 302.09 m^2、宿舍区绿化 2 479.79 m^2、厂区围墙 1 105 m 等部分总平工程。总体采用框架结构，基础情况为中风化页岩，基础采用独立基础，装饰装修一般简装，楼地面采用地板砖，内墙乳胶漆，外墙真石漆
5	生活设施设备及用品购置	2 246.76	m^2	135.80	0.060 4	0.81%	床及床上用品、卫生间设施、宿舍配套桌、柜、椅、电视机、1.5 P 壁挂空调、5 P 柜式空调、集中洗衣设备、厨房灶具、餐具、办公桌椅、会议桌椅、办公电脑（配打印机）、复印机、文化活动设施

续表7-7

序号	名称	规模指标	单位	送审造价/万元	造价指标	投资占比	备注
6	养猪场主楼基本建安工程	40 562.55	m^2	7 684.11	0.189 4	45.96%	主要建设内容包含新建配怀+分娩舍 34 979.4 m^2、公猪+后备舍 5 583.15 m^2 等建筑设施以及总平铺装、生产区绿化、部分总平水电。总体采用框架结构，基础情况为中风化页岩，基础采用人工挖孔灌注桩，装饰装修，办公区内墙采用乳胶漆墙面，地面采用防滑地砖，养殖区地面漏粪板不在该范围内，内墙面采用白色涂料，外墙面采用真石漆，配套必要的消防设施。不包括养猪设备、粪污处理、出猪、隔离、消洗等设施及设备，例如漏粪板及配套找坡和支座、冲洗设施、粪污后处理、风机、水帘及动力百叶、料线、料塔、限位栏、自动水位控制仪器等工艺设备
7	环保工程(1)	40 562.55	m^2	2 104.89	0.051 9	12.59%	包括部分环保设施（建安工程）、环保设备采购。具体包括：部分清粪机、粪槽两侧水泥预制板、部分通风设备、湿帘、粪污预存预处理池、粪污暂存池、灰水处理池、氧化塘工程、拦污截水沟、排污沟、排污沟、综合排污沟(A 型)、综合排污沟(B 型)、安装厌氧发酵设备、发酵罐基础土建、分离车间(棚)、堆渣棚、废弃物处理设备安装、沼液生化处理系统、输送管道、湿地工程、防鼠带、高压冲洗系统

续表7-7

序号	名称	规模指标	单位	送审造价/万元	造价指标	投资占比	备注
8	环保工程(2)	40 562.55	m^2	1 087.60	0.026 8	6.50%	总体包括集粪漏粪设施及设备、3 000 m^3 蓄水池。其中,集粪漏粪设施及设备具体包括:集粪槽、部分清粪机、水泥漏粪板、水泥漏粪板(带检查口)、复合材料漏粪板、UPVC存水弯、UPVC三通、UPVC 弯头、UPVC直接头、UPVC给水管
9	养猪设备购置	40 562.55	m^2	2 015.47	0.049 7	12.05%	主要包括栏围设备及设施、料塔料线设备及设施、食槽及饮水设备及设施
10	消洗中心及出猪房	443.256	m^2	312.16	0.704 2	1.87%	本项目主要建设内容包含新建出猪房108.236 m^2、新建车辆消洗中心335.02 m^2、新建道路200 m、污水输送及管道450 m、输电线路400 m以及工艺设备
11	后备隔离舍	440.86	m^2	206.08	0.467 4	1.23%	本项目主要建设内容包含新建后备隔离舍440.86 m^2、污水输送610 m、输电线路300 m、新建道路200 m。隔离舍主要范围和内容:基本的建筑、结构、给排水、电气等工程内容,并包括养猪设备
二	其他费用	43 693.426	m^2	1 791.38	0.041 0	10.71%	其他二类费用、融资成本笔者暂无数据进行统计,暂按建安及设备的12%综合考虑估算

根据造价数据可知,该项目送审总造价为16 783.11万元,按照建筑规模分析,该项目总造价单价指标为3 841元/m^2,设备及建安工程费单价指标为3 430元/m^2,其中养殖主楼建安单价指标为1 894元/m^2,养殖设备单价指标为497元/m^2,环保工程单价指标为787元/m^2,其他费用单价指标为412元/m^2。该项目造价预算指标经济合理,可行性强。

7.3 楼房猪场建设的图纸审查阶段

在与建设方充分沟通交流后，为确保项目建设程序的完整性，由建设方委托专业图审公司对施工图设计文件进行技术审查，主要审查施工图是否符合现行规范、规程、强制性标准、规定的要求；图纸是否符合现场和施工的实际条件，深度是否达到施工和安装的要求，是否达到工程质量的标准。对选型、选材、造型、尺寸、关系、节点等，进行自身质量要求的审查。施工图设计文件确认的主要依据为《施工图审查意见》，设计单位应按照施工图审查意见进行图纸的修改；图审公司在审查完毕后向建设方出具《施工图设计文件审查合格报告》。

建筑设计施工图审查主要依据国家政策、法规及设计规范（丙类厂房、结构安全二级），设计任务书或协议书，批准的工艺设计或方案设计，详细的勘察资料，关于工艺设计或方案设计的审查意见。此外还要依据《实施工程建设强制性标准监督规定》《房屋建筑和市政基础设施工程施工图设计文件审查管理办法》。

7.4 楼房猪场建设的施工管理体系

楼房猪场施工管理体系主要内容包括建设楼房所需的建设备案手续、施工的组织准备、队伍准备、施工现场准备等开工前的各项准备工作，施工过程管理、施工现场的技术和经济管理，项目现场负责人的职责、工程项目监理管理的职责与内容、工程项目验收程序和工程项目的档案资料存档规范。主要针对工程项目建设过程中项目手续办理，工程项目洽商变更与签证的确认，工程的质量、进度、成本、安全、环保以及疫情防控等方面的管理，工程项目验收程序以及工程项目资料整理与存档要求等方面进行详细阐述。最终保证工程项目完成建设内容，实现设计目标，按照图纸和施工节点完成施工任务，达到建设单位的使用要求。

7.4.1 楼房猪场建设开工前的各项准备工作

施工准备工作的基本任务为拟建工程的施工建立必要的技术和劳资条件，统筹安排施工力量和施工现场。

施工准备工作应有组织、有计划、分阶段、有步骤地进行。建立严格的施工准备工作责任制及相应的检查制度。坚持按基本建设程序办事，严格执行开工报告制度。施工准备工作必须统筹考虑施工全过程。

7.4.1.1 组织准备

根据拟建工程项目的规模、结构特点和复杂程度，成立项目工程部，代表建设单位履行管理职责。应督促施工单位编制出一份能切实指导该工程全部施工活动的科学方案,即施工组织设计。

建筑施工生产活动的全过程是非常复杂的物质财富再创造的过程,为了正确处理人与物、主体与辅助、工艺与设备、专业与协作、供应与消耗、生产与储存、使用与维修以及它们在空间布置、时间排列之间的关系,必须根据拟建工程的规模、结构特点和建设单位的要求,在原始资料调查分析的基础上,应督促施工单位编制出一份能切实指导该工程全部施工活动的科学方案。

7.4.1.2　施工现场和物资准备

(1)施工现场的准备工作,主要是为了给拟建工程的施工创造有利的施工条件和物资保证,是施工的全体参加者为夺取优质、高速、低消耗的目标,而有节奏、均衡连续地进行战术决战的活动空间。

①搞好“七通一平”:“七通一平”是指给水、排水、电力、道路、通信、燃气、热力、场地平整。

②按照设计单位提供的建筑总平面图及给定的永久性经纬坐标控制网和水准控制基桩,进行厂区施工测量,设置厂区的永久性经纬坐标桩,水准基桩和建立厂区工程测量控制网。

③建筑物定位放线,一般通过设计图中平面控制轴线来确定建筑物位置,测定并经自检合格后提交有关部门和建设单位或监理人员验线,以保证定位的准确性。沿红线的建筑物放线后,还要由城市规划部门验线以防止建筑物压红线或超红线,为正常顺利地施工创造条件。

④搭建临时设施。

⑤安装、调试施工机具。

⑥做好施工现场的补充勘探。对施工现场做补充勘探是为了进一步寻找枯井、防空洞、古墓、地下管道、暗沟和枯树根等隐蔽物,以便及时拟定处理隐蔽物的方案,并实施,为基础工程施工创造有利条件。

⑦做好建筑构(配)件、制品和材料的储存和堆放。

⑧及时提供建筑材料的试验申请计划。

⑨设置消防、保安设施。

⑩拆除障碍物。

(2)现场施工物资准备　材料、构(配)件、制品、机具和设备是保证施工顺利进行的物资基础,这些物资的准备工作必须在工程开工之前完成。根据各种物资的需要量计划,分别落实货源,安排运输和储备,使其满足连续施工的要求。包括建筑材料的准备,构(配)件、制品的加工准备,建筑安装机具的准备,生产工艺设备的准备,以及不同季节性施工准备所需的物资、如雨季的防雨装备、冬季的保温材料等。

7.4.2　工程施工过程管理

对工程施工实施全过程监督管理，督促施工单位和监理机构履行职责，加强对施工各阶段的质量、投资、进度、安全控制管理，确保工程项目建设质量，以及现场洽商变更增项等相关签证的核对、调整与签字。

7.4.2.1　工程进度管理

在工程项目实施准备阶段，督促有关单位做好施工组织设计（方案）技术交流。与施工单位交换意见，制定质量保障方案和安全施工计划，并认真落实，保障施工安全并按计划完成施工进度。充分利用监理周例会，协调各方抓落实，完成项目的施工计划进度。

在项目实施过程中，必须对进展过程实施动态监测，随时监控项目的进展情况，收集实际进度数据，并与进度计划进行对比分析，若出现偏差，找出原因并评估对工期的影响程度，采取有效的措施进行必要调整，使项目按预定的进度目标进行。

项目进度控制的目标就是确保项目按既定工期目标实现，或在实现项目目标的前提下适当缩短工期。

7.4.2.2　工程质量管理

在施工过程中会同监理机构监督施工单位严格按照设计图纸、施工标准和规范进行施工，督促施工单位建立健全工程质量保证体系，落实现场工程质量自检制度、重要结构部位和隐蔽工程质量预检复检制度、设备材料质量自检制度，确保工程质量。现场跟踪检查重点工序、重点部位、检查落实质量保障和安全施工计划的实施，对质量问题提出整改意见，并监督落实。

项目质量管理应贯穿项目管理的全过程，坚持“计划、实施、检查、处理”（PDCA）循环工作方法，持续改进施工过程的质量控制。

工程所用的原材料、半成品或成品构件等应有出厂合格证和材质报告单。对进场材料需要做材质复试的，项目试验员应按规定的取样方法进行取样并填写复验内容委托单，在监理工程师的见证下由试验员送往有资质的试验单位进行检验，检验合格的材料方能使用。

7.4.2.3　工程安全管理

安全生产管理是一个系统性、综合性的管理，其管理的内容涉及建筑生产的各个环节。应严格要求监理单位、建筑施工企业在安全管理中必须坚持“安全第一，预防为主，综合治理”的方针，制定安全政策、计划和措施，完善安全生产组织管理体系和检查体系，加强施工安全管理。

7.4.2.4　工程协调及合同管理

协调总包、分包、材料设备供应等各方工作，有效推进施工进度。严格控制工程变更、洽商，并按照工程项目施工进程和合同约定，及时提供工程款付款依据。

企业层面应加强合同制度和管理体系建设，设立专职的合同管理部门，明确其他部门合同管理的岗位职责。

在企业的项目层次，项目工程部应在合同管理过程中，严格执行公司对项目工程部的授权管理，按照依法履约、诚实信用、全面履行、协调合作、维护权益和动态管理的原则，严格执行合同。项目工程部合同管理人员应全过程跟踪检查合同执行情况、收集、整理合同信息和管理绩效，并按规定报告工程部经理。实施过程中的合同变更应按程序规定进行书面签认，并成为合同的组成部分。

7.5　楼房猪场建设现场技术及经济管理

7.5.1　图纸会审

图纸会审是指工程各参建单位（设计单位、建设单位、监理单位、施工单位等相关单位）在收到施工图审查机构审查合格的施工图设计文件后，在设计交底前进行全面细致的熟悉和审查施工图纸的活动。各单位相关人员应熟悉工程设计文件，并应参加建设单位主持的图纸会审会议，建设单位应及时主持召开图纸会审会议，组织监理单位、施工单位、设计单位等相关人员进行图纸会审，并整理成会审问题清单，由建设单位在设计交底前约定的时间提交设计单位。图纸会审由施工单位整理会议纪要，与会各方会签。

设计图纸是进行质量控制的最主要的依据之一，因此做好图纸会审且达到充分熟悉的程度，了解建设单位对工程的要求，设计的主导思想，使用的设计规范，对施工的要求等是搞好现场工作的十分重要的前提。项目负责人应组织各参建单位认真熟悉施工图纸及有关设计说明和技术资料，要了解拟定施工工程的主要特点、设计意图、工艺与具体的技术质量要求，将影响工程施工、各分部及各专业图纸间的矛盾之处，尽可能提早发现，消灭图纸中的质量隐患，防患于未然，为监控工程施工质量和指导施工顺利进行，打下良好的基础。

7.5.2　技术交底

施工技术交底实为一种施工方法，在建筑施工企业中的技术交底，是指在某一单位工程开工前，或一个分项工程施工前，由相关专业技术人员向参与施工的人员进行的技术性交代，其目的是使施工人员对工程特点、技术质量要求、施工方法与措施和安全等方面有一个较详细的了解，以便于科学地组织施工，避免技术质量等事故的发生。各项技术交底记录也是工程技术档案资料中不可缺少的部分。技术交底是把设计要求、施工措施贯彻到基层以至工人的有效方法，是技术管理中的重要环节。在建筑安装企业中，技术交流一般包括图纸交底、施工技术措施交底及安全技术交底等。在每一单项和分部分项工程开始前，均应进行技术交底工作。要严格按照施工图、施工组织设计、施工验收规范、操作规程和安全规程的有关技术规定施工。

7.5.3 洽商与签证

(1)工程洽商，主要是指施工企业就施工图纸、设计变更所确定的工程内容以外，施工图预算或预算定额取费中未包含的，而施工中又实际发生费用的施工内容所办理的书面说明。工程洽商是施工设计图纸的补充，与施工图纸有同等重要作用。

(2)在施工过程中出现与合同规定的情况、条件不符的情况时，针对施工图纸、设计变更所确定的工程内容以外，施工图预算或预算定额取费中未包含，而施工过程中确须发生费用的施工内容所办理的签证，包括：①零星用工，即施工现场发生的与主体工程施工无关的用工，如定额费用以外的搬运拆除用工等；②临时设施增补项目；③隐蔽工程签证；④窝工、非施工单位原因停工造成的人员、机械经济损失；⑤议价材料价格认价单，结算资料汇编规定允许计取议价材差的材料，需要在施工前确定材料价格；⑥其他需要签证的费用。

一般情况下是原来设计不包含的事项或在工程承包范围以外发生的工作内容，双方针对该工作内容办理的认证文件。因此双方应根据实际处理的情况及发生的费用办理工程签证。

由业主或非施工单位造成的停工、窝工，业主只负责停窝工人工费补偿标准，而不是当地造价部门颁布的工资标准。机械停窝工费用也只按照租赁费或摊销费计算，而不是机械台班费。

在拟建工程施工的过程中，如果发现施工的条件与设计图纸的条件不符，或者发现图纸中仍然有错误，或者因为材料的规格、质量不能满足设计要求，或者因为施工单位提出了合理化建议，需要对设计图纸进行及时修订时，应遵循技术核定和设计变更的签证制度，进行图纸的施工现场签证。如果设计变更的内容对拟建工程的规模、投资影响较大时，要报请项目的原批准单位批准。在施工现场的图纸修改、技术核定和设计变更资料，都要有正式的文字记录，归入拟建工程施工档案，作为指导施工、竣工验收和工程结算的依据。

7.5.4　设计变更

设计变更是指项目自初步设计批准之日起至通过竣工验收正式交付使用之日止，对已批准的初步设计文件、技术设计文件或施工图设计文件所进行的修改、完善、优化等。设计变更应以图纸或设计变更通知单的形式发出。

建设工程受地形、地质、水文、气象、政治、市场、人等各种因素的影响，加之施工条件复杂，可能造成工程设计考虑不周或与实际情况不符，必将造成工程施工承包合同中存在各种缺陷，给合同履行带来不确定性风险，导致设计变更、工程签证和索赔事件的发生。

设计变更需要申请。填报变更原因、相关图纸和变更工程量和造价等。监理公司审核工程变更必要性和可行性，审核工程变更造价合理性，审核工程变更对工期的影响，并签署审核意见。设计单位审核工程变更图纸是否满足设计规范，是否符合原设计要求，并签署审核意见。建设单位按相关规定的审批权限进行申报或批复。建设单位项目主管按上级领导批复意见向监理公司出具工程变更审批意见，明确变更是否执行。

监理公司下发工程变更通知令，在变更通知中明确变更工程项目的详细内容、变更工程量、变更项目的施工技术要求、质量标准、相关图纸，明确变更工程的预算造价和工期影响。施工单位按工程变更通知令执行工程变更，如施工单位对工程变更持有异议，施工单位也应遵照执行，并在 7 d 内向监理公司提交争议，协商解决。

7.5.5　工程量确认

签订合同时在工程量清单内开列的工程量是估计工程量，实际施工可能与其有差异，因此建设单位支付工程进度款前应对施工单位完成的实际工程量予以确认或核实，按照施工单位实际完成永久工程的工程量进行支付。

(1)施工单位提交工程量报告　施工单位应按专用条款约定的时间，向监理单位提交本阶段(月)已完工程量的报告，说明本期完成的各项工作内容和工程量。

(2)工程量计量　监理单位接到施工单位的报告后 7 d 内，按设计图纸核实已完工程量，并在现场实际计量前 24 h 通知施工单位共同参加。监理单位收到施工单位报告后 7 d 内未进行计量，从第 8 天起，施工单位报告中开列的工程量即视为已被确认，作为工程价款支付的依据。监理单位对照设计图纸，只对施工单位完成的永久工程合格工程量进行计量。因此，属于施工单位超出设计图纸范围(包括超挖、涨线)的工程量不予计量，因施工单位造成返工的工程量不予计量。

7.6 楼房猪场建设的监理管理

监理单位作为建设单位聘请的第三方机构,从工程项目专业角度按照建设单位的要求对项目建立控制体系和管理体系。控制体系包括:进度控制、质量控制、成本控制。管理体系包括:合同管理、安全和环境管理、信息管理和参建各方的协调管理。

监理单位协助建设单位编制工程总控制性进度计划,合理安排建设进度,组织各方面的协作,以保证各项建设任务的按照计划时间节点完成。

审查施工单位的机构设置,管理人员配置和其相对应的职责与分工落实情况,尤其对项目负责人的到位、有关职责分工的确定要切实落实。同时对生产、技术、质量、安全等岗位管理人员的到位情况进行检查,使其建立健全有效的质量保证体系。

审查进场的材料、设备及构配件应符合设计图纸和规范要求。

对工程质量有重大影响的施工机械、设备,审查其设备的选型是否恰当。审查承包单位提供的技术性能的报告中所表明的机械性能是否满足质量要求和适合现场条件。凡不符合质量要求的不能使用。施工用设备、仪器、仪表等应满足连续施工或阶段性施工要求。仪器、仪表标志应齐全,并在检定有效期内使用。

7.6.1 成本控制管理

①对施工单位报送的进度及计划进行审核,做好资金流量的控制;②严格控制工程的洽商变更及签证,保证项目预算不突破批复;③对必须进行的洽商变更,联合设计单位和建设单位现场负责人,对方案进行论证细化,根据施工单位申报的预算或估算进行审核,供建设单位审批工程变更方案时参考;④对合同内为包含的材料价格及其他各类报价,提出审核意见,及时掌握设备/材料的市场价格信息,在监理人力所能及范围内做好设备/材料的询价工作;⑤根据已签署合同的约定和监理人的验收情况,及时核定已完成工程量的工程造价,并根据合同规定的付款条件对当期工程进度款进行计算和汇总,供建设单位审核;⑥审核施工单位提交的付款申请单据,包括对合同约定的付款支持性文件的审核、当期完成工作量的计算或核定、合同外工作量的审定等,并根据合同规定进行相关费用的核增或核减,提供进度款、阶段完工结算及最终竣工结算付款审核报告或付款建议书,供委托人审核。

7.6.2 合同管理

委托监理合同的管理、建设工程施工合同的管理以及工程变更、工程暂停及竣工、工程延期、费用索赔、合同争议、违约处理等合同事项的管理。

7.6.3　安全监理

在施工准备阶段，项目监理部结合本工程的实际情况，编制项目的《监理规划》《安全监理方案》，以及项目危险性较大分部分项工程的《安全监理实施细则》。项目监理部应审查核验施工单位提交的有关技术文件及资料，并由项目总监在有关技术文件报审表上签署意见。在施工阶段，项目监理部对施工现场安全生产情况进行巡视检查，对发现的各类安全生产事故隐患，书面通知施工单位，并督促其立即整改，情节严重的，下达工程暂停令，要求施工单位停工整改，并同时报告建设单位。安全生产事故隐患消除后，项目监理部对整改结果进行检查，签署复查或复工意见。监理日记、建立周报、监理月报中应及时记载检查、整改、复查、报告等情况。项目监理部应核查施工单位提交的施工起重机械、脚手架等设施的验收记录，并由安全监理人员签收备案。

工程竣工后，项目监理部应将有关安全生产的技术文件、验收记录、监理规划、安全监理实施细则、监理月报、监理会议纪要及相关书面通知等按规定立卷归档，并交给甲方。

7.6.4　环保管理

督促施工单位实施现场环保管理，包括不局限于裸露苫盖、洒水降尘、防止扬尘、噪声、固体废物和废水等。建立并执行施工现场环保检查制度，由施工单位项目经理定期组织，对检查中发现的问题，开列环保整改通知单，采取定人、定时间、定措施整改，监理单位监督并协调保证联合检查的有效运行。

7.6.5　疫情防控安全管理

为提高建筑工地预防和控制传染病能力，减轻、消除传染病的危害，保障施工人员的身体健康与生命安全，维护施工现场正常的施工秩序，根据政府相关文件编制传染病防控工作方案及应急预案。

7.6.6　信息的采集

现场建筑工人实名制管理信息包含人员基本信息、从业信息、信用信息等各类信息，由建筑用工企业采集，施工企业形成建筑工人档案，信息有变更的，应及时在系统中更新。

7.6.7　协调管理

包括与建设单位、设计单位、施工单位、第三方检测单位以及政府职能部门的配合协调工作。

7.7 楼房猪场建设的工程验收管理

工程验收指由建设单位组织设计、施工、监理和勘察单位以及政府相关监管部门等单位按照国家有关规定、有关技术规程和验收规范对施工过程中的分项（部）和单位工程等中间环节及专项（单项）进行验收。验收合格后，施工单位按照国家规定，整理好文件、技术资料，向建设单位提交工程竣工报告。

7.7.1 竣工验收的程序

施工单位在完成全部施工任务，具备竣工验收条件的前提下，向建设单位提交竣工验收申请报告。建设单位收到施工单位的验收申请报告、竣工图纸和所有的洽商变更和签证，对具备验收条件的项目，应及时组织初步验收。在初步验收过程中对工程不符合标准要求的以及存在的问题提出明确的、有指向性的整改意见。对于初步验收提出的整改要求，建设单位、监理单位应监督施工单位等限期完成整改。

在整改完成后，施工单位再次向建设单位申请组织整改完成后的验收工作。建设单位在评估工程确实具备竣工验收条件的，组织工程竣工验收工作。

7.7.2 竣工验收应具备的条件

（1）完成建设内容　项目完成批准的项目文本、建设请示及设计规定及合同约定的各项建设内容。

（2）项目资料系统全面　系统整理所有技术文件材料并分类立卷，技术档案和施工管理资料齐全、完整包括但不限于以下材料：预算批复文件和项目审批文件，设计（含工艺、设备技术）、施工、监理文件，招投标、合同管理文件，基建财务档案（含账册、凭证、报表等），工程总结文件，勘察、设计、施工、监理等单位签署的质量合格文件，施工单位签署的工程保修证书、工程竣工图等。

（3）政府相关部门的备案或审批验收完成　项目涉及结构安全、消防安全、劳动安全等建设内容经有关主管部门验收合格或取得备案手续，环保、卫生、节能、抗震、安全、职业病等建设内容与主体工程同步建成，并符合有关规定。

（4）设备设施试运营正常　项目主要设备设施调试运营正常，达到使用要求。

（5）完成初步验收　完成初步验收，初步验收程序规范、内容齐全、资料完整、结果合格。

7.7.3 竣工验收内容

（1）项目建设总体完成情况　建设地点、建设内容、建设规模、建设标准、建设质量、建设工期等是否按批准的项目文本、建设请示和设计要求等建成。

(2)项目变更情况　项目在建设过程中是否发生变更,是否按规定程序办理报批手续。

(3)施工和设备到位情况　各单位工程和单项工程验收合格纪录。生产性项目是否经过试产运行,有无试运转及试生产的考核、记录,是否编制各专业竣工图。

(4)执行法律、法规情况　环保、节能、劳动安全卫生、消防等设施是否按批准的设计文件建成,是否合格,建筑抗震设防及执行其他相关强制性法规是否符合规定。

(5)档案资料情况　建设项目批准文件、设计文件、竣工文件、监理文件及各项技术文件是否齐全、准确,是否按规定归档。

7.8　楼房猪场建设的工程档案管理

7.8.1　工程档案的概念

工程项目中形成的文字、图表以及相关的影像资料等文件,是反映工程质量的重要依据,是处理争议和违约的有效凭证,因此,需要按照有关规定建立健全工程项目档案。相关人员应随项目建设进度即时收集、整理从项目提出到工程竣工验收各环节产生的全部文件资料,并分类立卷归档。

7.8.2　工程项目档案种类

7.8.2.1　项目前期资料

项目立项申请报告、设施农业用地备案材料,项目建议书或可研报告,项目立项批准文件,有关决议、领导讲话、会议记录,征用土地、拆迁、补偿等文件,工程地质(水文、气象)勘查报告,测绘报告、文物勘察报告、初步设计、施工图设计图纸、概预算及批复文件,向地方报建的批准文件,仪器设备采购合同及招投标文件,土建招投标文件、发包合同(协议),监理招投标文件、发包合同(协议),消防、环保、劳动、水务、园林绿化、文物、节能、抗震等部门审核文件。

7.8.2.2　实施阶段资料

开工报告(大型项目),工程测量定位记录,图纸会审、技术交底,施工组织设计等,基础处理、验槽、基础工程施工文件材料,材料检测报告、设备试运转报告,隐蔽工程验收记录,建材、仪器设备质量、试验记录,设备安装施工纪录,工程质量事故报告及处理记录,分部、分项工程质量评定记录及单位工程质量综合评定表,监理日报、施工日报、周监理会会议纪要、其他(施工日记)。

7.8.2.3　竣工阶段资料

施工单位报送甲方的竣工验收申请表,洽商变更记录、签证记录、竣工图纸,初验报告，初验会议文件、会议决定，工程建设总结和工作报告。建设单位组织相关专家对项目进行竣工验收材料。

7.8.2.4 工程档案管理

工程在施工过程中所形成的资料应按《建筑工程资料管理规程》的要求进行整理，如果地方标准高于本规程要求，也可使用地方标准，但必须满足以下基本要求。

(1)工程资料的管理　工程资料应与建筑工程建设过程同步形成，并应真实反映建筑工程的建设情况和实体质量；工程资料管理应制度健全、岗位责任明确，并应纳入工程建设管理的各个环节和各级相关人员的职责范围；工程资料的套数、费用、移交时间应在合同中明确；工程资料的收集、整理、组卷、移交及归档应及时。

(2)工程资料的形成　工程资料形成单位应对资料内容的真实性、完整性、有效性负责；由多方形成的资料，应各负其责；工程资料的填写、编制、审核、审批、签认应及时进行，其内容应符合相关规定；工程资料不得随意修改；当需修改时，应实行划改，并由划改人签署；工程资料的文字、图表、印章应清晰；工程资料应为原件；当为复印件时，提供单位应在复印件上加盖单位印章，并应有经办人签字及日期；提供单位应对资料的真实性负责；工程资料应内容完整、结论明确、签认手续齐全；工程资料宜采用信息化技术进行辅助管理。

(3)工程资料移交与归档　工程资料移交归档应符合国家现行有关法规和标准的规定，当无规定时应按合同约定移交归档。

①施工单位应向建设单位移交施工资料；②实行施工总承包的，各专业承包单位应向施工总承包单位移交施工资料；③监理单位应向建设单位移交监理资料；④工程资料移交时应及时办理相关移交手续，填写工程资料移交书、移交目录；⑤建设单位应按国家有关法规和标准的规定向城建档案管理部门移交工程档案，并办理相关手续。有条件时，向城建档案管理部门移交的工程档案应为原件。

思考题

1.楼房猪场的建设流程有哪些？

2.楼房猪场设计前需要做哪些准备工作？

3.楼房猪场楼房猪舍单体建筑设计包括哪些内容？

4.养殖楼每层建筑面积过大，如果解决不均匀沉降带来的建筑结构损害问题有哪些？

5.楼房式养猪场一共有几套给排水系统？

参考文献

[1] 陈瑶生. 现代高效生猪养猪实战方案. 北京:金盾出版社, 2015.

[2] 初欢欢,林婷婷,张洪亮,等. 现代楼房养猪智能化环境控制及疫病预防技术概述. 猪业科学, 2021,38(7):49-52.

[3] 董红敏,陶秀萍. 畜禽养殖环境控制与通风降温. 北京:中国农业出版社, 2007.

[4] 高岩. 猪舍光照指标及照明系统的建议. 养猪科学, 2015,32(12):42-43.

[5] 金林,柯召良. 养猪场与水泥厂"混搭联办模式"的实践与应用. 猪业科学, 2021(1):90-91.

[6] 李复兴,李希沛. 配合饲料大全. 山东:青岛海洋大学出版社, 1994.

[7] 梁生成. 智能设备在规模化猪场的应用与展望. 国外畜牧学(猪与禽), 2021, 41(3):31-33.

[8] 廖新俤,吴银宝,王燕,等. 畜禽养殖场臭气综合治理技术研究进展. 中国家禽, 2019,41(17):1-8.

[9] 彭海乐. 楼房生猪养殖及其粪污沼液无害化处理技术. 福建兽医学, 2020,42(4):38-40.

[10] 秦翀,叶菁. 楼房养猪空气过滤系统设计与应用. 猪业科学, 2020,37(7):47-52.

[11] 舒娟,易烈运,彭安,等. 基于 RFID 的生猪自动饲喂控制系统的研究. 中国农机化学报, 2017,38(2):73-75.

[12] 覃荣刚,李日华,韦丽娇. 规模化养猪场自动化智能化精确饲喂系统设计与应用. 企业科技与发展, 2021(7):55-57.

[13] 王晨阳,任志强,庞卫军. 智能感知技术在猪饲养管理中的应用研究进展. 养猪, 2020(6):82-88.

[14] 王亚楠,施辉毕. 猪场批次化生产设计. 中国猪业, 2019(6):81-85.

[15] 魏志胜. 浅谈基于 RFID 电子标签在种猪场管理中的应用. 甘肃畜牧兽医, 2013(9):28-29.

[16] 吴宗权. 开发楼房式猪舍之浅见. 猪业科学, 2008(8):75-76.

[17] 逍遥子. 楼房养猪:政策支持,但养猪企业却小心翼翼,问题出在哪里[EB/OL]. https://www.sohu.com/a/487598096_379553[2021-09-03].

[18] 姚俊. 猪场空气过滤系统的应用. 中国畜牧业，2020(4):56-57.

[19] 余德勇,汪雅,余道伦,等. 多层楼房式猪舍自动化通风与臭气净化系统的设计与应用. 猪业科学，2021,38(6):56-59.

[20] 张福海. 介绍一种楼房式猪舍. 养猪，1990(3).

[21] 赵书广. 中国养猪大成. 2版. 北京:中国农业出版社，2013.

[22] 中华人民共和国农业农村部办公厅. 非洲猪瘟常态化防控技术指南(试行版)[2020-08-07]. [2020-1124].http://www.moa.gov.cn/nybgb/2020/202009/202011/t20201124_6356917.htm.

[23] 林长光. 母猪精细化养殖新技术. 福州:福建科学技术出版社，2016.

[24] 庄若飞. 重视生物安全,做好楼房养猪的病死猪无害化处理与利用. 猪业科学，2020,37(7):60-61.

[25] Jones F T，Richardson K E. *Salmonella* in commercially manufactured feeds. Poultry Science，2004,83:384-391.

[26] Maciorowski K G，Herrera P，Kundinger M M，et al. Animal feed production and contamination by foodborne *Salmonella*. Journal of Consumer Protection and Food Safety，2006,1:197-209.

[27] Maciorowski K G，Pillai S D，Jones F T，et al. Polymerase chain reaction detection of foodborne *Salmonella* spp. in animal feeds. Critical Reviews in Microbiology，2005,31:45-53.

[28] Malorny B，Lofstrom C，Wagner M，et al. Enumeration of *Salmonella* in food and feed samples by real-time PCR for quantitative microbial risk assessment. Applied and Environmental Microbiology，2008,74:1299-1304.

[29] Saxena T，Kaushik P，Krishna Mohan M. Prevalence of *E.coli* O157:H7 in water sources: an overview of associated diseases，outbreaks and detection methods. Diagnostic Microbiology and Infectious Diseases，2015,82:249-264.

全国优秀楼房猪场案例

北京六马大好河山农牧科技有限公司

基础建设情况	占地面积	（155 267.44）m²
	楼房数量	（4）栋
	楼房总高	（17.1）m
	楼房层高	（3.5）m
	总建筑面积	（95 486.00）m²
生产规模情况	容纳母猪数	（5 500）头
	容纳仔猪数	（25 000）头
	容纳育肥猪数	（25 000）头
猪只占床面积	各阶段猪	限位栏尺寸：2 300 mm×650 mm
		分娩栏尺寸：2 350 mm×1 800 mm
		保育猪（m²/ 头）0.35
		育肥（m²/ 头）0.85
		后备（m²/ 头）1.2
		公猪（m²/ 头）1.68
		备注 以上面积为圈栏面积
生产工艺	批次生产	周批次□ 3 周批次□ 4 周批次☑ 5 周批次□ 其他 ______
楼房内流转方式	人员流转	电梯☑ 升降机□ 楼梯☑
	物资流转	电梯☑ 升降机□ 楼梯☑
	猪只流转	电梯☑ + 赶猪通道☑
	连廊坡度	（9）°
	连廊最大长度	（19）m
	饲料输送方式	绞龙输送□ 塞盘输送☑ 提升机输送□ 干料饲喂□ 液态饲喂□ 其他 料车 ☑
	环境控制模式	负压通风☑ + 冬季正压通风☑ 精准通风□ 靶向通风□ 其他 _____
	除臭模式	平层除臭□ 集中除臭☑ 其他 _____
	粪污处理模式	尿泡粪□ V 刮清粪系统□ 平刮清粪系统☑ 其他 _____

全国优秀楼房猪场案例

北京中育种猪有限责任公司平谷分公司

基础建设情况	占地面积	（16 514）m²
	楼房数量	（5）栋
	楼房总高	（16.4）m
	楼房层高	（3.9）m
	总建筑面积	（55 071）m²
生产规模情况	容纳母猪数	（3 000）头
	容纳仔猪数	（12 500）头
	容纳育肥猪数	（14 500 ）头
猪只占床面积	各阶段猪	限位栏尺寸：2.2 m×0.65 m×1 m
		分娩栏尺寸：1.8 m×2.4 m
		保育猪（m²/ 头）0.48
		育肥（m²/ 头）0.81
		后备（m²/ 头）1.08
		公猪（m²/ 头）限位栏 2.4 m×0.75 m×1.2 m
		其他
生产工艺	批次生产	周批次□ 3 周批次□ 4 周批次□ 5 周批次□ 其他 2 周批次☑
楼房内流转方式	人员流转	电梯☑ 升降机□
	物资流转	电梯☑ 升降机□
	猪只流转	电梯☑ 升降机□
	连廊坡度	（4）°
	连廊最大长度	（228）m
	饲料输送方式	绞龙输送□ 塞盘输送□ 提升机输送□ 干料饲喂□ 液态饲喂□ 其他 一级气动传输＋二级赛盘输送
	环境控制模式	负压通风☑ 正压通风□ 精准通风□ 靶向通风□ 其他 _____
	除臭模式	平层除臭☑ 集中除臭□ 其他 _____
	粪污处理模式	尿泡粪☑ V 刮清粪系统☑ 平刮清粪系统□ 其他 _____

全国优秀楼房猪场案例

湖北中新开维现代牧业有限公司

基础建设情况	占地面积	（21.5 万）m^2
	楼房数量	（2）栋
	楼房总高	（94.2）m
	楼房层高	（3.6）m
	总建筑面积	（85.6 万）m^2
生产规模情况	容纳母猪数	（4.8 万）头
	容纳仔猪数	（16 万）头
	容纳育肥猪数	（40 万）头
猪只占床面积	各阶段猪	限位栏尺寸：2.2 m×0.65 m
		分娩栏尺寸：1.8 m×2.4 m
		保育猪（m^2/ 头）0.52
		育肥（m^2/ 头）1.04
		后备（m^2/ 头）2.0
		公猪（m^2/ 头）6.0
		其他 ______
生产工艺	批次生产	周批次□ 3 周批次☑ 4 周批次□ 5 周批次□ 其他 ______
楼房内流转方式	人员流转	电梯☑ 升降机□
	物资流转	电梯☑ 升降机□
	猪只流转	电梯☑ 升降机□
	连廊坡度	（2%）
	连廊最大长度	（220）m
	饲料输送方式	绞龙输送□ 塞盘输送□ 提升机输送□ 干料饲喂□ 液态饲喂□ 其他 远距离高空密闭气动输送系统 ☑
	环境控制模式	负压通风☑ 正压通风□ 精准通风☑ 靶向通风□ 其他 ______
	除臭模式	平层除臭□ 集中除臭☑ 其他 ______
	粪污处理模式	尿泡粪□ V 刮清粪系统□ 平刮清粪系统□ 其他 粪污实时自动冲洗系统☑

全国优秀楼房猪场案例

福建一春农业发展有限公司

基础建设情况	占地面积	（4 870.69）m^2
	楼房数量	（1）栋（13 层）
	楼房总高	（53.32）m
	楼房层高	（4）m
	总建筑面积	（63 318.97）m^2
生产规模情况	容纳母猪数	（8 000）头
	容纳仔猪数	（40 000）头
	容纳育肥猪数	（0）头
猪只占床面积	各阶段猪	限位栏尺寸：2.4 m×0.8 m
		分娩栏尺寸：2.5 m×1.8 m
		保育猪（m^2/头）0.47
		育肥（m^2/头）无
		后备（m^2/头）2
		公猪（m^2/头）2
		其他
生产工艺	批次生产	周批次☐　3 周批次☐　4 周批次☐　其他 18 天批
楼房内流转方式	人员流转	电梯☑　升降机☐
	物资流转	电梯☑　升降机☐
	猪只流转	电梯☐　升降机☑
	连廊坡度	（4.36）°
	连廊最大长度	（26.25）m
	饲料输送方式	绞龙输送☐　塞盘输送☑　提升机输送☐　干料饲喂☐ 液态饲喂☐　其他 _____
	环境控制模式	负压通风☑　正压通风☐　精准通风☐　靶向通风☐　其他 _____
	除臭模式	平层除臭☑　集中除臭☐　其他 _____
	粪污处理模式	尿泡粪☐　V 刮清粪系统☑　平刮清粪系统☐　其他 _____

全国优秀楼房猪场案例

漳州一春农业发展有限公司

基础建设情况	占地面积	（7 452.84）m^2
	楼房数量	（2）栋
	楼房总高	（27.75）m
	楼房层高	（4.1）m
	总建筑面积	（52 158.56）m^2
生产规模情况	容纳母猪数	（）头
	容纳仔猪数	（）头
	容纳育肥猪数	（50 000）头
猪只占床面积	各阶段猪	限位栏尺寸：
		分娩栏尺寸：
		保育猪（m^2/ 头）
		育肥（0.85 m^2/ 头）
		后备（m^2/ 头）
		公猪（m^2/ 头）
		其他
生产工艺	批次生产	周批次☐ 3 周批次☐ 4 周批次☐ 其他 楼层全进全出
楼房内流转方式	人员流转	电梯☑ 升降机☐
	物资流转	电梯☐ 升降机☑
	猪只流转	电梯☐ 升降机☑
	连廊坡度	（7.5%，4.1、4.28）°
	连廊最大长度	（27.4 转角 2.4）m
	饲料输送方式	绞龙输送☐ 塞盘输送☐ 提升机输送☑ 干料饲喂☐ 液态饲喂☐ 其他 _____
	环境控制模式	负压通风☑ 正压通风☐ 精准通风☐ 靶向通风☐ 其他 _____
	除臭模式	平层除臭☑ 集中除臭☐ 其他 _____
	粪污处理模式	尿泡粪☐ V 刮清粪系统☑ 平刮清粪系统☐ 其他 _____